AF564250

TRAITÉ
DE LA CULTURE
DES TERRES.

TOME SIXIEME.

TRAITÉ DE LA CULTURE DES TERRES,

Par M. Duhamel du Monceau, de l'Académie Royale des Sciences; de la Société Royale de Londres; des Académies de Palerme & de Besançon; Honoraire de la Société d'Edimbourg & de l'Académie de Marine; Inspecteur Général de la Marine.

Avec Figures en Taille-douce.

TOME SIXIEME,

Contenant les Expériences & Réflexions sur la Culture des Terres & sur la Conservation des Grains, faites pendant les années 1757, 1758 & 1759.

A PARIS,
Chez Hippolyte-Louis Guerin, & Louis-François Delatour, rue S. Jacques, à S. Thomas d'Aquin.

M. DCC. LXI.

Avec Approbation & Privilege du Roi.

PRÉFACE.

LES HOMMES sont nés pour la société : leurs besoins réciproques les mettent dans la nécessité d'avoir recours les uns aux autres, & forment ainsi la chaîne qui les réunit. Je n'entends parler ici que des besoins réels, & nullement de ceux que la mollesse & le luxe ont fait naître. La maniere de vivre des anciens Patriarches, décrite dans l'Histoire Sainte, nous offre un exemple frappant de cette sage économie qui applique les hommes aux objets de premiere nécessité, c'est-à-dire, à la culture des Terres & à la nourriture des Troupeaux. On voit, chez les anciens Grecs & Romains, le même zele & la même estime pour ces travaux rustiques. On sentoit alors le prix de ce fond immense de richesses inépuisables. Quelle différence entre les moeurs de ces temps heureux, où les Princes & les Rois mêmes s'occuppoient de ces soins utiles, & les moeurs de nos siecles, où ces ſoins ſont communément abandonnés aux pauvres habitants de nos campagnes, qui ſouvent ſont l'objet du mépris des riches, engraiſſés du fruit de leurs travaux!

Comment l'homme opulent, qui pourroit mettre en vigueur des travaux pénibles, ſous le poids deſquels ſuccombent ces pauvres Cultivateurs qui n'ont d'autre reſſource que le fruit de leur champ, ne prend-il aucun intérêt à ces ſoins laborieux, qui ſont la ſource de ſes richeſſes & de ſon opulence? N'eſt-ce pas la campagne qui lui procure le pain dont il ſe nourrit; les viandes, les fruits, les legumes, les vins qu'on ſert ſur ſa table; la plume, le duvet & la laine ſur leſquelles il répoſe; le chanvre, le lin, la ſoie même dont il eſt vêtu; la cire qui l'éclaire, une partie des médicaments qui le ſoulagent dans ſes infirmités; les chevaux & toutes les bêtes de ſomme dont il forme ſes équipages? Et cependant ces hommes riches & puiſſants ne penſent pas que tous les travaux qu'exigent tant de récoltes, s'exécutent, pour leur ſervice & pour leur ſuperflu, par des hommes qui attirent à peine leurs regards ; par de pauvres payſans ou laboureurs à demi-nus, qui logent dans des cabanes couvertes de chaume, qui ne ſe nourriſſent le plus ſouvent, ni du grain qu'ils ont ſemé, ni de la chair des animaux qu'ils ont élevés avec tant de ſoin ; enfin par des hommes qui n'ont à eſpérer d'autre récompenſe de leurs ſueurs & de leurs veilles, que de pouvoir être en état de trouver leur ſubſiſtance dans les aliments les plus groſſiers. Auſſi voit-on ces infortunés habitants de la campagne ſuccomber peu à peu ſous le faix de la miſere qui les accable.

Ce n'eſt donc pas à ces riches, enivrés de leur opulence, & enflés d'orgueil, que je dévoue le fruit de mes veilles. Semblables à ces gens qui, blaſés par le vin, ſont forcés d'avoir recours aux liqueurs fortes pour ſe tirer de leur engourdiſſement, ils ne goûtent que les ouvrages frivoles & indécents, & ils ne trouvent que de la fadeur dans ceux qui ſont ſérieux & utiles.

C'eſt à vous, Hommes ſenſés que je parle, à vous, qui occupés du bien public, êtes touchés de voir dans l'oppreſſion le Laboureur, cet homme ſi utile à la patrie ; c'eſt à vous hommes zélés, qui avez ſi bien prouvé que l'Agriculture eſt le nerf de l'Etat ; qu'elle tire toute ſa force de la population, & que le moyen de favoriſer cette population tant deſirée, eſt de mettre le Cultivateur en état de voir proſpérer ſa nombreuſe famille, au lieu qu'il gémit d'être entouré d'enfants qui languiſſent & même périſſent de miſere entre ſes bras. C'eſt à vous qui méditès ſur ces objets vraiment utiles, que j'oſe faire hommage de mes travaux. Permettez que je vous mette au nombre de ces bons & zélés citoyens, chefs d'une province, à jamais recommandables par les ſolides arrangements que vous avez pris pour y exciter l'induſtrie & faire fleurir l'Agriculture. Je n'héſite point, quelque diſperſés que vous ſoyez, de vous comparer à ces Académies qui tendant au même but que vous, propoſent des prix pour l'avancement du Commerce & les progrès de l'Agriculture : vos recherches, vos expériences & les ſuccès de vos travaux excitent de tous côtés l'émulation. A votre exemple, quelques Intendants s'attachent à raſſembler des perſonnes zélées & inſtruites, qui ſe propoſent de faire des expériences, & d'exciter les Cultivateurs de leurs Provinces à imiter leurs procédés dans la culture des terres.

Déja cet amour du bien public s'eſt communiqué à divers particuliers. L'un nous a donné d'excellents principes ſur l'adminiſtration des terres : un autre nous a tracé la route qu'il a ſuivie pour mettre ſes domaines en valeur, au moyen des prés artificiels & de l'augmentation du bétail : un autre nous a tranſmis des pratiques utiles qu'il a puiſées chez l'étranger : un autre a raſſemblé les cultures particulieres qu'on donne à la vigne en différentes Provinces ; tandis que vous, mes chers Correſpondants, n'épargnez ni ſoin ni dépenſe pour coopérer au deſſein que j'ai de me rendre utile à ma patrie. Quand je vous préſente ce ſixieme Volume ſur la Culture des Terres, je remplis le devoir que m'impoſe la reconnoiſſance : car je me fais un honneur de publier, que c'eſt autant votre ouvrage que le mien.

PLAN DE L'OUVRAGE.

LE SIXIEME Volume sur la Culture des Terres, que je donne au Public, est composé de sept Chapitres. Le premier traite des préparations qu'on doit donner aux terres pour les disposer à faire de belles productions. Après avoir rapporté sommairement ce que nous avons déja dit sur cet objet dans les volumes précédents, nous traitons des différentes façons de labourer les terres; de la maniere de les préparer pour les disposer en planches régulieres; de la situation du froment qu'on a semé sur les planches; des labours qu'il est à propos de leur donner; à quoi nous ajoutons des remarques sur les principes que nous avons précédemment posés sur les labours. Nous examinons ensuite, s'il est plus avantageux d'exploiter les terres en les divisant en deux soles au lieu de trois; & nous détaillons les différentes pratiques de culture, suivant les différents terreins, & de deux différentes manieres d'assoler les terres pratiquées en Normandie; ce qui nous conduit à dire quelque chose du ſyſtême de culture de M. PATTULLO, & à inſiſter ſur quelques pratiques vicieuſes qui ſe conſervent dans quelques Provinces par habitude ou par préjugé. Nous rapportons enſuite ce que pluſieurs de nos Correſpondants ont exécutés pour mettre en valeur des terres incultes, ou mal cultivées, ainſi que ce qu'a pratiqué Matthieu YELVERTON, pour obtenir une récolte prodigieuſe de froment d'un ſeul acre de terre. Nous rapportons enſuite des Obſervations ſur la nouvelle Culture, & les expériences de pluſieurs excellents Cultivateurs, & ſinguliérement celles qui ont été faites dans le Comtat Venaiſſin par M. DELBENE : elles tiendront lieu de celles qui nous avoient été promiſes par M. DE CHATEAUVIEUX ; car comme dans cette année il eſt premier Syndic de la République de Geneve, il n'a pu ſatiſfaire à ſon engagement, & il s'eſt contenté de nous aſſurer qu'il étoit extrêmement ſatisfait de ſes récoltes.

Le Chapitre ſecond roule ſur une matiere bien intéreſſante, puiſqu'on y traite des prés artificiels & de l'augmentation du bétail. Après avoir rapporté sommairement ce que nous avons dit à ce sujet dans les Volumes précédents, nous parlons en détail de la culture du trefle, du spergule, du fromental, de l'ajonc, des pommes de terre; ensuite nous rapportons un grand nombre d'expériences exécutées par divers Cultivateurs ; & nous indiquons dans quelles circonstances il est à propos de suivre les avis de M. PATTULLO, ou ceux de l'Auteur des Prairies artificielles. Nous nous reprochons d'avoir omis dans ce Chapitre le maïs, qu'on seme fort près à près, & qui étant coupé en verd, fournit un très-bon fourage.

Dans le Chapitre troisieme, il s'agit des engrais, & nous y avons fait une courte digression sur les bêtes à laine. Après nous être justifiés du reproche que quelques personnes nous ont fait de ne pas faire assez de cas des engrais, nous rapportons des expériences très-intéressantes, qui nous ont été communiquées sur cet objet; nous y joignons quelques réflexions sur la marne, qui pourront être utiles à ceux qui en possedent dans leurs domaines, & nous examinons s'il est vrai que chaque terrein contienne en soi-même les engrais qui lui sont propres. Nous parlons ensuite des avantages qu'on se procure, tant pour les troupeaux que pour les terres, en faisant parquer les bestiaux.

Le Chapitre quatrieme traite des instruments de labourage ; & dans autant d'articles particuliers, je parle des différentes charrues sans avant-train, avec avant-train, à une ou à deux roues ; de celles à tourne-oreille & à versoir ; des cultivateurs ; des charrues à coutres sans socs pour les défrichements ; des semoirs, imaginés par feu M. TULLE d'Avignon, par M. le Chevalier DE VOUSSI, par M. GAUTHERON, par M. l'Abbé SOUMILLE, par M. DE LA TASSE, par M. DE LA LEVRIE ; & enfin des corrections que j'ai faites au semoir dont j'ai donné la description dans le Tome II. J'aurois voulu abréger ce Chapitre ; mais comme quantité d'Amateurs d'Agriculture m'ont témoigné desirer des instruments, j'ai cru ne pouvoir me dispenser de leur faire connoître toutes les tentatives qu'on a faites à ce sujet.

Dans le Chapitre cinquieme, il

s'agit du choix des ſemences, des maladies des grains, des préparations qu'on doit donner aux ſemences pour les garantir de la nielle & du charbon, & enfin des épreuves qui ont été faites pour connoître ce que peuvent produire les liqueurs réputées prolifiques.

Après avoir parlé des préparations qu'on doit donner aux terres, des ſubſtances qu'on peut employer pour augmenter leur fertilité, de l'avantage des prés artificiels, des inſtruments qui ſont les plus propres pour faire de bonnes cultures, & enfin du choix & des préparations qu'on doit donner aux ſemences; nous conſidérons dans le Chapitre ſixieme la récolte des grains : nous expoſons fort en détail la maniere de faucher les froments, qui a été éprouvée par M. DE LILLE, & que nous avons vu pratiquer par quelques payſans de notre voiſinage.

Lorſque les grains ont été récoltés, il faut enſuite s'occuper de leur conſervation: j'en ai déja fait un Traité à part; j'en ai parlé auſſi dans pluſieurs volumes de la Culture des Terres; néanmoins c'eſt encore ici l'objet du ſeptieme Chapitre, où l'on verra, entre autres, *les* méthodes longues & pénibles qu'employent MM. les Magiſtrats de Zurich, pour conſerver des grains pendant ſoixante ans & plus; l'uſage que MM. de la République de Geneve ont fait de la méthode que nous avons propoſée, & enfin les perfections que le R. P. PEZENAS a procurées aux étuves. Nous prévoyons que le voyage que nous venons de faire dans la Généralité de Limoges, M. Tillet & moi, par ordre de M. le Controlleur-Général, nous donnera occaſion de revenir encore ſur cette matiere, pour expoſer ce que nous avons fait à deſſein de garantir, s'il eſt poſſible, les grains de l'Angoumois d'un inſecte qui les dévore.

Enfin on trouvera à la fin de ce volume, & avant les Obſervations Météorologiques qui le terminent, l'extrait d'un Mémoire de M. THOMÉ, & un détail ſuccint des Expériences très-intéreſſantes, que M. DE GARSAULT a fait exécuter dans un Fauxbourg de Paris. Ces Mémoires nous ſont parvenus trop tard pour être inſérés dans le corps de l'Ouvrage, au lieu qui leur convenoit.

Nous invitons les Amateurs d'Agriculture, à nous faire part du succès de leurs travaux ; & ils nous feroient plaisir, s'ils vouloient bien nous exposer en détail les cultures qui sont en usage dans leurs Provinces, ainsi que le nom des arbres qu'on y cultive, ou qui croissent naturellement dans les forêts.

SUITE

SUITE

DES EXPÉRIENCES

Et des Réflexions relatives au Traité de la Culture des Terres.

CHAPITRE PREMIER.

Des préparations qu'on doit donner aux Terres pour les disposer à faire de belles productions.

C'EST un principe généralement adopté en agriculture, qu'on reçoit dans le temps de la moisson les intérêts des avances qu'on a faites pour bien labourer ses terres. J'ai connu un Fermier qui, s'occupant à faire des voitures, se trouva pressé au temps des semailles : il fit ses bleds sur des terres qui n'avoient eu que deux façons ; mais il s'en apperçut bien dans le temps de la moiſſon ; car ſa récolte fut des plus médiocres. Si, dans une Province où l'on eſt dans l'uſage de ne donner aux terres à froment que trois labours, il arrive que dans les années où les travaux ſe trouvent avancés, les Fermiers qui ont de forts attelages, donnent quatre labours à une partie de leurs terres, ils ſavent bien que ce labour leur ſera amplement rembourſé au temps de la moiſſon. De même l'uſage de nos Fermiers dans la Beauce eſt de ne donner qu'un ſeul labour pour les avoines ; mais il n'y a aucun Fermier qui ignore que les terres deſtinées pour les mars produiſent des récoltes beaucoup plus abondantes, quand on leur a donné un premier labour immédiatement après la moiſſon, & quand on leur en donne un ſecond avant de les enſemencer. On a vu, Tome II, page 370, qu'un Métayer ayant labouré onze fois ſon champ, y fit une belle récolte de maïs dans une année peu favorable à ce grain, pendant que ſes voiſins, qui n'avoient pas travaillé de même leurs terres, n'en firent que de très-médiocres. M. d'Elu ayant, en 1759, fait donner trois labours à une partie des terres qu'il vouloit mettre en avoine, quoique cette année-là ait été fort ſeche & peu favorable aux menus grains, il fit, dans ſes terres ainſi préparées, une pleine récolte : ſes avoines ſe ſoutinrent bien juſqu'à leur parfaite maturité, & le grain en étoit excellent.

Le même fit donner cinq labours à une terre deſtinée à être enſemencée en bled, & qu'il n'avoit point fait fumer : lors de la récolte, le froment étoit devenu plus haut & plus beau dans cette piece que dans les terres voiſines qui avoient été fumées & cultivées ſuivant l'uſage du pays. Rien ne prouve mieux la vérité des principes que nous nous ſommes efforcés d'établir dans tous nos Ouvrages, ſur la grande utilité des labours.

Puiſque ces faits ſont prouvés par nombre d'expériences, & reconnus inconteſtablement vrais, pourquoi donc les Fermiers ne multiplient-ils point les labours ? Pluſieurs raiſons les en détournent : 1°, il y a des Fermiers qui veulent conſerver les chaumes de leurs bleds pour fournir de la pâture à leurs troupeaux ; s'ils retournoient ces chaumes immédiatement après la moiſſon, ils ſe priveroient de ce bénéfice. 2°, Il y a des années fort ſeches, ou très-humides, dans leſquelles les travaux ſont retardés, parce qu'il ſe paſſe des temps conſidérables ſans qu'on puiſſe labourer : dans ce cas, les meilleurs Laboureurs ne peuvent donner plus de trois façons à leurs terres à bled.

Mais ceux qui ſont perſuadés de l'importance des labours en donnent quatre, lorſque les ſaiſons ſont plus favorables ; & ils ont ſoin de mettre la charrue dans les terres qui ont le plus beſoin de ce ſecours, telles que ſont celles qui produiſent beaucoup de mauvaiſes herbes, celles qui ſe durciſſent par la chaleur, celles qui ayant été traverſées par les voitures, ou labourées en mauvaiſe ſaiſon, ſont remplies de mottes ; car il ne ſuffit pas de multiplier les labours, il faut encore les donner dans des circonſtances convenables. Une terre forte & poiſſeuſe, qui tient de l'argile, ſeroit plus endommagée que préparée à recevoir la ſemence, ſi on la labouroit lorſqu'elle eſt fort humide ; au lieu de la diviſer en petites molécules, on la paîtriroit, & on n'en formeroit que de groſſes mottes. Si on fait les labours dans la vue de détruire les mauvaiſes herbes, il faut attendre, pour donner un nouveau labour, que les ſemences des mauvaiſes herbes ſoient levées, & que le guéret commence à verdir. Certaines terres ne peuvent être labourées trop profondément : quand la terre de deſſous eſt fertile, elle tient lieu d'engrais, & rétablit celle de deſſus qui auroit été ufée. Dans d'autres, au contraire, on perdroit plufieurs récoltes fi on labouroit trop avant.

Ces attentions diftinguent le bon Laboureur, qui réfléchit & obferve, d'avec le mauvais Cultivateur, qui ne fait autre chofe que conduire fa charrue. Malheureufement il n'y a que trop de ces Fermiers qui, accoutumés à opérer & incapables de réfléchir, ne favent que fuivre aveuglément la routine qu'ils ont prife de leurs peres ; & cette raifon fait que beaucoup de terres qui feroient propres à faire de belles productions, reftent en friche. Nous en rapporterons des exemples qui mettront le Lecteur à portée de faire connoître que ce n'eft pas tant par des moyens bien difficiles à appercevoir, & par des découvertes fublimes, qu'on parvient à tirer partie de fon domaine, que par des méthodes fimples & bien réfléchies. Mais il faut auparavant infifter fur la façon de bien faire ces labours.

ARTICLE I.

Des différentes façons de labourer les Terres.

QUOIQUE, dans le premier volume de cet Ouvrage, j'aie déja parlé des différentes manieres d'exécuter les labours ; cependant un Mémoire que M. de Saint-Mesmin de Lignerolle m'a adressé sur ce sujet, & dans lequel il expose très en détail la maniere d'exécuter les labours pour les terres semées par rangées, m'engage à revenir sur cet objet, qui est également important à toute espece de culture ; & je le fais d'autant plus volontiers, que plusieurs Cultivateurs m'ont paru desirer sur cela des éclaircissements.

La culture de la terre consiste à la tourner sens dessus dessous, ou à faire que la terre de dessous soit mise à la superficie, pour recevoir les influences de l'air, pendant que celle de dessus qui a reçu cette préparation, est mise au fond avec les herbes qu'elle a produites, & qui, en se pourrissant, contribuent à l'améliorer. Cette opération ne se peut faire sans qu'on la change de place, soit à bras avec la houe, la beche, &c, soit en employant la force des animaux attelés à des charrues. Le labour avec la charrue eſt plus expéditif que celui qui ſe fait à bras ; mais il eſt moins bon, parce qu'il remue la terre à une moindre profondeur. C'eſt pourquoi dans certains cantons, où l'on n'épargne rien pour bien cultiver les terres, on les renouveile tous les cinq à ſix ans, en fouillant le terrein avec la beche, la houe ou la pioche.

Le nombre des labours, & la maniere de les exécuter, varie ſuivant les différentes Provinces, & ſelon que la différente nature des terres l'exige ; mais toutes tendent au même but, qui conſiſte à détruire les mauvaiſes herbes, à briſer & ſoulever la terre, & à la mettre en état de recevoir la ſemence. Lorſque la terre ne retient point l'eau, il faut labourer *à plat* pour ne point perdre inutilement du terrein ; ſi au contraire les terres retiennent l'eau, il faut labourer *par billons*, ou au moins *par planches*, plus ou moins larges, ſelon qu'il eſt plus ou moins néceſſaire de donner un écoulement aux eaux ; de ſorte que, ſuivant la nature des terres ou leur ſituation, on pratique quelquefois dans une même Ferme l'une & l'autre façon de labourer. Je me propoſe de m'étendre ſur ces deux ſortes de labours, un peu plus que n'a fait M. de Lignerolle, qui s'eſt principalement propoſé l'examen des labours convenables à la nouvelle culture. Voici ce qui regarde la façon de labourer *à plat*.

Pour faire un bon labour, il faut, dit M. de Lignerolle, que la ſuperficie de la piece de terre où l'on veut mettre la charrue, ſoit à peu près égale, c'eſt-à-dire, qu'il n'y ait point de trous ni d'enfoncements conſidérables. S'il ſe rencontre des trous, il faut les combler, & adoucir les enfoncements le plus qu'il eſt poſſible.

Suivant la différence des charrues qu'on emploie, il y a deux façons de labourer. Les charrues qu'on nomme *à tourne-oreille*, ayant un ſoc ſymétrique en fer de lance, & un petit verſoir amovible qu'on nomme *l'oreille*, & qu'on peut placer ſucceſſivement à la droite ou à la gauche de la charrue, le Charretier eſt maître de diſpoſer de la terre que le ſoc remue, & de la renverſer vers ſa droite ou vers ſa gauche à ſon choix, ſuivant le côté où il place l'oreille.

Avec ces charrues, on commence à labourer à une rive de la piece, & on finit par l'autre. Suppoſons, par exemple, qu'on veuille labourer le champ *a b c d* (*Pl. I. fig.* 1.); on commence le premier trait de *a* en *d*, mettant l'oreille du côté de la droite, de maniere qu'on renverſe la terre ſur le champ voiſin à l'endroit marqué par la ligne ponctuée 1, 1, & l'on creuſe ainſi le ſillon *a d*; étant arrivé en *d*, on porte l'oreille, ou le verſoir amovible, du côté de la main gauche, on change la direction du coutre, & en formant le ſillon *e f*, on remplit le ſillon *a d* avec la terre tirée de *e f*, qu'on verſe à l'endroit marqué par la ligne ponctuée 2, 2; lorſqu'on eſt arrivé en *f*, on reporte l'oreille du côté de la droite pour former le ſillon *g h*, dont la terre eſt verſée dans le ſillon *e f*; & en continuant cette manœuvre juſqu'au bout du champ *b c*, il reſte en cet endroit un ſillon ouvert, parce qu'on ne pourroit le remplir qu'en entamant ſur la piece voiſine.

Il eſt bon de remarquer que ſi, au ſecond labour, on ne change pas la direction des raies, le ſillon *b c* ſert d'*enréageure* (1), & qu'on le remplit en formant la premiere raie *i k*. Mais ſouvent, pour mieux ameublir la terre, on croiſe les raies

(1) *Enréageure* eſt une raie profonde, dans laquelle on verſe la terre de la raie qu'on forme actuellement; d'où vient le mot de *réage*, qui ſignifie la longueur d'une piece ſuivant la direction des raies. Ainſi quand on dit, *au bout du réage*, cela ſignifie au bout de la piece: & ſi on dit, *un long réage*, c'eſt pour ſignifier une piece de terre qui eſt longue dans le ſens des raies.

du premier labour ; & alors on commence le premier trait de *a* en *b*; & on finit en laissant une raie ouverte en *d c*. On n'est pas toujours maître de changer ainsi la direction des raies. Si la piece étoit fort étroite, on perdroit autant de temps à tourner la charrue qu'à labourer ; & si elle aboutissoit sur une vigne ou une terre ensemencée, on courroit risque de faire du dommage aux voisins. En ce cas, ou on fait le second labour dans le même sens que le premier, ou bien on croise obliquement les raies du premier labour, par exemple, suivant la direction *l m*.

L'autre espece de charrue, dont le soc n'a qu'une aile, & qui ayant l'oreille ou le reversoir fixé du côté droit, est nommée pour cette raison, *Charrue à versoir*, ou *à reversoir*, ne peut labourer que dans un sens, parce qu'elle renverse toujours la terre du même côté. Pour en faire usage, on laboure successivement les deux rives, ou bien on prend la piece par parties, comme je vais l'expliquer.

Si on veut labourer, avec une charrue à reversoir, la piece *a b c d* (*Pl. I. fig.* 2.), on forme une raie de *a* en *c* ; & comme le reversoir est fixé du côté de la main droite du Laboureur, la terre est renversée à l'endroit marqué par la ligne ponctuée 1, 1, de maniere qu'on forme la raie ou le ſillon *a c* : le reverſoir reſtant toujours du même côté de la charrue, il eſt évident que ſi le Charretier alloit de *e* en *f*, il renverſeroit la terre vers ſa droite à l'endroit de la ligne ponctuée 2, 2, & la raie *c a* ne ſeroit point remplie : mais le Charretier conduit ſa charrue en *d*; & en faiſant le trait *d b*, il verſe la terre à l'endroit marqué par la ligne ponctuée 3, 3; puis il tranſporte ſa charrue en *f*, & formant la raie *f e*, il remplit le ſillon *a c*, en verſant la terre du ſillon *f e* à l'endroit déſigné par la ligne ponctuée 2, 2. On conçoit qu'en continuant à labourer le champ alternativement dans la partie *a g c h*, & dans l'autre moitié *b g d h*, & faiſant toutes les raies de la premiere partie dans le ſens *a c*, & toutes celles de la ſeconde dans le ſens *d b*, tout le champ ſe trouve labouré, enſorte qu'il reſte ſeulement au milieu un grand ſillon ou une grande enréageure compoſée de deux raies *g h*.

Quand on laboure un champ avec les charrues à reverſoir, on n'a pas coutume de commencer ainſi par les deux rives pour finir au milieu, à moins que ce ne ſoit pour de fort petites pieces. Les grandes ſe labourent *par planches*. Pour cela on commence par faire une raie de *a* en *b* (*Pl. I. fig. 3.*);

puis en retournant, on en fait une autre de *c* en *d*, & le guéret s'accumule entre ces deux raies : enſuite on remplit la raie *a b*, en ouvrant la raie *e f*; & on remplit la raie *c d*, en ouvrant la raie *g h* : ce que l'on continue juſqu'à ce que la planche ait la largeur qu'on juge convenable ; & formant de même une autre planche, il faut que les raies des deux planches ſe rencontrent, & qu'il reſte entre elles une grande raie ou une enréageure, qu'on remplit par les deux premieres raies du labour ſuivant. Il eſt évident que ſi on veut faire des planches larges *i* (*Pl. I. fig.* 4.), on fait ſix ou un plus grand nombre de raies de *a* en *b*, & un pareil nombre de *c* en *d*; & que ces planches ſont partagées par une grande enréageure *k*. Si dans les terreins plus creux, ou plus ſujets à retenir l'eau, on veut faire les planches plus étroites *l* (*fig.* 5.), on ne fait que trois ou quatre raies de *a* en *b*, & un pareil nombre de *c* en *d*, de ſorte que les planches ne ſont formées que par ſix à huit raies. Enfin ſi on veut faire, dans les terreins très-ſujets à retenir l'eau, les planches très-étroites *m* (*fig.* 6.), ce qu'on appelle *des billons*, on ne fait qu'une raie de *a* en *b*, & une de *c* en *d*, de ſorte qu'il ſe trouve alternativement un billon de guéret & un fillon, ou un fond de raie. Il eſt encore de l'adreſſe du Laboureur de faire ces planches plus élevées au milieu que vers les bords, en piquant plus ou moins, & en prenant plus ou moins de terre. Tout ceci ſera plus amplement expliqué dans la ſuite. Dans l'une & l'autre façon de labourer, la terre que la charrue pique pour former un fond de raie, eſt renverſée dans la raie déja formée pour la remplir de terre remuée, ce qui forme le guéret; & cela s'exécute ſucceſſivement dans toute l'étendue du champ, de ſorte qu'il n'y a que la derniere raie qui reſte vuide, faute de terre pour la remplir. Car on a vu que la terre de la premiere raie de labour, quand on la forme au bord de la piece, eſt tranſportée ſur le champ voiſin pour pouvoir être tournée ſens deſſus deſſous, & faire place à la terre des autres raies; & cette terre, dépoſée ſur le champ voiſin, manque à la derniere raie du champ, où ce défaut forme une enréageure pour le labour ſuivant.

Le premier labour s'appelle *lever les guérets* ou *les jacheres*, ou encore, *guéreter*, c'eſt-à-dire, former le guéret, qui n'eſt autre choſe qu'une terre labourée.

Ce premier labour ſe fait depuis le mois de Janvier juſqu'au mois de Juin. Il y a des pays où on ne le commence qu'au mois d'Avril. Mais par-tout il eſt fini à la S. Jean. Comme il y a quatorze mois que la terre n'a été remuée, ce labour eſt plus pénible que les autres ; c'eſt pour cela que quelques Fermiers le font ſuperficiel, pour ménager leurs chevaux ; mais ceux qui ont de bons attelages, font bien de piquer autant que la terre le permet. Si, ſans ménager l'herbe pour le bétail, on faiſoit ce labour avant l'hyver, comme il forme ordinairement beaucoup de mottes, à cauſe qu'il y a long-temps que la terre n'a été remuée, les gelées d'hyver, qui pénétreroient les mottes, ameubliroient beaucoup la terre. Mais les Fermiers retournent leurs chaumes fort tard, pour ménager de la pâture à leur bétail.

Le ſecond labour, qu'on nomme *binage*, commence quand les guérets ſont levés, & il finit dans le mois de Septembre. On le commence par la raie qui a fini le labour des guérets : cette raie ſert d'enréageure, & on la remplit lorſqu'on laboure *à plat* ; en ce cas on continue à former des raies, comme nous l'avons expliqué, de ſorte qu'à l'autre rive du champ, on reprend la terre qu'on avoit verſée ſur le champ voiſin.

Si on veut labourer *en planches*, le

milieu de chaque planche ſe trouve à l'endroit où étoient les raies qui en formoient les bords, & le bord des planches eſt au milieu des anciennes planches.

Enfin s'il faut *billoner*, on refend les billons pour remplir les ſillons, & les nouveaux ſillons ſe trouvent où étoient les anciens billons; mais communément on ne forme les billons qu'au dernier labour qu'on donne pour enterrer la ſemence.

Il eſt à propos d'obſerver que, dans ces labours, un des chevaux marche toujours dans la raie que le ſoc va remplir, tandis que l'autre cheval marche ſur la terre qui n'eſt pas encore labourée; & le ſoc ſuit entre les deux chevaux, pendant que le Charretier marche dans la raie qui ſe forme actuellement, de ſorte que le guéret n'eſt point trépigné. Il faut bien concevoir ces petits détails, quand on ſe propoſe de pratiquer la nouvelle culture, pour mieux prendre l'idée de ce que nous dirons dans le Chapitre où nous parlerons des différentes charrues, & dans celui-ci ſur la façon de former les planches, & de labourer entre les rangées.

Le troiſieme labour, qu'on nomme dans quelques pays *le labour à demeure*, prépare la terre à être ſemée ſur le guéret; & en ce cas, le grain eſt enterré à la herſe.

Dans d'autres Provinces, le troisieme labour, qu'on nomme *le second binage* ou *le rebinage*, ressemble tout-à-fait au premier, excepté que la terre étant très-meuble, il se fait avec facilité : en ce cas, on seme sur ce guéret, & on enterre la semence avec la charrue : ce qui fait un quatrieme labour, ou *le labour à demeure*, qui s'exécute encore comme les autres ; mais il est bon de le faire léger & de piquer peu, afin que la semence soit assez peu enterrée pour que les germes puissent sortir de terre. Il faut d'ailleurs comprendre ces deux façons de semer & d'enterrer la semence, ou avec la herse, ou avec la charrue; cette derniere méthode se nomme *semer sous raies* : sans ces connoissances préliminaires, on n'appercevroit pas les avantages du semoir.

Après avoir rapporté la pratique des labours, je vais expliquer la préparation de la terre pour la distribuer en planches régulieres, & je préviens que je ne ferai presque que copier le Mémoire de M. de Lignerolle.

ARTICLE II.

De la maniere de préparer la Terre pour la distribuer en planches régulieres.

SUPPOSONS une piece de terre bien labourée à plat & fort unie, prête à recevoir la semence, & à prendre la forme qu'on voudra lui donner. Supposons encore que la terre soit assez bonne, qu'elle ne soit point trop difficile à travailler, & qu'on veuille y faire des planches de quatre tours de charrue, ou de huit raies, qui produiront sept rangées de froment : comme c'est la premiere fois qu'on ensemence cette piece suivant la nouvelle culture, il faut la disposer de façon qu'il y ait alternativement une planche de guéret & une ensemencée ; ce qui servira tant qu'on la cultivera suivant la nouvelle méthode. Comme je commence par laisser à une rive de cette piece la planche de guéret, je compte 1, 2, 3, 4, 5, 6, 7, 8, 9 & 10 raies de guéret (*Pl. I. fig.* 7.) : voilà la planche qui restera en guéret cette année, & qu'on ensemencera l'année prochaine, parce qu'il faut dix raies de guéret pour faire une planche de quatre tours, formant huit raies de planche, qui produisent sept rangées de bled. Pour enſemencer, je compte 1, 2, 3 & 4 de ces dix raies; je fais répandre du bled à la main ſur les deux cinquiemes raies; je fais prendre avec la charrue une partie des quatriemes raies, qu'on renverſe ſur les cinquiemes, qui doivent former le milieu de la planche; ainſi les cinquiemes raies ſe trouvent adoſſées par les quatriemes en même temps qu'on forme une enréageure: par ce tour de charrue, ou par les deux traits, la ſemence qu'on a répandue ſe trouve enterrée ſur le milieu de la planche, & quoiqu'on ait répandu du bled dans les deux raies 5, il n'en réſultera, à la levée, qu'une forte rangée qui équivaudra à deux.

Après avoir fait répandre du grain dans les deux ſillons qu'on vient de former, on pique un peu moins dans le guéret; on fait un ſecond tour de charrue, qui recouvre le grain qu'on vient de ſemer, & on forme deux nouvelles raies.

Ayant fait répandre du grain dans les raies à meſure qu'on les forme, & ayant fait un troiſieme & un quatrieme tour, la planche eſt entiérement formée par huit raies, qui ne doivent donner que ſept rangées de froment, les deux premieres n'en produiſant qu'une, qui eſt, à la vérité, plus forte que les autres.

Il eſt bon de faire attention : 1°, Que pour que les planches aient leur égout dans les raies qui les ſéparent, il faut qu'elles faſſent un cintre ſurbaiſſé. C'eſt pour cela qu'on pique profondément les raies 4, 4, & qu'on en renverſe la terre ſur les raies 5, 5, pour former ce que l'on appelle *l'ados* d'une planche ; & on pique de moins en moins les raies 3, 3, 2, 2, 1, 1, afin que la pente ſoit bien conduite depuis l'ados juſques & compris la derniere raie :

2°, Qu'il faut huit raies de guéret pour quatre tours de charrue, formant huit raies de planche, qui ne produiſent que ſept rangées de froment, parce que, comme nous l'avons dit, l'ados n'en produit qu'une ſorte qui équivaut à deux. Si l'on veut faire les planches plus étroites, on ne prend que huit raies de guéret pour trois tours de charrue, formant ſix raies de planche, qui ne produiſent que cinq rangées de froment. Si on ne prenoit que ſix raies pour deux tours de charrue, formant quatre raies de planche, on n'auroit que trois rangées de bled : ces planches ſont très-étroites, & bordées de deux ſillons. Quand il n'y a que l'ados, formé de deux raies pouſſées l'une contre l'autre pardeſſus les deux du milieu qu'elles couvrent, on forme ce qu'on nomme *un billon*, qui ne porte qu'une rangée de froment. On conçoit que la charrue à reverſoir opere le labour, d'abord en pouſſant deux raies l'une contre l'autre, qui forment l'ados, & deux fonds de raie de chaque côté, qui fourniſſent des enréageures pour former ſucceſſivement le nombre de raies qui doivent compoſer une planche de quelque largeur qu'elle ſoit, laquelle finit & eſt bordée par deux fonds de raie ou ſillons, dans leſquels on enréage quand on bine pour remettre la terre où on l'avoit priſe au premier labour : ainſi elle change de place, comme quand on laboure avec les charrues à tourne-oreille.

Les ſoins dont nous venons de parler pour les premieres façons, n'ont pas lieu lorſqu'on guérete ou lorſqu'on bine ; car, comme alors il n'eſt point important de donner un égout aux eaux, on ne fait point d'ados, & on pique également dans toute la largeur des planches.

Après avoir ainſi expoſé très en détail la maniere de bien former les planches, M. de Lignerolle examine la ſituation du froment qu'on a ſemé entre les planches. Son deſſein eſt de faire appercevoir les avantages de la nouvelle culture, & de ſe mettre en état d'expliquer comment il convient de former & de labourer les planches qui y ſont deſtinées.

ARTICLE III.

De la ſituation du Froment qu'on a ſemé ſur les planches.

LE GRAIN qui ſe trouve répandu ſur les deux raies dont l'ados d'une planche eſt formé, doit réuſſir, parce qu'il peut étendre ſes racines dans le guéret ſur lequel on le répand, & dans la terre des deux raies qu'on creuſe pour former l'ados, de ſorte que le grain jouit preſque de la terre de quatre raies. Le grain des deux rangées qui ſuivent immédiatement, eſt encore bien pourvu de terre, puiſqu'il jouit du revers des deux premieres raies de l'ados & des deux ſecondes raies qui le couvrent. Les troiſiemes rangées, qui ſont les cinquiemes de la planche, quoique moins relevées que les précédentes, fourniſſent encore aſſez de ſubſtance au froment, parce qu'il eſt aſſis ſur un bon guéret, & recouvert de la terre qu'on prend aux dépens de la derniere, qui reſte pour couvrir la ſeptieme & derniere rangée. Ces rangées, qui terminent les deux côtés des planches, ſont par conſéquent les plus mal ſituées, & les moins fournies de guéret ; on s'en apperçoit bien à la récolte, car elles ſont les plus foibles de toutes, ainſi elles ont plus beſoin que toutes les autres des ſecours qu'elles ne peuvent recevoir qu'en pratiquant la nouvelle culture, par l'adoſſement qu'on peut leur donner aux dépens de la planche voiſine qui reſte en guéret ; & un ſeul labour fait à propos, au printemps, doit ſuffire pour donner aux plantes de ces rangées autant de vigueur qu'à celles du milieu des planches.

Voici le lieu de combiner les labours qu'il eſt à propos de faire, tant pour le progrès du froment ſemé, que pour la culture de la planche de guéret qu'on doit enſemencer l'année ſuivante.

ARTICLE IV.

Des Labours qu'il eſt à propos de faire.

JE SEROIS d'avis, continue M. de Lignerolle, qu'on ne donnât la premiere culture qu'au printemps. On conçoit, après ce qui a été dit, qu'il reſte, de chaque côté de la planche, un fond de raie qui, la ſéparant du guéret, lui ſert d'égout. Il eſt donc impoſſible de labourer ce guéret, non-ſeulement ſans remplir le fond de raie qui eſt néceſſaire pendant l'hyver, ſur-tout dans les terroirs qui retiennent l'eau, mais même ſans rejetter un peu de guéret ſur les pieds de froment ; ce qui ne peut faire alors qu'un mauvais effet (1). Quand même au premier labour on trouveroit le moyen de ne point recouvrir le froment, il faudroit, au ſecond, reprendre cette raie de guéret ſans que le froment en fût endommagé par les chevaux, dont il faut, avec la charrue ordinaire, qu'il y en ait un qui marche ſur cette derniere rangée de la planche enſemencée, en côtoyant de bien près la ſeconde (2). D'ailleurs la charrue doit enlever & déraciner les pieds de froment, puiſqu'il faut reprendre la terre qu'on avoit verſée ſur la derniere rangée pour former la derniere raie de la planche qui reſte en guéret : ou ſi, pour ne point arracher les pieds de froment, on laiſſe ce guéret, la derniere rangée de froment ne ſera point cultivée, & les principes de la nouvelle culture ne ſeront point exécutés (3).

(1) On pourroit éviter l'inconvénient dont parle M. de Lignerolle, en ſe ſervant d'une charrue qui n'auroit qu'un petit verſoir, & en prenant peu de terre pour ne faire que remplir la raie ; mais il eſt bon qu'elle reſte ouverte pour égoutter l'eau.

(2) On évite cet inconvénient avec la petite charrue à une roue.

(3) J'ai quelquefois remédié à cet inconvénient, en

Je vois que ce labour embarrasse tous les partisans de la nouvelle culture ; mais je n'apperçois d'autre moyen de l'éviter, qu'en ne labourant point si souvent, & en le faisant plus à propos. Pourvu que l'on ait cette attention, je réponds, dit M. de Lignerolle, qu'on labourera avec la charrue ordinaire & des chevaux accouplés, sans rien gâter ; & on agira conformément aux principes de la nouvelle culture : ainsi on en retirera les avantages qu'on doit en attendre, sans embarras & sans augmenter les frais.

Le fond de raie qui sépare les planches cultivées d'avec celles qui restent en guéret, formera un égout aux eaux pendant tout l'hyver : de sorte que les gelées ameubliront la terre ; les pluies & les neiges la pénétreront, sans inonder le froment ; ce qui est sur-tout très-avantageux dans les terres légeres, pour lesquelles la nouvelle culture est principalement favorable. En labourant la planche de guéret avant l'hyver, on rempliroit le fond de raie qui doit fournir un égout, & on se priveroit des avantages dont nous venons de parler. Par le second labour, on déchausseroit la

donnant un trait de cultivateur auprès des rangées. Cette espece de charrue n'ayant point de reversoir, ne fait que remuer la terre sans la transporter.

derniere

derniere rangée, & dans quel temps? Au printemps ou au commencement de l'été, dans une saison où la sécheresse est à craindre, & dans laquelle il faudroit, au contraire, rechausser les pieds de froment pour garantir les racines de l'ardeur du soleil.

On préviendra ces inconvénients, en réduisant la planche de guéret aux cultures ordinaires. On se gardera de la labourer pendant l'hyver; mais au printemps, quand la terre sera ressuyée, on commencera par remplir les fonds de raies qui côtoyent les planches ensemencées; on piquera assez pour rechausser les pieds de la derniere rangée; & ayant fait la même chose de l'autre côté, il se trouvera au milieu de la planche de guéret, quand elle sera labourée, un beau fond de raie, bien net, bien droit, large & profond, qui formera une belle enréageure pour le labour suivant, qu'on ne donnera qu'après la moisson. Alors en binant cette planche, on la remettra à l'uni comme elle étoit; & à la semence, elle recevra la même forme que les planches qu'on a ensemencées en premier lieu. Ainsi cette planche aura les trois, ou, si l'on veut, les quatre labours qu'on donne aux terres à bled cultivées à l'ordinaire. Si de plus, après la récolte, avant ou après le binage, on la fume, on aura une récolte abondante par comparaison aux autres champs de même qualité (1).

Nous voici à la seconde année : notre piece est dressée pour la nouvelle culture ; mais, dit M. de Lignerolle, il reste encore un labour à combiner. La planche sur laquelle on a fait la récolte, est un chaume ; & il ne seroit pas à propos de la laisser en cet état jusqu'au printemps : il faut la labourer, tant pour la mettre à plat que pour la cultiver ; & cependant il ne faut point remplir les fonds de raies qui servent d'égout : c'est un problême de labour, qui n'est point aisé à résoudre. Voici comment on doit s'y prendre, selon M. de Lignerolle. Il faut remarquer que le labour d'entr'hyver, qu'on fait depuis le mois d'Août jusqu'au mois de Mars, aux terres qu'on destine à recevoir de menus grains suivant l'usage ordinaire, a pour objet, en cultivant les terres disposées en planches, de les mettre à l'uni. La planche de chaume étant haute au milieu, parce qu'il y a quatre raies l'une sur l'autre, les raies des rives sont proportionnellement plus basses.

(1) Cette méthode est très-bonne pour les terres cultivées depuis long-temps, & qui ne sont pas de nature à produire beaucoup de mauvaises herbes ; mais si l'on a de la peine à subjuguer l'herbe, il faut de temps en temps faire usage du cultivateur, qui détruit l'herbe sans déranger l'ordre des cultures, & sans déchausser le froment.

Si on ſe rappelle ce qui a été dit plus haut, on concevra que, dans une planche de quatre tours de charrue, il y a huit raies; dont celles des rives ſont fort baſſes, & les deux de l'ados ſont très-hautes. C'eſt ce haut & ce bas qu'il faut compenſer, ſi on veut unir le terrein. Pour y parvenir, il ne faut point toucher aux dernieres raies de la rive, qui ſont les quatriemes à compter de l'ados, mais enréager dans la troiſieme dont on rejette la terre ſur la quatrieme, qui eſt la plus baſſe de toutes; puis en faire autant de l'autre côté: voilà déja deux raies cultivées de chaque côté de la planche; ſavoir, une qui eſt labourée, & l'autre qui eſt couverte de guéret. En continuant de labourer de même les troiſiemes raies, il ne reſte plus que les deux raies qui ont formé l'ados. On fend l'ados en deux; & enfin en panchant la charrue ſur le reverſoir, de ſorte que le ſoc ſoit en l'air, on rabat dans la raie le faîte de cet ados refendu, & la planche de chaume qui étoit anciennement de dix raies cultivées, eſt labourée à plat en ſix raies, ſans que les fonds de raies qui bordent les planches enſemencées ſoient comblés.

Il faut enſuite guéreter & biner cet entr'hyver, comme on l'a expliqué plus haut en parlant de la planche de guéret.

Mais à ces labours, il faut faire dix raies de guéret, qu'on retournera pour les remettre comme elles étoient la premiere fois. Cette planche de guéret aura donc l'entr'hyvernage, le guéretage & le binage, & ces labours sont suffisants ; de plus fréquents ne seroient pas meilleurs, & si on la fume, je pense qu'on sera satisfait de la récolte (1).

En exécutant les labours comme on vient de l'expliquer, les chevaux attelés à l'ordinaire aux charrues d'usage, marchent toujours dans la planche vuide, sans endommager celle qui est ensemencée. On pourroit même les pratiquer dans des planches étroites formées de quatre raies, qui ne produisent que quatre rangées de froment (2). A l'égard des billons, je n'en parle pas, dit M. de Lignerolle, parce que ces sortes de terres ne méritent pas la peine d'être cultivées suivant la nouvelle méthode.

Pour simplifier encore la nouvelle cul-

(1) Cette méthode me paroît très-bonne. Mais j'ai proposé quelque part de faire les labours d'hyver avec le cultivateur, pour détruire le chaume & l'herbe sans fermer les raies qui bordent les planches, & je ne crois pas que les labours proposés par M. de Lignerolle fussent suffisants dans les terres qui produisent beaucoup d'herbe.

(2) Plusieurs Cultivateurs se sont bien accommodés de faire à la charrue ordinaire les petits changements dont il est parlé dans le Tome V.

ture, & épargner un Semeur, M. de Lignerolle propoſe d'ajuſter à la charrue un ſemoir qui répandroit la ſemence à meſure qu'on feroit le labour à demeure, parce qu'il croit que celui-ci ſeroit préférable aux ſemoirs à pluſieurs ſocs, qui ne peuvent bien opérer que ſur un terrein plat. Il n'y auroit que l'ados qu'on ſeroit peut-être obligé de ſemer à la main (1), parce que la charrue ne faiſant qu'adoſſer en couvrant les raies du milieu, le ſoc n'y pique point.

Voilà de très-bons éclairciſſements ſur la façon de bien labourer les terres, ſoit en ſuivant la méthode ordinaire, ſoit en adoptant la nouvelle culture : mais, comme je l'ai dit en plus d'un endroit, on ne peut donner, dans les Traités, que des principes généraux ; il faut que chacun étudie ſon terrein, & qu'il s'efforce de trouver les moyens d'appliquer les principes aux cas particuliers où il ſe trouve.

(1) Au Chapitre des Inſtruments d'agriculture, on trouvera des ſemoirs qui pourront remplir à ces intentions.

ARTICLE V.

Remarques ſur les principes précédemment poſés touchant les Labours.

ON SAIT qu'il faut donner de l'écoulement aux eaux qui ſe raſſemblent dans les terres fortes, & qui y forment des mares où toute eſpece de grain périt. C'eſt dans cette vue qu'on laboure par planches ou même par billons. Mais il eſt important d'étudier la pente de ſon terrein, pour que ces fonds de raies, comme autant de ruiſſeaux, portent l'eau dans des foſſés, qui doivent eux-mêmes avoir de la pente; car il n'eſt pas permis de donner l'écoulement de ſes eaux ſur les terres de ſes voiſins. Si au milieu des pieces il ſe trouve des fondrieres, dont on ne puiſſe pas procurer l'écoulement, il convient quelquefois de les ſacrifier à former des égouts : on les creuſera aſſez pour que les eaux de la piece s'y rendent; & ſi la pente naturelle du terrein ne permet pas aux eaux de ſe décharger par les raies, ou dans ces reſervoirs, ou dans les foſſés, on traverſera les raies qui bordent les planches par de grands ſillons qu'on nomme *des maîtres*, & qu'on forme avec des charrues qui ont deux verſoirs. Sur les côteaux, où la pente eſt rapide, il faut éviter les ravines; & ſouvent on eſt obligé de faire les raies parallélement à la baſe de la montagne. On verra comment Dom le Gendre a ſu adroitement employer ces différents moyens.

De même il y a des terres qui ont beſoin d'être beaucoup plus labourées que d'autres. Il faut labourer fréquemment, & dans des temps convenables, les terres qui produiſent beaucoup de mauvaiſes herbes, & celles qui ſe durciſſent, lorſqu'après avoir été pénétrées d'eau, elles ſont deſſéchées par le hâle. La vérité de ce principe ſera juſtifiée par les expériences de M. d'Elu, que nous rapporterons dans la ſuite; mais on appercevra en même temps qu'il ne ſuffit pas de multiplier les labours; on verra qu'il faut les faire à propos, ſuivant l'intention que l'on a de détruire les mauvaiſes herbes, ou de diviſer & ameublir la terre. Une terre forte, ſi on la laboure lorſqu'elle eſt pénétrée d'eau, eſt paîtrie & rendue plus compacte qu'elle n'étoit. Cette même terre, labourée par un temps trop ſec, forme de groſſes mottes; ce qui ne peut être qu'avantageux avant l'hyver, parce que les gelées diviſent les mottes: mais ces mottes ſont un grand inconvénient quand elles ſubſiſtent lorſqu'il faut ſemer. Il y a cependant des terres dont les mottes, très-dures tant qu'il fait ſec, ſe diviſent aiſément lorſqu'il ſurvient un peu d'eau : c'eſt au Laboureur à étudier ſon terrein, pour agir conſéquemment à ce qu'il exige.

Si nous croyons avoir prouvé dans nos précédents Volumes, qu'on peut, en multipliant les labours, ſubvenir en quelque ſorte à la diſette des engrais ; nous n'avons pas prétendu que les engrais fuſſent inutiles, & nous ne nous ſommes point diſſimulé qu'il y a des terres tantôt trop molles, tantôt trop dures, où on ne peut pas multiplier les labours autant qu'on le deſireroit. De même quand nous avons dit, qu'il faut répandre plus de ſemence dans les terres peu fertiles, que dans celles qui le ſont beaucoup, parce que dans celles-ci le grain talle plus que dans les mauvaiſes ; nous ſavons qu'il faut excepter certains fonds où une partie du grain eſt mangée par les inſectes. Il faut donc que chacun ſache appliquer à ſon terrein des principes qu'on peut regarder comme aſſez généralement vrais.

Sans doute que ces différences locales ont beaucoup influé ſur les différentes pratiques qui ſont établies dans chaque Province. En Beauce, & dans pluſieurs Provinces abondantes en grain, on leve les guérets auſſi-tôt qu'on a fini les labours pour les mars : on donne trois, & quelquefois quatre façons avant le 10 Octobre, qui eſt la ſaiſon où l'on met les ſeigles, & enſuite les froments, en terre.

La plupart des avoines ſont ſemées ſur un ſeul labour. Je dis la plupart, parce que pluſieurs bons Laboureurs font labourer pendant l'hyver leurs chaumes de bled ; & au printemps ils font un ſecond labour pour leurs mars. Après la récolte des avoines, les terres reſtent en jachere une année entiere, pour avoir le temps de donner les trois ou quatre labours qu'on juge néceſſaires pour les froments. Ainſi un Fermier qui a 300 arpents d'exploitation, récolte tous les ans 100 arpents de froment & 100 arpents d'avoine, pendant que les 100 autres arpents ſe repoſent.

Suivant la nouvelle culture, il paroîtroit que la terre devroit produire tous les ans du froment, puiſqu'on voit que le même champ eſt continuellement occupé par ce grain. Néanmoins, comme nous l'avons fait remarquer dans nos précédents Volumes, la nouvelle culture ne differe pas autant qu'on le croit de l'ancienne, puiſqu'on doit conſidérer que la terre des plates-bandes eſt en jachere, pendant que celle des planches eſt en rapport. Tout ce qu'on fait en ſuivant cette culture, c'eſt d'interpoſer la terre en jachere diviſée par bandes, entre la terre en rapport, qui eſt auſſi diviſée par bandes. Ainſi la totalité des terres eſt diviſée en deux ſoles: une qui porte, ce ſont les planches; une qui ſe repoſe, & qu'on cultive, ce ſont les plates-bandes: ce qui revient à la culture dont nous allons parler.

ARTICLE VI.

De la maniere d'exploiter les Terres; en les diviſant en deux ou trois ſoles.

Je n'entreprendrai point de rapporter ici les différentes manieres d'exploiter les terres, qui ſont en uſage dans les diverſes Provinces du Royaume, quoique ce détail fût très-intéreſſant pour l'agriculture; mais je ne puis me diſpenſer de mettre ici en parallele l'uſage de diviſer les terres en trois ſoles avec celui qui eſt établi dans pluſieurs Provinces très-fertiles, où on ne partage les terres qu'en deux ſoles. J'ai à cet égard quelques connoiſſances de ce qui ſe pratique en Guyenne, & dans quelques endroits de la Normandie; mais graces à M. le Baron de Sournia, Gouverneur de Queribus, je me trouve en état d'exposer en détail ce qui se pratique aux environs de Perpignan, où sont situées ses terres.

Dans ce climat fort chaud, on seme les terres en Septembre, & on commence à couper le froment vers le 12 de Juin, de sorte qu'ordinairement cette récolte est finie à la S. Jean.

On ne divise les terres qu'en deux soles ; de maniere que dans une année on seme du froment, & dans l'autre les terres devroient être en repos. Mais sur une partie des terres qui sont plus estimées que les autres, on fait plusieurs récoltes dans l'année de repos : les terres en sont fatiguées, & on est obligé de les ensemencer trop tard en froment, ce qui diminue l'abondance de cette récolte. Rapportons l'exemple que donne M. de Sournia.

Dans un terrein qu'on peut arroser, on seme du trefle aussi-tôt après la récolte, en répandant la semence de trefle sur le chaume du froment ; on l'arrose aussi-tôt, & encore plusieurs fois pendant l'été ; dans l'hyver, on le fait paître aux moutons & aux agneaux. Ceux qui n'ont point de troupeaux s'accommodent de leurs herbes avec les Fermiers de la montagne qui ont des troupeaux qu'ils ne peuvent nourrir, à cauſe que leurs terres ſont couvertes de neige: cette récolte produit un gros revenu.

Au printemps, quand l'herbe a été mangée en verd par le bétail, on arroſe le terrein; le trefle repouſſe très-vîte; quand il eſt en fleur, on le fauche, & on le fane pour le mettre dans les greniers avec les autres foins.

Immédiatement après cette récolte, on fume la terre; & ceux qui ne craignent point de l'épuiſer, la labourent, & y ſement des haricots ou du petit millet; mais comme on ne peut labourer pour le froment, & ſemer qu'après la récolte de ces menus grains, on n'a pas le temps de bien préparer la terre; les ſemailles ſont retardées, & la graiſſe des fumiers eſt en partie conſommée par ces menus grains, pendant qu'on pourroit employer plus utilement ces engrais dans des terres qu'on ne peut pas arroſer. M. de Sournia s'eſt aſſuré par expérience que, pour avoir de bonnes récoltes de froment, il faut ſe borner à celle du trefle, & ne ſemer des haricots, du millet, &c, qu'en petite quantité & ſeulement pour l'uſage de la maiſon.

Dans la Guyenne on fait, pendant l'année de jachere, une récolte de bled de Turquie, qui épuiſe beaucoup les terres.

Ainſi les bons Cultivateurs penſent que, dans les bonnes terres qu'on ne peut arroſer, il faut ſe contenter, dans une ſole de 300 arpents, de récolter 150 arpents de froment, & de bien cultiver les 150 arpents qui doivent reſter en jachere, pour les diſpoſer à recevoir le froment. C'eſt aſſez ce qu'on pratique dans les cantons de Normandie où le climat plus froid, & le terrein plus tardif, ne permettent gueres de faire d'autre récolte que celle du froment.

Il eſt évident qu'en diviſant une Ferme de 300 arpents d'exploitation en deux ſoles, on récolte, pendant un bail de neuf ans, 1350 arpents de froment, au lieu qu'on n'en récolte que 900 arpents lorſque la terre eſt diviſée en trois ſoles. Mais dans ce dernier cas, le Fermier récolte 900 arpents de mars qui, étant eſtimés la moitié du froment, équivalent juſte le produit des 1350 arpents de froment. D'où il ſuit que dans les pays abondants en pâturages, où l'on laboure avec des bœufs, & où on ne conſomme point d'avoine, il eſt avantageux de diviſer les terres en deux ſoles; mais que cela n'eſt pas praticable dans les Fermes qu'on fait valoir par des chevaux, puiſque l'acquiſition néceſſaire de l'avoine conſommeroit le produit des 450 arpents de froment qu'on recueilleroit de plus.

ARTICLE VII.

Différentes pratiques de culture en différents terreins.

DANS les terres qui boivent l'eau promptement, on laboure les terres à plat; dans celles au contraire qui retiennent l'eau, on les laboure par planches plus ou moins larges, ou même par billons.

Si les terres ſont propres pour le froment, on ne ſeme du ſeigle que pour faire des liens. Ailleurs, où le froment ne peut réuſſir, il y a plus d'avantage à faire d'abondantes récoltes de ſeigle. Certaines terres ſont plus propres pour l'avoine, que pour le froment. D'autres terres ne peuvent fournir que du ſarraſin ou de la veſce. En général, il eſt toujours plus avantageux de faire une abondante récolte d'un grain de médiocre eſpece, qu'une médiocre récolte d'un grain plus précieux.

Nous avons des terres qui donnent du froment en abondance, quand on a pu parvenir à les bien préparer pour ce grain; mais comme elles ne peuvent être labourées ni dans un temps ſec, ni lorſqu'il fait fort humide, un Fermier qui eſpéroit mettre 60 arpents de terres en froment, ne pourra quelquefois parvenir à en mettre plus de 25 ou 30 ; cependant il ne fera pas pour cela une perte considérable : car ces terres, qui avoient déja reçu quelques labours pour le froment, donneront ordinairement du mars en abondance.

ARTICLE VIII.

Deux méthodes d'Assoler les Terres en basse Normandie.

EN BASSE Normandie, du côté de Bayeux, il y a deux méthodes d'assoler les terres. (*Voyez Tome III, page 53*).

Suivant une de ces méthodes : 1°, On seme du sarrasin vers la fin de Juin : 2°, Quand les tiges & les racines de cette plante sont mortes & desséchées, ce qui arrive vers la Toussaints, on laboure, & sur le champ on seme du froment : ainsi voilà le froment semé sur un seul labour. Il est vrai que ces terres ont été labourées pour le sarrasin, & même bien amendées. Or, comme je l'ai dit dans quelques-uns de mes Volumes, l'abondance des engrais peut suppléer aux bonnes cultures, comme les bonnes cultures suppléent aux engrais : 3°, Après la récolte du froment, on retourne le chaume le plutôt qu'il est poſſible, & on donne un ſecond labour en Février ou en Mars, pour ſemer de l'avoine; ou bien, on donne un labour de plus pour ſemer de l'orge: 4°, On retourne le chaume d'orge pendant l'hyver; & après avoir donné un labour au printemps, on ſeme des poids ou de la veſce: 5°, Auſſi-tôt que ces légumes ſont récoltés, on retourne ces terres, afin qu'elles aient reçu deux labours avant le mois d'Octobre, pour y ſemer du froment: 6°, Dans l'année d'après, on y ſeme de l'avoine, dans laquelle on mêle un peu de trefle; enſuite on laiſſe cette terre en pâture pendant trois ou quatre ans. On imagine bien que, ſuivant la nature des terres & les beſoins du Fermier, on varie l'ordre des grains qu'on ſeme ſucceſſivement; mais par cette pratique, on a eu en ſix ans ſix récoltes, deux de froment, deux d'avoine, une de ſarraſin, & une de pois ou de navets; & le champ reſte enſemencé en trefle, dont on fait paître l'herbe pendant quatre ans.

Suivant l'autre méthode, qu'on nomme *Varet*, on ne ſeme point de ſarraſin ſur la terre qu'on défriche; on la laiſſe en jachere depuis les mois de Février ou de Mars, qu'on l'a défrichée, juſqu'au mois d'Octobre, & on profite de ce temps pour l'amender, l'amender, & lui donner plusieurs labours qui la disposent à recevoir du froment. La récolte est alors communément beaucoup plus abondante que quand on a semé du sarrasin. On suit, au reste, les semences successives que nous venons d'expliquer.

Rapprochons de ces pratiques le systême de culture de M. Pattullo.

ARTICLE IX.

Systême de culture de M. Pattullo.

1°, ON essayera de défricher dans l'automne, afin que les gelées d'hyver mûrissent la terre, & fassent périr les herbes: 2°, Au printemps, aussi-tôt que la terre sera ressuyée, on donnera un second labour: 3°, On y transportera les amendements convenables à la nature du terrein: 4°, Sur le champ on donnera un troisieme labour profond, & on hersera, s'il est nécessaire, pour briser les mottes: 5°, Dans le mois d'Août, on donnera un quatrieme labour: 6°, On semera en Octobre du froment, dont on aura lieu d'espérer une bonne récolte: 7°, Aussi-tôt après la moisson, on retournera les chaumes: 8°, Dans le mois de Mars, on donnera un second labour, & on semera de l'orge, qu'on recueillera comme les avoines dans le mois d'Août : 9°, Auſſi - tôt après cette récolte, on retournera le chaume d'orge, & on paſſera la herſe pour briſer les mottes : 10°, On donnera un ſecond labour en Septembre pour ſemer du froment en Octobre. *Cette méthode que M. Pattullo propoſe pour les terres fertiles, revient aſſez à la culture qu'on nomme en Normandie* Varet. (*Voy. Tome III, page 56*).

A l'égard des terres ſablonneuſes, graveleuſes & légeres, il ſuffit, dit M. Pattullo, 1°, de leur donner trois labours : après le ſecond, on portera les engrais ; & après le troiſieme labour, on ſemera du froment, qu'on enterrera avec la charrue.

2°, Auſſi-tôt après la récolte, on brûlera les chaumes ; on donnera un labour léger, & on ſemera des turnips ou gros navets.

3°, Après la récolte des navets, on donnera un profond labour, & on ſemera des pois blancs.

4°, Après la récolte des pois, on labourera la terre, & on ſemera des navets, comme on avoit fait l'année précédente.

5°, Au printemps ſuivant, ayant préparé la terre par un ou deux labours, on y ſemera de l'orge.

Voilà en trois ans cinq récoltes, une de froment, deux de navets, une de feves & une d'orge.

6°, Après la récolte de l'orge, on labourera la terre; on la herſera, & on y ſemera en Septembre du trefle, ſi la terre eſt un peu humide; & on profitera des gelées d'hyver pour y voiturer des engrais, qu'on répandra ſur le trefle.

7°, Dans l'automne de la troiſieme année, on labourera le trefle; on donnera au printemps un ſecond labour, & on ſemera de l'orge.

8°, Après la récolte de l'orge, on donnera deux labours, & on ſemera du froment.

9°, On pourra faire dans l'année ſuivante une ſeconde récolte de froment, avant les récoltes des menus grains; ou bien on ſuivra les récoltes, comme il a été dit plus haut; mais à la fin de la troiſieme année, on ſemera du trefle, ou, ſuivant la qualité du terrein, d'autres herbages, ſe conformant à ce que nous rapporterons dans un Article particulier, où nous traiterons des prés artificiels.

Cette méthode ne s'éloigne pas beaucoup de ce qui ſe pratique aux environs de Bayeux.

En voilà aſſez, me ſemble, pour faire comprendre que la culture des terres ne doit pas être la même par-tout; & ſans doute, je le répete, que des raiſons de convenance ont occaſionné en partie les différentes pratiques qu'on voit établies dans les Provinces du Royaume. Mais ces routines locales n'ont pas toujours un principe aussi raisonnable ; il est certain que l'habitude conserve en des endroits des pratiques vicieuses, & qu'elle empêche de profiter de ce qui s'exécute ailleurs avec avantage.

ARTICLE X.

Pratiques vicieuses qui ne se conservent que par le préjugé de l'habitude.

LES FERMIERS de Normandie entendent bien mieux le ménagement des fumiers, que ceux de Beauce. Pourquoi, dans une infinité de terreins où l'on ne peut détruire les bruyeres, ne brûle-t-on pas les terres comme on le fait en Bretagne ? Il y a des Provinces entieres où tout le pain est rendu croquant par un sable fin qui se mêle avec le grain lorsqu'on le bat ; on préviendroit ce défaut essentiel en battant le grain dans des granges. Dans notre Province, nous sommes ruinés en bâtiments, parce que nos Fermiers veulent tout serrer dans des granges, tandis que j'ai vu, dans des cantons fertiles (1), des

(1) L'Isle-de-France.

meulons & chaumiers de foin, d'avoine, de froment, qu'on éleve dans les champs, & qui y restent quelquefois plusieurs années. Les Fermiers de ces cantons prétendent même que les grains s'y conservent mieux que dans les granges.

En vain représente-t-on aux habitants du Perche qu'en ne remuant à chaque façon que la moitié de leurs terres, ils ne les remuent pas suffisamment pour produire de beaux froments ; à ceux de l'Aunis, que leurs froments ne sont remplis de mauvaises graines, que parce qu'ils ne savent pas donner leurs labours à propos : la routine prévaut. Et comment en seroit-il autrement ? Le Cultivateur ne quittant point son pays, il ignore ce qui se passe ailleurs : toujours occupé d'un travail pénible, qui ne souffre point d'interruption ; il n'a pas le loisir de s'instruire par la lecture, & il ignore ce qui se pratique hors de chez lui. Celui qui est né avec un esprit d'observation, car il y en a, ne peut porter ses vues que sur ce qui l'environne : il réforme quelques pratiques très-vicieuses ; il tire le meilleur parti de son petit cercle de connoissances, qui ne peut le conduire bien loin : cela suffit néanmoins pour le distinguer de ses voisins, qui ne savent qu'opérer sans réfléchir. Les Fermiers trop peu opulents, n'osent faire aucune épreuve. C'est donc un bonheur lorsque, dans un canton, il se trouve quelque amateur zélé, intelligent & instruit, qui a le courage de transporter de l'extrémité du Royaume, ou même des pays étrangers, des pratiques utiles, dans le pays où elles sont ignorées; l'aisance dont il jouit, lui permet de faire les frais des épreuves; il a le loisir de s'instruire par la lecture, de se former des correspondances, de réfléchir sur ses propres observations, & de donner l'exemple à ses voisins : c'est une lumiere qui éclaire ce qui l'environne.

Il ne faut point néanmoins espérer que la routine sera tout d'un coup subjuguée. On parque depuis long-temps, & avec succès, à une lieue & demie ou deux lieues de nos terres; nous avons de belles plaines; nos Fermiers ont de grands troupeaux; c'est néanmoins en vain que nous leur avons proposé des avantages pour leur persuader d'adopter cette utile pratique. En Bretagne, où, malgré les efforts des Etats, la culture n'est pas portée au point de perfection qu'on pourroit desirer, il y a néanmoins, aux environs de Saint-Brieuc, un petit canton où la culture des terres est depuis long-temps portée à son plus haut point de perfection;

& cependant, l'exemple de ces laborieux Cultivateurs influe peu ſur leurs voiſins. Il n'importe : ne nous laſſons point ; eſſayons d'exciter l'émulation du Laboureur, en lui préſentant des ſuccès.

ARTICLE XI.

Travaux utiles de MM. D'ELU & FRANCE, pour mettre en valeur des Terres incultes.

M. D'ELU, qui a fait en Brie des expériences très-intéreſſantes, dont nous avons rendu compte dans nos précédents Volumes, ayant dans ſon domaine une grande piece de terre qu'on enſemençoit de temps en temps en froment ou en avoine, & où l'un & l'autre réuſſiſſoient mal, & étoient toujours infectés d'une multitude de chardons, il crut appercevoir que le terrein de cette piece étoit à peu près de même nature que ſes autres terres, qui fourniſſoient de bonnes récoltes. Néanmoins les Laboureurs les plus expérimentés l'aſſuroient qu'il tenteroit inutilement de mettre cette piece de terre en bonne valeur comme les autres ; qu'elle ne lui rendroit que des chardons. Comme j'ai dit dans quelques-uns de mes Ouvrages, que les terres qui produisoient de mauvaises herbes, en donneroient de bonnes, si, par des labours multipliés & donnés à propos, on parvenoit à les détruire, M. d'Elu conçut l'espérance de mettre cette piece de terre en valeur. Pour cela il la prépara à recevoir du froment, par six bons labours qu'il ne donnoit que quand les mauvaises graines avoient germé, sur-tout celles des chardons ; & les Laboureurs furent très-surpris de voir qu'une terre qu'ils ne jugeoient pas même propre à donner du seigle, eût produit le plus beau froment du canton, fort net de mauvaises graines. Cette terre pourroit être plus à charge qu'utile, si on étoit obligé de lui donner six labours à tous les bleds ; mais ayant subjugué l'herbe, il est probable qu'à l'avenir quatre labours seront suffisants.

M. France étant allé s'établir pour quelque temps à sa terre de Vaugency, près Châlons-sur-Marne, fut fort étonné de voir que de treize à quatorze cents arpents qui formoient son domaine, il n'y en avoit pas plus de trois cents en culture: tout le reste n'étoit que des friches sur lesquelles on répandoit tous les dix à douze ans au plus un peu d'avoine, qu'on enterroit par un petit labour à la charrue. Toutes les terres des environs étant

étant cultivées de même, le pays n'offroit que de vaſtes friches déſertes. M. France étoit étonné de voir en cet état des terreins immenſes, qui ne paroiſſoient pas différer eſſentiellement de ceux qui étoient cultivés; & produiſoient de magnifiques avoines, de très-beaux ſeigles, & même de bons froments. Les Fermiers convenoient que ces friches pouvoient être miſes en valeur; & ils convenoient encore que ces terres incultes rendroient à proportion de ce qu'on leur donneroit; qu'il ne leur falloit que des labours & des engrais pour les rendre fertiles. Mais pour cela il auroit fallu que le Laboureur eût été plus aiſé, & le pays plus peuplé.

M. France ſe détermina par cette raiſon à faire valoir ſa Ferme, & à tenter les différents moyens qu'il imagineroit propres à mettre ſes friches en valeur. Ayant donc examiné la nature de ſes différentes terres, il en reconnut de trois ſortes, de rouges, de griſes, & de blanches; toutes fort légeres: les unes ſont aſſiſes ſur la craie, & d'autres ſur un ſable graveleux & brûlant: dans certains endroits la craie ou le gravier ſe trouvent à deux pieds de profondeur, & par-tout au moins à un pied: toutes ces terres ſont ſujettes à déchauſſer; mais on prétend que le fumier empêche cet inconvénient pendant un temps assez considérable. M. France comprit bien que ces terreins ingrats se refuseroient aux soins qu'il prendroit pour les rendre fertiles ; mais il s'arma de courage, & ne désespéra pas de rendre son domaine plus utile. Il conçut que le mauvais labour qu'on donnoit tous les huit ou dix ans aux terres qu'on mettoit en avoine, n'étoit pas à beaucoup près suffisant ; il sentit qu'un terrein aussi maigre avoit besoin d'être secouru par des engrais. Pour avoir beaucoup de fumiers, il faut des bestiaux ; & pour multiplier les bestiaux, il faut se procurer des pâturages. Nous rapporterons, dans différents endroits de ce Volume, les tentatives que M. France a faites pour remplir ces divers objets.

Après ce que j'ai dit du succès que M. d'Elu a eu dans sa piece de terre, je ne dois pas dissimuler que M. France n'a pas eu la même satisfaction. Un champ qui avoit produit du sainfoin, fut labouré quatre fois, roulé pour rompre les mottes, hersé cinq fois dans tous les sens ; les racines furent ramassées par tas, brûlées, & les cendres répandues sur le guéret. Malgré cela, ce champ a produit une prodigieuse quantité de ponceau ou pavot sauvage ; & si M. France ne les avoit pas fait arracher à grands frais, son froment auroit été étouffé. Je remarquerai à cette occasion : 1°, Qu'il y a des années où les meilleures terres, celles qui sont les mieux cultivées, & qui communément produisent très-peu d'herbe, en sont toutes couvertes ; ainsi l'expérience d'une année ne suffit pas. 2°, Il est certain qu'on ne peut pas rétablir en une année une terre qui a été négligée depuis long-temps. La terre qui a resté en friche est si remplie de mauvaises graines, qu'il faut du temps pour les détruire. 3°, Enfin une terre très-bien cultivée, qui est environnée de terres en friche, reçoit des terres voisines une multitude de semences qui réussissent d'autant mieux, qu'elles se trouvent transportées dans une terre bien cultivée.

Mais on peut dire que les travaux de MM. d'Elu & France, qui se proposent de mettre en valeur des terres inutiles, feront pour eux des acquisitions, & pour l'Etat des conquêtes.

ARTICLE XII.

Travaux de Dom LE GENDRE, *pour mettre en valeur des Terres négligées.*

ON A BIEN raiſon de dire, que les terres ne produiſent que proportionnellement aux ſoins & à l'intelligence du Propriétaire.

Dom le Gendre, Célérier de l'Abbaye de S. Martin de Séez, en Normandie, s'étant propoſé d'améliorer quelques mauvais fonds du domaine de cette Abbaye; il remarqua que les pieces de terre étoient traverſées par quantité de chemins; & que ces terres fortes & froides retenant l'eau, il ſe formoit des mares en pluſieurs endroits, dans d'autres des ravines qui entraînoient dans les chemins creux les engrais & même la ſemence : il remédia à ces inconvénients par des foſſés qui ſe rempliſſoient de l'eau du champ, & la portoient dans des endroits plus bas; par ce ſeul moyen le champ, qui juſqu'alors avoit été preſque inondé, ſe trouva à peu près deſſéché. Il ne reſtoit de l'eau que dans quelques endroits qui étoient trop bas pour qu'elle pût s'écouler dans les foſſés de décharge ; il y fit rapporter une partie des terres qu'il avoit tirées des fossés, des boues de rues, des curures de basse-cour ; dans les endroits où la terre paroissoit plus froide qu'ailleurs, on y envoyoit tous les jours le troupeau pendant quelques heures ; enfin tout le champ fut légérement fumé avec du fumier de pigeon ; & ce champ, qui ne produisoit ordinairement par acre que 100 gerbes d'assez mauvais froment([1]), en rapporta 300 de très-beau dès la premiere récolte ; & l'année suivante la dépouille d'avoine fut très-bonne. Cet intelligent Administrateur, continuant l'exécution du même projet, profita de l'année de jachere pour faire curer les fossés, & transporter les terres, ainsi que les décombres de vieux bâtiments, dans les endroits bas ; & les froments, très-beaux, annoncent pour cette année une très-abondante récolte. Toutes les fois qu'il s'appercevoit que l'eau se rassembloit dans un endroit ensemencé, il faisoit ouvrir des rigoles qui la conduisoient, ou dans les fossés, ou dans des endroits bas qu'il n'ensemençoit point, & qui étoient destinés à recevoir les eaux surabondantes ; & comme ces eaux entraînent nécessairement avec elles

(1) L'acre est de 160 perches ; la perche, de 22 pieds de Roi.

des terres fertiles, il profitoit de l'année de jachere pour les faire transporter dans les parties qui devoient être ensemencées. Si l'on dit qu'il n'y a rien de fort nouveau dans cette pratique, je répondrai que ce ne sont pas les nouveautés qu'il faut chercher, mais des succès : chacun doit étudier son terrein, & varier les pratiques suivant les circonstances.

ARTICLE XIII.

Expérience de Matt. YELVERTON.

RIEN n'est plus propre à établir la vérité de ce qui vient d'être dit dans l'article précédent, que le succès de Matthew Yelverton, de Portland, qui a remporté le prix de dix livres sterlings que la Société de Dublin, en Irlande, avoit proposé pour celui qui recueilleroit, dans le courant de l'année 1742, la plus grande quantité de froment, dans l'étendue d'un acre de terre semé en une seule piece. Ce particulier n'a point eu recours à des engrais particuliers, ni à des cultures extraordinaires, ni à des liqueurs réputées propres à multiplier les germes, pour recueillir vingt-quatre septiers & demi de froment dans un acre de terre. Il a choisi un bon fonds de terre en pré, qui se reposoit depuis long-temps, & qui probablement avoit été fumé plusieurs fois. La terre de dessus étoit grasse & onctueuse, sans être poisseuse * ou argilleuse; cette couche d'excellente terre étoit assise sur un banc de sable.

On sait qu'il faut répéter plusieurs fois les labours, pour détruire les herbes & les racines des prés qu'on défriche, & qu'il faut du temps pour que les unes & les autres se pourrissent, sans quoi les herbes du pré qui repoussent font un tort considérable au froment. C'est pour cette raison qu'on a coutume de semer des mars dans ces terres défrichées, plutôt que des bleds d'hyver.

Pour éviter cet inconvénient, & se mettre promptement en état de profiter de la fertilité de cette terre reposée depuis longtemps, M. Yelverton ayant fait peler le dessus de sa terre, & lever des gazons de deux pouces ou environ d'épaisseur, au commencement du mois d'Août 1741, il les fit brûler vers le 8 du même mois, & en fit répandre les cendres, à peu près comme on le fait en Bretagne pour les terres qu'on égobue. (*Voy. T. I. Cult. p. 73.*)

Il fit donner à son champ un second

* Je me sers ici d'un terme que les Paysans employent pour désigner une terre qui, sans être argilleuse ni glaiseuse, s'attache fortement aux instruments d'agriculture & aux chaussures quand elle est humide.

labour ; & il le laiſſa en cet état juſqu'au 12 Septembre, qu'il le fit herſer avec une forte herſe qui avoit des dents de fer.

Matt. Yelverton avoit raiſon de craindre que la trop grande fertilité de ſon terrein, bon de ſa nature, repoſé depuis long-temps, & échauffé par les cendres & la terre cuite qu'il y avoit répandue, ne produisît des pieds trop forts, qui, venant à verſer, ne lui auroient donné que peu de mauvais grain. Jugeant donc que ſa terre étoit trop forte & trop graſſe, il fit donner un troiſieme labour aſſez profond pour piquer un peu dans le ſable ; le 21 Septembre, il fit herſer tout ſon champ, pour mêler le ſable & la cendre avec la terre ; & enfin il fit ſemer ; ce qui fut achevé le 6 Octobre.

Cette ſemence étoit du froment rouge d'Angleterre, que le Propriétaire avoit tiré d'un autre crû que le ſien.

Une partie du champ avoit été labourée par planches de ſeize pieds de largeur, & l'autre partie par planches plus étroites, qui étoient formées par huit tours de charrue : tout a paru réuſſir également bien, excepté qu'il y avoit moins de terre perdue dans les planches larges, que dans celles qui étoient plus étroites.

Malgré le ſable que ce Laboureur avoit

mêlé avec la bonne terre, ce champ étoit ſi fertile, que pour prévenir que ce grain ne verſât, il fit effaner les plantes qui ſe montroient trop vigoureuſes le 15 Avril, & encore le 16 Mai.

Je rapporterai ailleurs la leſſive que le même employa pour prévenir la nielle.

Cet habile Cultivateur ayant fait une très-abondante récolte, la Société de Dublin a couronné ſon travail, en lui accordant le prix propoſé. Néanmoins comme l'intention de cette Compagnie étoit probablement la perfection de la culture des terres, il ſemble que, pour entrer véritablement dans ſes vues, il auroit été convenable d'opérer ſur une terre infertile. Il faut peu d'art pour obtenir de grandes récoltes d'un excellent fonds; mais il en faut beaucoup pour tirer un parti médiocre d'un mauvais ſol; & dans ce ſens, M. d'Elu, M. France & Dom le Gendre, ont plus fait que Matt. Yelverton, puiſqu'ils ſont parvenus à obtenir d'abondantes récoltes d'un fonds qui reſtoit en friche, ou qui étoit d'un très-médiocre produit.

La nouvelle culture étant une façon particuliere d'exploiter les terres, je terminerai ce Chapitre par quelques obſervations qui y ont rapport.

ARTICLE XIV.

Obſervations relatives à la nouvelle Culture.

APRÉS les épreuves réitérées qui ſont rapportées dans les cinq Volumes que nous avons donnés ſur la Culture des Terres, on ne peut révoquer en doute la vérité des principes ſur leſquels la nouvelle culture eſt fondée. Les faits que nous avons rapportés, étant atteſtés par un nombre de perſonnes à qui le ſuccès de cette culture eſt tout-à-fait indifférent, on ne peut pas me ſoupçonner d'avoir pris trop à cœur la nouvelle méthode que j'ai eu à cœur de faire connoître.

En établiſſant l'utilité, & même la néceſſité des labours, j'ai eu ſoin de prévenir en plus d'une occaſion de l'avantage réel des engrais ; & quoique très-intimement perſuadé de la vérité des principes ſur leſquels cette nouvelle culture eſt fondée, je ne me ſuis point diſſimulé les difficultés qui ſe préſenteroient pour en faire uſage en grand. En certains endroits, une piece iſolée, & éloignée des froments cultivés à l'ordinaire, étoit expoſée à devenir la pâture du bétail ou la proie des oiſeaux ;

en d'autres, une piece se trouvant entourée de tous côtés par des froments semés selon l'ancien usage, on manquoit de place pour faire les nouvelles cultures : par-tout la difficulté presqu'insurmontable de plier les Laboureurs à de nouveaux usages, gens la plupart que les plus petites difficultés arrêtent, parce qu'ils ne font pas le moindre effort ou qu'ils ne savent pas les lever. Peut-on en douter, quand on voit un Cultivateur n'éprouver aucune difficulté à se servir de notre semoir & de la petite charrue, & parvenir à faire bien exécuter toutes les cultures, pendant que d'autres ne peuvent tirer aucun parti de ces instruments? Combien de fois, allant visiter mes champs d'expériences, ai-je trouvé les Laboureurs qui agissoient tout autrement que je ne leur avois prescrit? Ce sont ces raisons qui m'ont engagé à recommander dans tous mes Volumes de n'entreprendre la nouvelle culture qu'en petit (*Tome V, page xvij.*), sur des pieces de 12, 15, 20 arpents; *parce qu'outre les difficultés qu'on rencontre de la part des Ouvriers qui n'y sont pas encore habitués, il seroit impossible de réussir pour une premiere fois, sur l'exploitation d'une grosse Ferme, à donner à propos toutes les cultures : la routine est un torrent, dont on ne peut arrêter le cours que peu à peu, & avec de grands ménagements.* Ainsi quand on auroit eu tous les succès imaginables sur des épreuves en petit, il seroit téméraire de s'en promettre de pareils sur des champs d'une grande étendue. Les terres extrêmement fortes & argilleuses, ne permettent gueres de faire les labours des plates-bandes : dans les terreins qui produisent beaucoup de mauvaises herbes, il faut commencer par les détruire avant de disposer le champ par planches ; les terreins montueux ou très-pierreux offrent d'autres difficultés. Ces réflexions m'ont fait dire qu'on connoîtroit mal mes vrais sentiments, si l'on croyoit que mon unique but fût d'établir une culture particuliere. Non, je le répete, je crois que telle culture, qui pourroit être bonne dans certaines terres & dans certaines circonstances, ne vaudroit rien dans d'autres ; & tout ce qui peut tendre à perfectionner l'Agriculture nous a toujours également intéressé. Instruments commodes pour exécuter les travaux champêtres, engrais de toute espece, moyens de préserver les grains de la nielle, ou d'améliorer les pâturages ; ces différents objets, qui nous ont occupés dans les précédents Volumes, fixent pareillement dans celui-ci notre attention. Nous ſavons que toutes nos réflexions ne peuvent pas être utiles à tous les Cultivateurs ; mais nous aurons lieu de nous applaudir, ſi chacun y trouve quelque choſe dont il puiſſe profiter. C'eſt dans cette vue que je vais rapporter, le plus en bref qu'il me ſera poſſible, les épreuves qui ont été faites par mes Correſpondants, dont les uns ont ſemé leurs froments par rangées & en planches, pendant que les autres les ont ſemés en plein avec le ſemoir.

M. AIMEN m'a écrit de Caſtillon-ſur-Dordogne, le 22 Octobre 1758, que la récolte des grains a été très-médiocre dans ſa Province ; qu'ainſi il n'a pas eu lieu d'être ſatisfait de ſes épreuves ; que néanmoins ſes différents bleds & légumes lui ont produit à peu près autant par arpent que ceux qui étoient cultivés à l'ordinaire, excepté le ſeigle, qui n'a preſque rien fourni ; mais que le maïs & les haricots lui ont rapporté le double de ce qu'ont rapporté des champs de même étendue ſemés à l'ordinaire.

M. DONAT m'a écrit de la Rochelle, le premier Octobre 1757, qu'un voyage aux Eaux de Cauterets, & la deſcente des Anglois, l'ont empêché de ſuivre ſes expériences ; que pluſieurs perſonnes de ſon voisinage pratiquent avec succès la nouvelle culture, mais sur des terreins peu étendus ; qu'il va en faire usage assez en grand sur la vigne.

M. BARBUAT de JURANVIGNY, de Nogent-sur-Seine, m'a dit, dans une de ses lettres en date du 24 Septembre 1757, qu'il avoit continué de cultiver des légumes suivant nos principes ; que des radis qu'il avoit semés en Juillet, avoient en Septembre 8 pouces de circonférence ; qu'ils s'étoient trouvés tendres & de bon goût.

Suivant une Lettre de Son Excellence M. le Comte de BIELINSKI, Grand-Maréchal de Pologne, datée de Varsovie le 29 Octobre 1757, les labours ayant été faits avec assez d'intelligence, tant avec la charrue légere qu'avec le cultivateur, le champ semé en froment d'hyver a donné 1260 gerbes, qui ont rendu 1660 pintes de froment pur & net. On avoit recueilli dans ce même champ semé d'orge en 1756 (*Voyez Tome V, page* 121.) 5139 pintes. Mais ordinairement l'orge fournit beaucoup plus de grain que le froment : de plus, pour faire une juste comparaison entre ces deux récoltes, il faut remarquer, 1°, Que ce champ étant isolé, les oiseaux y ont causé un si grand ravage, qu'au temps de la récolte, on eût dit que ce champ avoit été battu de la grêle ; & on a estimé que la récolte du froment avoit été diminuée de moitié, au lieu que le désordre causé dans l'orge n'avoit été évalué qu'à la perte d'un sixieme : 2°, Pour faciliter les cultures & les semailles, M. le Comte de Bielinski avoit fait retrancher du champ semé en orge, avant de l'ensemencer en froment, une portion triangulaire évaluée 100 perches quarrées, ce qui fait un sixieme du champ ; la récolte a donc été diminuée de cette quantité, d'où l'on peut inférer que, sans ces circonstances, la récolte du froment auroit été, proportion gardée relativement à la différence des grains, aussi bonne que celle d'orge. M. le Grand-Maréchal ajoute les remarques suivantes, qui sont toutes très-intéressantes.

1°, Ce champ a été semé en froment à trois rangées, au lieu qu'il ne l'avoit été en orge qu'à deux.

2°, Les planches avoient six pieds de largeur pour le froment, excepté quelques-unes auxquelles on n'en avoit donné que cinq, & qui ont cependant rapporté tout autant que les autres, sans que la culture en ait été plus difficile ; les planches qu'on avoit formées pour l'orge n'avoient que quatre pieds.

3°, Le froment avoit été semé de très-bonne heure, & l'orge fort tard.

4°, Quarante pintes de froment ont suffi pour ensemencer le champ, au lieu de 159 qu'on avoit employées pour l'orge.

M. le Comte de Bielinski conclut de ces remarques : 1°, Qu'il est avantageux de semer à trois rangées.

2°, Que plus une terre aura été préparée par des labours répétés convenablement, plus on pourra porter loin l'épargne de la semence.

3°, Qu'il est avantageux de semer de bonne heure.

4°, Que cinq pieds de largeur peuvent suffire aux planches qu'on destine à la nouvelle culture.

5°, Pour se mettre à couvert de la rapine des oiseaux, M. de Bielinski fait semer le même champ en seigle, qui se trouvera au milieu d'une grande piece de froment.

6°, Les semences ont été faites avec le semoir à tambour qu'on a construit d'après la description qui se trouve dans le Tome V ; & ce semoir a eu dans ses opérations tout le succès qu'on pouvoit desirer ; néanmoins M. le Comte de Bielinski se propose de supprimer les roues de l'arriere-train. (*Voy. Tome V, page* 281).

7°,

7°, Enfin, malgré le ſuccès de la derniere récolte, M. le Comte de Bielinski a jugé à propos d'augmenter la quantité de la ſemence, & au lieu de 40 pintes, il en a fait répandre 72.

Aux environs de Bayeux, les ſuccès de la nouvelle culture n'ont pas été heureux pour le froment, qui a été très-endommagé par la nielle; mais cet accident eſt indépendant de la nouvelle culture. Le Sarraſin a réuſſi au mieux, & le ſuccès de ce grain eſt conſtant depuis pluſieurs années.

En 1759, la nouvelle culture a auſſi eu le ſuccès qu'on pouvoit deſirer pour les plantes potageres: les pois ont rendu très-abondamment, ainſi que les feves, quoiqu'une partie des tiges eût été endommagée par les labours. Les lentilles, qui ne viennent point dans ce terrein, ont très-bien réuſſi, tant pour la quantité que pour la groſſeur. Les navets & les raves, qui viennent auſſi difficilement dans ces terres, ſont devenues belles, & groſſes malgré la ſéchereſſe; & les pommes de terre ont donné une récolte abondante. Il n'en a pas été de même des artichauts & des choux; ce qu'on doit attribuer à la grande ſéchereſſe du printemps.

En 1758, le ſeigle n'a point paru: le froment & l'orge ont levé fort clair, &

ont été étouffés par l'herbe, ce qui a déterminé à ſemer les plates-bandes en ſarraſin, & à cultiver les planches. La récolte de ce grain a été des plus abondantes, ainſi que dans une autre piece qui n'avoit point été ſemée en autres grains.

M. TULLE m'a mandé d'Avignon, le 8 Février 1758, que juſqu'alors il avoit eu lieu de s'applaudir des bleds qu'il avoit fait ſemer ſuivant la nouvelle culture; qu'ils ſe montroient plus beaux que ceux qui étoient ſemés à l'ordinaire; que ſon Métayer exécutoit parfaitement les labours, ſans rien endommager, avec la charrue à une roue qui lui a été envoyée par M. de Châteauvieux; que ſes plates-bandes avoient quatre pieds 3 pouces de largeur; qu'il avoit ſemé quatre rangées ſur ces planches: il comptoit n'en ſemer que trois l'année prochaine, & réduire les plates-bandes à trois pieds huit pouces. Malheureuſement je n'ai pu être informé de la ſuite de cette expérience, & je viens d'apprendre la mort de ce zélé Correſpondant: c'eſt une vraie perte pour tous ceux qui s'intéreſſent au progrès de l'agriculture.

M. de VILLIERS-en-LIEU, qui a ſa terre près Saint-Dizier, pour compléter l'expérience rapportée dans le Tome V, page 129, m'a mandé que le champ cultivé par rangées ne lui a produit qu'un quinzieme de moins que ceux qui avoient été ſemés à l'ordinaire, quoique la terre eût été médiocrement préparée, n'ayant pris le parti de le ſemer ſuivant la nouvelle culture, que dans le temps des ſemailles.

En 1757, il a été obligé de retourner un champ d'une grande étendue, ſemé pour la ſeconde fois par rangées; comme ce champ étoit placé au milieu des chaumes, il a été en grande partie détruit par les troupeaux: il y a fait ſemer des pois, dont les fleurs ont été brûlées par le ſoleil. La ſécheresſe & les grandes chaleurs ayant fort endommagé toutes les productions de la terre, M. de Villiers ne comptoit pas faire de récolte de maïs, ni de pommes de terre; quelques pluies qui ſont ſurvenues ont tellement rétabli le maïs, qu'il en a récolté à raiſon de 1500 peſant par arpent; mais les pommes de terre ſont reſtées petites. On pourra voir, dans le Chapitre des prés artificiels, le ſuccès qu'il a obtenu de cette culture.

Feu M. EYMA, dont je regrette la perte, ainſi que tous ceux qui le connoiſſoient, m'écrivoit le 18 Décembre 1757, que le froment, les feves & les haricots ont été ſemés dans la même terre, & de la même maniere que l'année précédente,

(*Voy. Tome V, page* 71 *jusqu'à* 81.) ſans y mettre aucun fumier.

Il ajoute qu'en 1755, ayant ſemé dix *pougnerées* de froment ([1]) ſur quarante pougnerées de terre, il avoit recueilli 360 pougnerées de beau froment. On obſerve que dans cette piece, un tiers eſt de bonne qualité, un tiers eſt de qualité médiocre, & le reſte eſt de mauvaiſe terre.

En 1756, il fit répandre ſur cette même terre quatorze pougnerées de froment au lieu de dix, parce que la ſemence ne paroiſſoit pas auſſi bien conditionnée : ſa récolte fut de 448 pougnerées de très-beau froment, bien net & très-peſant, qui fait d'excellent pain. Cette récolte, diſoit M. Eyma, eſt merveilleuſe, vu la quantité & la qualité des terres qui l'ont produite; & il l'attribuoit en partie à ce qu'il avoit moins couvert de terre ſon grain; car les quatorze pougnerées qu'il y a répandu, n'égalent pas ce qu'on avoit coutume d'y ſemer.

Ayant recueilli, en 1754 & 1755, des haricots rouges dans une même piece de terre ſans la fumer, il avoit fait ſemer de groſſes feves par rangées éloignées les unes des autres de deux pieds; & il y avoit

(1) La *Pougnerée* de terre contient 71 eſcars; l'*Eſcar* contient 148 pieds quarrés. La pougnerée de grain contient 36 à 38 liv. de froment, poids de marc.

dans le ſens des rangées, un pied d'intervalle d'une feve à l'autre ; ces feves languirent depuis le mois de Janvier 1756 juſqu'au mois de Mai ; alors elles reprirent vigueur, elles s'éleverent, & donnerent beaucoup de fruit. Comme à la S. Jean elles approchoient de leur maturité, M. Eyma fit travailler légérement la terre qui étoit entre les rangées, & y fit planter à la cheville des haricots rouges ; ils leverent bien ; les groſſes feves étant mûres, on en fit la récolte ; & comme il fit bien labourer la terre, les feves rouges devinrent d'une grande beauté, & donnerent beaucoup de fruit. Après la récolte des feves, il fit ſoigneuſement labourer la terre, &, ſans la fumer, on y ſema de groſſes feves, comme l'année précédente ; elles vinrent très-belles, & donnerent plus de fruit en 1757 qu'en 1756, quoique ce légume ait mal réuſſi dans tout le pays. Pluſieurs avoient pouſſé de dedans terre des tiges de côté, qui probablement auroient donné du fruit, ſi on ne les eût pas arrachées ; car elles étoient chargées de fleurs, ce qui dénote une grande vigueur. Il fit ſemer dans le guéret, comme l'année précédente, des haricots qui produiſirent beaucoup de fruit, malgré la ſéchereſſe des mois de Septembre & d'Octobre, qui avoit tellement endommagé les haricots ſemés à l'ordinaire ; qu'ils n'ont produit que la ſemence.

J'ai repris cette ſucceſſion de récoltes d'un peu loin, pour faire remarquer qu'en quatre années conſécutives, M. Eyma a recueilli dans la même terre, qu'il dit être d'une qualité médiocre, & qu'il n'a point fumée, quatre bonnes récoltes de haricots, (légume qui paſſe pour épuiſer les terres,) & deux de feves. Il me ſemble, ajoute M. Eyma, que cette expérience confirme beaucoup les principes de la nouvelle culture.

Je rapporterai, dans le Chapitre des prés artificiels, les ſuccès de la nouvelle culture à cet égard.

On verra, à l'endroit où nous parlons des inſtruments, que M. Eyma s'étoit procuré le ſemoir de M. de Châteauvieux, dont il a été très-ſatisfait. Je dois dire ici, qu'il a fait ſemer avec cet inſtrument trente pougnerées de terre à trois rangées, ſur des planches de cinq pieds deux ou trois pouces de largeur : cette ſemaille fut faite en partie le 29 Septembre, & en partie le 3 Octobre ; la terre étoit très-ſeche, & la pluie n'étant venue que le 15 Novembre, le froment ne commença qu'alors à lever. Il y avoit quelques endroits où il ne ſe montroit point de grain, ſoit que le ſemoir eût été en défaut, ou que la ſemence eût péri par quelqu'accident.

» Si pluſieurs Cultivateurs ſe plaignent » de la nouvelle culture, ajoutoit M. Eyma, » j'en attribuerai la cauſe à ce qu'ils la pra- » tiquent mal. Je ſuis ſi perſuadé de la » vérité des principes de cette culture, » que je me propoſe de l'appliquer l'année » prochaine à toutes mes terres, que je ſe- » merai par trois rangées, ſur des planches » de cinq pieds deux ou trois pouces de » largeur, avec le ſemoir de M. de Châ- » teauvieux ». Il entroit enſuite dans une diſcuſſion très-bien ſuivie de l'avantage qu'il y a à ne ſemer que trois rangées ſur chaque planche; mais comme nous avons déja dit dans le Tome V ce que M. Eyma penſoit ſur ce point, je ſupprime entiérement cette partie de ſa lettre. La mort l'a enlevé dans le temps qu'il s'étoit mis en état d'opérer en grand, & de travailler utilement pour l'inſtruction du public.

ARTICLE XV.

Suite des Obſervations qui regardent la nouvelle culture.

SUIVANT une lettre écrite de Gayroſſe, près Bayonne, le 29 Août 1757,

M. VANDUSFEL, qui nous a déja fourni de bonnes obſervations, dont nous avons fait uſage dans nos précédents Volumes, (*Voy. Tome V, page* 60.) m'a écrit que ſon champ, cultivé ſuivant les nouveaux principes, n'a donné par arpent que neuf conques de récolte pour une demi-conque de ſemence : les champs cultivés en plein & bien fumés ont donné, l'un portant l'autre, neuf conques & demie pour une de ſemence. Le champ de M. Vandusfel qui, depuis pluſieurs années, porte tous les ans du froment ſans avoir été fumé, a, malgré cela, autant produit que les champs fumés; puiſque la demi-conque qu'on a recueillie de moins, a été remplacée par celle qui n'a pas été ſemée; d'où M. Vandusfel conclut, que l'avantage de la nouvelle culture eſt démontré. Il ajoute, que l'année derniere, le froment avoit manqué chez tous ſes Métayers, qui n'avoient recueilli que quatre ou ſix conques par arpent, & que ſon champ en donna dix conques & demie. Ce ſuccès engagea pluſieurs Payſans à ſemer par rangées; mais ils ne le firent qu'au mois de Novembre, par un temps de pluie; auſſi en leva-t-il peu, & les gelées en firent périr une partie. Cette expérience mal faite n'a pas encouragé les habitants à quitter leur ancien uſage.

M.

M. VANDUSFEL, dans une de ses lettres en date du 10 Janvier 1759, & une autre du 22 Septembre suivant, me marque: 1°, Que son champ, cultivé suivant la nouvelle méthode, a peu produit, & qu'il juge qu'il faut enfin fournir à ce champ quelque engrais: 2°, Que les expériences mal faites ont détourné la plupart des Paysans d'adopter la nouvelle culture: 3°, Que cependant plusieurs habitants, qui l'avoient mieux exécutée, s'en louent beaucoup.

Dom Edouard PROVENCHERE m'a écrit de la Chartreuse du Ligey, dont il étoit Procureur, le 17 Juillet 1757, que la grande sécheresse qui a régné pendant trois mois, a empêché la réussite des grains qu'il avoit semés suivant les principes de la nouvelle culture: 1°, Que dans une bonne terre, les grains qui se montroient très-beaux en herbe, avoient séché sur pied avant ceux qui avoient été semés à l'ordinaire: il attribue cet accident à un labour qu'il fit donner à la fin de Mai. Effectivement, quoique les labours qu'on donne dans des temps secs fassent du bien, quand on ne dérange pas les racines, cependant si on les atteint, si on les rompt, les plantes en souffrent beaucoup: 2°, Dans une terre médiocre & fort pierreuse, son grain a conſervé plus long-temps ſa verdeur que dans les champs cultivés à l'ordinaire : 3°, Enfin dans une terre très-mauvaiſe, il n'a fait aucun progrès ; mais Dom Edouard ajoute que cette terre ne peut produire que de l'orge.

Au reſte il a été ſi content de ſes luzernes diſpoſées par rangées, que ſon premier ſoin en arrivant à la Chartreuſe de Bellary, près la Charité-ſur-Loire, dont il eſt actuellement Procureur, a été de former des prés artificiels.

M. D'ELU, qui a fait entre Nangis & Provins des expériences dont j'ai rendu compte dans le cinquieme Volume, page 210, me marquoit le premier Décembre 1757, que les quatre arpents qu'il avoit ſemés par rangées, lui avoient fourni une auſſi belle & auſſi abondante récolte qu'il pouvoit l'eſpérer, quoique ce fût pour la premiere fois. Voici le détail de ſon expérience, tel qu'il me l'a envoyé.

» La terre que j'ai employée eſt paſſa-
» blement bonne ; elle étoit à ſon année de
» repos, lorſque j'ai commencé à la faire
» labourer : elle a été entr'hyvernée au
» mois de Novembre 1755. Je lui ai fait
» donner cinq façons juſqu'au mois d'Oc-
» tobre 1756 ; les planches ont été for-
» meés ſur quatre pieds & demi de largeur :

» elles ont été semées le 11 Octobre à » trois rangées ; ce qui a occupé au moins » quatorze pouces de terrein, ensorte qu'il » n'est resté que quarante pouces au plus » pour les plates-bandes. Je ne leur ai » point donné de labour avant l'hyver, » parce que cette terre a de l'égout, étant » en pente vers les deux extrémités des » planches. Je n'ai donné la premiere fa- » çon d'après l'hyver, que vers la fin de » Mars ; au commencement de Mai, ces » froments se sont trouvés plus forts que » ceux qui étoient dans les meilleures ter- » res ; & dès le 8 Mai, les feuilles étoient » si longues, & les tuyaux si avancés, que, » dans la crainte que ces froments ne ver- » sassent, je me déterminai, quoiqu'avec » beaucoup de répugnance, à les faire » effeuiller ; le 10 du même mois, je fis » donner le second labour avec la petite » charrue, à laquelle j'avois mis deux roues. » J'ai essayé, vers la fin du mois de Juin, » de donner une troisieme façon ; mais les » pieds de froment étoient si forts, qu'ils » couvroient presque tout le terrein, les » plates-bandes n'ayant que quarante pou- » ces de largeur, ensorte qu'on n'auroit » pas pu labourer sans beaucoup endom- » mager ce froment, dont la beauté ra- » vissoit d'admiration tous ceux qui le

» voyoient : la plupart néanmoins regret» toient la place des plates-bandes, qu'ils » jugeoient perdue, quoique je m'efforçaſſe de leur prouver que c'étoit cette » terre vuide qui contribuoit à la beauté » du froment qui étoit ſur les planches. Je » fis moiſſonner cette piece le 26 Juillet, » par un très-beau temps; elle m'a rendu » 42 boiſſeaux de froment par arpent, ou » 1050 livres (1). Les pieces voiſines n'ont » rendu tout au plus que 45 boiſſeaux de » froment, beaucoup moins beau & plus » ſale que le mien ».

Le 30 Décembre 1758, M. d'Elu m'écrit que la même piece de quatre arpents établie par rangées, & qui a été ſemée pour la ſeconde fois en 1757, n'a pas, à beaucoup près, autant produit que la premiere année. Il en donne pluſieurs raiſons: 1°, Les Moiſſonneurs avoient laiſſé les chaumes trop longs; au dernier labour, il avoit fait refendre par deux traits de charrue la terre où étoit le chaume, jugeant cela néceſſaire pour ſoutenir la terre où il alloit ſemer; mais les chaumes ont tellement embarraſſé le ſemoir, qu'il s'eſt trouvé beaucoup de places où la ſemence a été perdue faute d'être enterrée.

2°, Il n'avoit ſemé que 150 livres de

(1) Il y a néanmoins du profit à cauſe de l'économie de la ſemence.

froment ſur ces quatre arpents ; ce qui eſt trop peu.

3°, L'année n'a point été favorable pour la talle des froments.

Néanmoins le peu que M. d'Elu a recueilli vaut, ſuivant ſon eſtimation, une récolte d'avoine ; d'ailleurs, en ſe rectifiant ſur ſes propres obſervations, la terre a été mieux préparée, & il a répandu 200 peſant de froment ſur les quatre arpents ; mais les Pâtres, qui prétendent avoir le droit de tout dévaſter après la moiſſon, l'obligeront probablement à abandonner cette culture.

Suivant une lettre que M. le Baron DE SOURNIA m'a adreſſée le 9 Juillet 1757, il avoit ſemé à la main derriere la charrue du pays, qui n'a point de roue, trois rangées de froment ſur chaque planche. Ayant donné les cultures convenables, ſon bled leva bien, & il ſe montra très-fort ; mais avant la parfaite maturité, il vint des chaleurs vives qui échauderent tous les froments tardifs, & celui qui étoit ſemé par rangées l'étant plus que les autres, il en ſouffrit davantage. Néanmoins M. de Sournia dit que ſi, lorſque ſon froment ſera battu, il a la moitié du grain qu'ont fourni les bons bleds hâtifs, il ne ſera pas mécontent, puiſque ſa terre lui produira tous les ans du froment. Et comme il espere dans la ſuite un meilleur ſuccès, il cherche à ſe pourvoir d'un ſemoir.

M. DE VILLERS, Capitaine au Régi-de Lyonnois, qui a ſa terre auprès de Bayeux, deſirant contribuer à la perfection de la culture des terres, m'a écrit qu'il ſouhaitoit ſe procurer un ſemoir, & que ſon intention étoit de cultiver toute une Ferme ſuivant la nouvelle méthode; mais je me ſuis preſſé de lui répondre pour le détourner de cette entrepriſe, en lui expoſant une partie des raiſons qui ſont au commencement de ce Chapitre.

M. DE VALLEFLEUR, près Grandville, m'a écrit du 25 Novembre 1758, qu'il a fait quelques eſſais de la nouvelle culture, particuliérement avec du ſarraſin & des navets, & que le réſultat en a été aſſez ſatisfaiſant, quoique les cultures aient été dérangées par les incurſions des Anglois. Ses légers ſuccès lui font deſirer d'employer cette culture pour du froment; & il m'a demandé comment il pourroit ſe procurer un Semoir. Je l'ai prié de différer juſqu'après l'impreſſion de ce Volume, & j'eſpere qu'outre les éclairciſſements qu'il y trouvera ſur le ſemoir, il pourra y trouver des moyens de tirer un meilleur parti de ſes terres.

Il m'a depuis ce temps écrit (le 14 Février 1759 :) 1°, Qu'il avoit ſemé du froment ſur des planches de ſix pieds de largeur ; qu'un ouragan qui ſurvint du 9 au 10 Mars, les avoit conſidérablement endommagés : 2°, Que dans le mois d'Avril, il avoit ſemé de la même façon de l'orge : que trois pots d'orge lui en ont produit 54 ; c'eſt dix-huit pour un : & ſuivant le calcul de M. de Valleſleur, une vergée auroit produit un peu plus de 67 pots, ce qui ne fait qu'une récolte médiocre.

Le 23 Juin, il fit répandre dans une terre mieux préparée ſept pots de ſarraſin dans 51 perches quarrées ([1]) ; la ſemence déduite, & la dîme payée, le produit a été de 162 pots ; c'eſt vingt-trois pour un : cette récolte eſt d'autant plus ſatiſfaiſante, dit M. de Valleſleur, que la ſéchereſſe qui a régné pendant les mois de Juillet & d'Août, a fait que les rameaux ſe ſont peu étendus.

M. de Valleſleur a commencé quelques expériences ſur la luzerne, & il ſe propoſe d'étendre ſes recherches ſur différents objets, qui ne peuvent qu'être très-avantageux au progrès de l'Agriculture.

Par une lettre écrite de Vaugency, près Châlons-ſur-Marne, & datée du 4 Novembre 1757, M. FRANCE me rend comp-

([1]) La perche a vingt-deux pieds.

te de ſes opérations : je vais les rapporter.

» Au mois de Juin dernier, dit-il, je fis » défricher deux pieces de ſainfoin, qui ne » ſont ſéparées que par une allée : l'une » contient 2132 toiſes quarrées, & l'autre » en contient 3003. Ces deux pieces ont » été labourées chacune quatre fois, her- » ſées ſix fois ; les herbes & racines ra- » maſſées par la herſe ont été brûlées, & » les cendres répandues ſur le champ. » Après ces préparations, la terre étoit ſi » diviſée, qu'on eût dit qu'elle étoit cri- » blée, ſur-tout celle de la petite piece. » Je la fis enſemencer en plein avec le ſe- » moir à cylindre : on y employa 87 liv. » & demie de froment échaudé, ſuivant la » recette de M. Donat ». (*Voyez Tome V, page* 181).

» L'autre piece a été ſemée à la main » par mon Laboureur, & enterrée avec la » charrue : il y a employé 517 liv. & demie » du même froment. Ces deux opérations » ont été faites en même temps, & je n'ai » eu beſoin que de deux hommes avec un » cheval pour conduire le ſemoir : plus, » un homme & un cheval pour faire paſſer » le dos de la herſe ſur la terre enſemen- » cée avec le ſemoir. Mon Laboureur, » qui ſemoit, employoit quatre hom- » mes & huit chevaux pour enterrer la ſe- » mence avec quatre charrues : plus, un

» homme & un cheval pour paſſer un rou-» leau ; & il n'a fini qu'une demi-heure » avant le ſemoir. La levée eſt très-belle » dans les deux champs : dans celui qui » eſt ſemé avec le ſemoir, les plantes ſont » vigoureuſes & d'un beau verd ; celles de » l'autre champ paroiſſent davantage ; mais » elles ſont ſi confuſes, que je juge qu'il » doit en périr la moitié.

» Je craignois que le grain qui avoit été » mis en terre avec le ſemoir, & qui n'a-» voit point été enterré, ne ſe trouvât dé-» chauſſé après les gelées d'hyver ; mais » cela n'eſt point arrivé ».

Moyennant l'attention que M. France a eu de faire arracher les mauvaiſes herbes, il a eu des talles de froment qui avoient juſqu'à neuf tuyaux ſur un même pied, & la récolte a été très-bonne. Mais il m'obſerve que ſes terres ont une telle diſ-poſition à produire de mauvaiſes herbes, qu'il en coûte beaucoup pour les faire ar-racher ; & il craint que, pour cette raiſon, on ne ſoit obligé de répandre une trop grande quantité de ſemence, afin que le froment prenne le deſſus, & étouffe les mauvaiſes herbes.

M. France s'étoit encore propoſé de ſe-mer du froment par rangées : il choiſit pour cela un champ qui avoit été fumé quatre ans auparavant, qui avoit produit du froment, puis de l'orge, & qui, ayant été une année en jachere, devoit porter du ſeigle.

Ce champ, qui a 255 toiſes de long ſur 21 toiſes de large, fut, au mois de Septembre, diviſé en 22 planches de cinq pieds de largeur : juſques-là tout alloit bien ; mais le Laboureur n'ayant employé que 25 livres de froment pour emblaver onze de ces planches, il ne ſe montra preſque point de grain : les onze autres planches furent mieux ſemées ; mais il ne reſtoit que trois pieds de largeur pour les plates-bandes, & la culture en étoit difficile, ſur-tout pour des Laboureurs qui n'étoient point accoutumés à ces ſortes de labours. On a donné cependant ces labours aſſez bien, & les plantes ſe montroient belles ſur les planches bien ſemées; mais il a fallu les ſarcler fréquemment, ce qui occaſionne de grands frais, de ſorte que M. France croit toujours que, dans des terres qui ont autant de diſpoſition à pouſſer de mauvaiſes herbes, il ne faut pas épargner la ſemence. Pour moi, je penſe que ſi M. France continue de faire cultiver ſes terres avec les ſoins qu'il y apporte depuis qu'il s'y applique, il parviendra à ſubjuguer l'herbe. Toutes les terres mal cultivées depuis long-temps, ſont remplies de ſemences de mauvaiſes herbes : quand on cultive ces terres avec ſoin, les graines germent, & les mauvaiſes plantes ſe montrent vigoureuſes. On répete les cultures pour empêcher ces plantes de grainer ; mais il y a en terre une proviſion de ces ſemences, qui fournira des plantes pendant un nombre d'années. De plus, ſi ces terres nouvellement cultivées ſont entourées de terres en friche, le vent apportera quantité de mauvaiſes graines : c'eſt pourquoi on obſerve que dans les pays où toutes les terres ſont cultivées depuis très-long-temps, on eſt beaucoup moins incommodé de ces mauvaiſes herbes que dans celles qu'on ne cultive que rarement, & qui ſont environnées de terres incultes.

Les oies qu'on mene dans les champs, les troupeaux qui paiſſent l'herbe, empêchent les mauvaiſes plantes de grainer ; & les pigeons, qui ſe nourriſſent uniquement de ſemence, en conſomment beaucoup : néanmoins dans les terres les mieux entretenues, il y a des années où l'on voit lever certaines plantes en ſi prodigieuſe quantité, qu'on diroit qu'on les y a ſemées à deſſein. Voici comment M. France termine ſa lettre.

» Ce qui a resté de froment sur mes » planches, est plus beau que ce qui a été » semé en plein. Les dernieres semées, » sur lesquelles il y avoit plus de grain, » sont bien fournies ; & le froment n'a » pas laissé aux mauvaises herbes la faculté » de se multiplier, comme dans les autres » qui en étoient toutes remplies. Quoique » je n'espere qu'une médiocre récolte sur » ces planches, cette épreuve cependant » m'encourage, parce qu'elle me démontre » que si j'avois fait fumer ce champ, dont » une partie n'est que de la greve, & que » j'eusse semé plus épais, j'aurois eu une » bonne récolte ».

M. France a semé en planches de la luzerne, du trefle, du sainfoin : on pourra voir ce que nous en disons dans le Chapitre des prés artificiels.

M. NONAND, Conseiller de la Cour des Aydes de Clermont-Ferrand en Auvergne, s'étant procuré un grand enclos, uniquement dans la vue d'y faire beaucoup d'épreuves, qui tendissent à perfectionner l'agriculture, a semé du froment & du seigle par rangées. Comme il n'avoit ni la charrue légere, ni le semoir, il a fait toutes ses opérations à bras d'hommes, & à grands frais.

Pendant l'année 1757, il fit dresser en

planches & en plates - bandes environ douze *ſepterées* de terre ([1]). On ſema tout ce terrein avec deux ſeptiers moins un quarteron de grain, ſavoir, un demi-ſeptier ou une émine de froment, un demi-ſeptier de ſeigle & ſept quarterons d'orge. La récolte a été aſſez ſatisfaiſante; puiſqu'il a recueilli 24 ſeptiers de froment, ce qui fait 48 pour un; 13 $\frac{1}{4}$ de ſeigle, ce qui fait 26 pour un; & 28 $\frac{1}{2}$ ſeptiers d'orge, ce qui fait plus de 28 pour un. Mais il obſerve que s'il avoit ſemé en plein à l'ordinaire cette même étendue de terre, il auroit autant recueilli, & ſe ſeroit épargné bien des frais.

En 1758, il a fait dreſſer la moitié du même terrein en planches avec la charrue à verſoir; ce qui a diligenté l'opération, & ameubli parfaitement la terre. L'autre moitié du terrein a été ſemée partie à toutes raies, partie à raies perdues, & partie ſuivant l'uſage du pays. Le 4 & 5 Octobre, & n'ayant point encore de ſemoir, on répandoit la ſemence à la main, & on en mit quatre rangées ſur chaque planche : le tout a employé 1 $\frac{1}{2}$ ſeptier de ſemence.

(1) La *Septerée* contient 800 toiſes quarrées.

A l'égard de ces meſures, l'émine de froment peſe 100 livres; le quarteron, qui équivaut à notre boiſſeau, peſe 25 livres. Il faut deux émines ou huit quarterons pour faire un ſeptier.

Il eſt néceſſaire de ſavoir qu'en Auvergne on appelle *ſemer à raie perdue*, lorſqu'après que les chevaux ou les bœufs ont formé un ſillon, un homme qui ſuit le Laboureur, répand de la ſemence dans la raie qui ſe forme actuellement; cette ſemence eſt recouverte par la terre qu'on tire du ſillon qu'on forme enſuite, & dans laquelle on ne met point de grain : ainſi dans toute l'étendue de la piece, il y a une raie enſemencée, & une qui, ne l'étant pas, eſt nommée pour cette raiſon *raie perdue*.

Lorſqu'on ſeme *à toutes raies*, on répand de la ſemence encore avec la main dans toutes les raies que forme la charrue.

L'uſage le plus commun du pays eſt de répandre la ſemence à la volée ſur tout le guéret, & de l'enterrer enſuite par un labour général.

Cette derniere façon paroît à M. Nonand la plus mauvaiſe des trois, parce qu'il reſte beaucoup de grains qui, n'étant point recouverts, deviennent la pâture des oiſeaux. La pratique de ſemer à raies perdues lui paroît, à tous égards, la meilleure pour le froment, qui talle davantage que le ſeigle, non-ſeulement parce qu'on épargne beaucoup de ſemence, mais encore parce qu'on ſe procure la facilité de pouvoir donner une façon avec la houe, qui eſt plus avantageuſe que les meilleurs ſarclages.

Par un détail ſuccinct qui m'eſt venu du P. Blaiſe de Saint-Julien-SOURSIA, ancien Prieur des Carmes de la ville de Clermont-Ferrand, je vois que, ſuivant l'uſage du pays, un ſeul homme appuyant une main ſur un lévier, qui forme le manche de la charrue, & tenant de l'autre main un aiguillon, laboure avec une paire de bœufs, de vaches, de chevaux ou d'ânes, ſans que la charrue ait aucun rouage; ce qui indique que le commun des terres eſt d'une nature fort légere. Je reviens à l'expérience de M. Nonand.

La récolte a été de 5500 gerbes, la dîme prélevée, qui eſt la onzieme. M. Nonand les ayant fait battre, en a retiré 42 ſeptiers de froment; ce qui eſt d'autant plus conſidérable que cette année les froments ſe ſont égrainés, & on a perdu deux ſemences qui ſont reſtées ſur le champ; d'ailleurs la culture qui, l'année derniere, avoit coûté 600 livres, n'a coûté celle-ci que 220 livres.

Voilà une récolte totale, qui eſt aſſez bonne : il faut voir la comparaiſon des différentes cultures, & je copie la lettre de M. Nonand pour ne point altérer le texte.

» Je ne puis pas, dit-il, faire exactement » cette comparaiſon, à cauſe de la quantité » de mauvaiſes herbes qui m'ont fait une » cruelle guerre (1) : elles m'ont empêché de » comparer le produit des terres de même » étendue. Il s'eſt trouvé dans les plan- » ches, ainſi que dans le reſte du terrein, » des eſpaces aſſez conſidérables où le » froment étoit entiérement ſuffoqué par » l'herbe; de ſorte que pour avoir des ob- » jets de comparaiſon, j'ai été obligé de » toiſer à différents endroits pareille éten- » due de terrein ſemé différemment. En » général, il a réſulté de cet examen, que » ce qui avoit été ſemé à raies perdues » a produit un quart en ſus des plates-ban- » des : néanmoins dans un endroit, les » plates-bandes ont autant produit que ce » qui avoit été ainſi ſemé; & ceci eſt bien » à l'avantage de la nouvelle culture, puiſ- » que dans une même étendue de terrein, il » y avoit 24 raies de ſemées contre 12, » & une économie de plus de la moitié de » la ſemence; mais cet avantage ne s'eſt » montré que dans une partie.

» A l'égard de ce qui a été ſemé à la » façon du pays, cette partie paroiſſoit

(1) J'ai dit à l'occaſion des épreuves de M. France, que cela arrivoit toujours dans les terreins dont on avoit depuis long-temps négligé la culture.

» d'abord

» d'abord auſſi belle que celle qui avoit été » ſemée à raies perdues ; cependant la ré- » colte n'a égalé nulle part ce qui étoit » ſemé de cette façon, & même en fort » peu d'endroits les plates-bandes.

» J'ajouterai que le ſemoir (1) avoit » mal diſtribué la ſemence, de ſorte qu'en » pluſieurs endroits elle manquoit abſolu- » ment, & la récolte n'auroit pas excédé » la ſemence, ſi la plus grande partie des » planches n'avoient pas été ſemée à la » main ».

M. Nonand termine cet article en di- ſant, qu'il a deſſein d'allier la nouvelle culture avec ce que propoſe M. Pattullo. On m'a aſſuré que M. de Châteauvieux s'occupe du même objet. On verra, aux Chapitres des prés artificiels & des en- grais, les grands travaux que M. Nonand a fait exécuter pour exciter l'émulation dans un pays où l'agriculture eſt fort négligée.

(1) M. Nonand a eu un ſemoir aſſez à temps pour faire une partie de ſes ſemences.

ARTICLE XVI.

Suite des Obſervations relatives à la nouvelle Culture.

J'AVOUE que beaucoup de Cultivateurs trouvent de la difficulté à bien exécuter la nouvelle culture dans tous ſes points. On convient de la vérité de ſes principes ; mais on juge qu'il eſt bien difficile d'en exécuter les manœuvres. Je n'en diſconviens pas; & c'eſt ce qui fait que beaucoup d'Amateurs & pluſieurs Fermiers, qui ne veulent point changer leurs pratiques, ſe propoſent ſeulement d'enſemencer leurs terres avec le ſemoir, pour épargner la ſemence, & la diſtribuer plus uniformément.

Par exemple, M. D'ARMOLIS, Chevalier de S. Louis, qui a ſa terre à Clairi près Amiens, m'écrit qu'il n'eſt pas à portée de pratiquer la nouvelle culture, parce que ſes terres, enclavées dans celles d'autres particuliers, ne pourroient pas recevoir les différentes cultures d'été ; mais qu'il ſe propoſe de rectifier l'ancienne culture d'après nos principes, ſoit en employant un ſemoir, ſoit en approfondiſſant & en multipliant les labours ; & qu'il attend avec impatience les perfections que j'ai fait espérer pour cet instrument. M. d'Armolis ajoute encore que ses terres donnent beaucoup d'herbes, & il soupçonne que les froments y tallent peu : cela me fait croire qu'il ne faudroit employer le semoir que quand, par des labours répétés à propos, on auroit subjugué l'herbe, & que, par des engrais, on auroit amélioré le terrein, pour mettre les grains en état de taller.

Une autre raison empêche M. DE LA CROIX, qui a son bien auprès de Verdun, de pratiquer la nouvelle culture ; c'est l'établissement du *Parcours* & de la *Grasse pâture*. Par le droit de *grasse pâture*, les habitants du lieu envoyent paître tous leurs troupeaux dans les champs aussi-tôt que la moisson est faite. S'il se trouve alors quelque récolte tardive, elle est dévastée par le bétail. Le *parcours* ne differe de la grasse pâture, que parce que, depuis le commencement d'Octobre, tout le monde, sans distinction, a droit de jouir de tous les pâturages. C'est alors sur-tout que rien n'est respecté : jeunes sainfoins, jeunes luzernes, trefles, navets, tout est brouté impunément.

» Mais, dit M. de la Croix, en renon-
» çant au systême de labourer & de semer

» en planches, je n'abandonne pas celui » de ſemer en plein avec le ſemoir ſans » déranger les ſoles; puiſque j'ai expéri» menté qu'on pouvoit, en épargnant les $\frac{3}{5}$ » de la ſemence, recueillir une auſſi grande » quantité de froment, & de meilleure » qualité, qu'en ſemant à l'ordinaire.

» Je conviens, continue M. de la Croix, » que ſi l'on veut ménager ainſi la ſemence, » il faut avoir une bonne terre, bien labou» rée pour ne point craindre les mauvaiſes » herbes, & bien amendée pour que les » grains tallent beaucoup. Car je penſe » que dans une terre maigre, les grains » ne talleront jamais aſſez pour remplir les » vuides qui ſe trouvent entre les pieds » quand on ſeme fort clair, à moins que » les printemps ne ſoient humides & froids; » mais en ce cas on aura lieu de craindre » les mauvaiſes herbes. Ceci eſt une con» ſéquence de l'épreuve que nous allons » rapporter ».

M. de la Croix fit ſemer avec le ſemoir le 18 Octobre (c'étoit à la vérité trop tard,) deux pieces de terre, dont l'une, qui étoit de meilleure qualité que l'autre, étoit aſſez mal cultivée: la ſemence leva dans les deux champs, & il y avoit ſuffiſamment de plantes; mais celles de la terre maigre n'avoient point du tout tallé, en cela bien différentes des autres qui étoient dans la bonne terre ; enſorte que dès le 7 Mai, M. de la Croix prévit que la récolte de ces deux champs ſeroit très-différente, à moins qu'il ne vînt de la pluie dans peu : la ſécherèſſe ayant continué, la récolte a été très-mauvaiſe dans la mauvaiſe terre ; mais celle de la bonne terre a été beaucoup plus avantageuſe : d'où M. de la Croix conclut, qu'il faut ſemer d'autant plus épais, que les terres ſont plus maigres.

Cette conſéquence eſt généralement vraie ; quoique l'on puiſſe dire que la récolte eût été meilleure dans la mauvaiſe terre, ſi le printemps avoit été frais & humide ; mais elle auroit été proportionnellement meilleure dans la terre de bonne qualité. Au reſte ceci ne dépend point du ſemoir : on peut avec cet inſtrument répandre, ſi l'on veut, autant de ſemence qu'on le fait communément à la main. Il ne s'agit, avec le ſecours de cet inſtrument, que de la répandre plus uniformément, & que tout ſoit enterré. Si l'on pouvoit prévoir que l'hyver ſera doux & le printemps humide, j'ai répété en plus d'un endroit qu'en ce cas on feroit bien de ſemer clair : au contraire ſi la ſécherèſſe & la chaleur du printemps font monter promptement les grains en tuyaux, il auroit été avantageux de ſemer plus épais. Mais comme on ne peut pas prévoir ce qui arrivera, on fera bien de régler la quantité de la ſemence ſur la qualité des terres, comme le conſeille M. de la Croix.

M. l'Abbé Soumille ayant imaginé un ſemoir dont nous parlerons dans le Chapitre des inſtruments d'agriculture, M. le Marquis de MONTFERIER le fit éprouver à ſa terre de Montferier. Pour cet effet, le 19 Octobre 1757, on fit ſemer, avec le ſemoir de M. l'Abbé Soumille, un petit champ; comme on ne connoiſſoit pas encore exactement ni la dépenſe du ſemoir, ni la quantité de ſemence qu'il convenoit de répandre, eu égard à la qualité du terrein, on n'employa pas un huitieme de ce qu'un Semeur auroit répandu : c'étoit trop peu; néanmoins le produit du champ ſemé avec le ſemoir, a été à celui qui étoit ſemé à la main, comme 100 eſt à 196 : ainſi le premier champ a produit $14\frac{1}{3}$ pour un, & l'autre ſeulement $7\frac{1}{4}$. Trois plantes arrachées dans le champ ordinaire, contenoient 285 grains; & trois plantes arrachées dans le champ du ſemoir, en ont produit 585, qui étoient plus beaux que les autres.

M. BOISSET, Receveur des Tailles de l'Election de Montélimart, ayant fait ſemer une bande de terre à l'ordinaire, & une de comparaiſon avec le ſemoir de M. l'Abbé Soumille, la proportion de la ſemence qui fut employée dans l'un & l'autre champ, fut 4 dans l'un & 9 dans l'autre : le produit des deux champs a été le même, & le bénéfice a été de plus de la moitié de la ſemence.

A Toulouſe une planche ayant été, au moyen du ſemoir, enſemencée avec 21 livres; & une de pareille étendue, en ſuivant l'uſage ordinaire, avec 72 livres; le produit de l'une & de l'autre a été de 156 liv. $\frac{1}{4}$, avec cette différence, que le grain recueilli dans le champ ſemé avec le ſemoir étoit plus gros que l'autre.

M. le Chevalier DE JAVONSA, le fils, qui réſide à Avignon, ayant voulu pratiquer la nouvelle culture, donna des ordres pour qu'on préparât une terre qui étoit en friche. Quoique ſes intentions aient été mal remplies, ſes grains, au printemps, donnoient les plus belles eſpérances; mais ils ont produit beaucoup de paille, & peu de grain : un a produit 7 $\frac{1}{2}$ pour un; les autres n'ont donné, l'un portant l'autre, que trois pour un. M. de Javonſa dit qu'il ne ſait à quoi attribuer ce médiocre ſuccès, n'ayant éprouvé aucun accident : effectivement des plantes vigoureuſes en herbe, doivent donner beaucoup de grain; apparemment que les chaleurs ont saisi ces grains, & ont desséché la paille avant que le fruit fût formé; peut-être aussi qu'un labour donné mal-à-propos dans les temps de sécheresse aura occasionné cet accident.

M. VAN-ESLANDE m'écrit de Warvick, que la vérité des principes d'agriculture que j'ai établis dans mes Ouvrages, est prouvée par la culture du tabac, qu'on plante a plus d'un pied de distance d'une plante à l'autre; que ces plantes ne réussiroient pas si on les mettoit plus serrées, mais qu'elles deviennent bien plus vigoureuses quand on écarte davantage les pieds; que cette plante, qu'on met en terre en Juin, n'est en état d'être récoltée qu'après avoir reçu plusieurs cultures à bras; que sans ce secours elle ne feroit aucun progrès.

Il ajoute que la culture du houblon ressemble encore plus à celle du froment semé par rangées, puisqu'on laboure le houblon avec la charrue & des chevaux.

Il observe même qu'on est assez communément dans l'usage de donner au froment un labour à la houe dans les mois de Mars ou d'Avril, & que cette façon augmente beaucoup la récolte.

Comme il n'avoit point de semoir, il a eu la patience de semer un à un les grains de de froment dans un petit champ ; & après avoir répété cette opération deux fois de ſuite dans la même terre, il a été très-ſatisfait de la récolte.

En dernier lieu, il a ſemé de même un quart d'arpent de navets à la main, ſans l'avoir fumé. Après la levée, on auroit dit que la récolte n'auroit pas ſuffi *pour le repas d'un bœuf*. Au jour où il m'écrivoit, il aſſure qu'il ſeroit ſatisfait, ſi ſes autres champs ſemés en navets lui produiſoient la moitié de celui qu'il a ſemé ſuivant nos principes. Des raiſons particulieres l'ayant obligé de faire arracher ſes navets avant qu'ils fuſſent parvenus à leur groſſeur, pluſieurs néanmoins peſoient 24 livres, & ſa récolte faiſoit l'admiration de ceux qui avoient la curioſité de viſiter ſon champ. Mais pour exécuter cette culture en grand, il faut un ſemoir ; c'eſt par où il termine ſa lettre.

M. COLOMBET, Curé de Saint-Denis-ſur-Sarton, & Doyen d'Alençon, pour me donner une idée de la nature des terres qu'il a ſemées ſuivant les principes de la nouvelle culture, dit que ces terres ſont la plupart aſſez fortes ; qu'on les laboure toutes par ſillons, & qu'on enterre le grain avec la charrue ; qu'il eſt le premier qui ait fait former des planches ; que néanmoins on devroit d'autant plus volontiers adopter cette méthode, que les pluies font ébouler la terre des billons, & qu'après l'hyver la plupart des racines du froment se trouvent découvertes; ce qui porte un grand préjudice aux plantes, & fait que la plupart des terres ne produisent que trois pour un, & les meilleures entre trois & quatre : beaucoup de Laboureurs répandent jusqu'à six boisseaux dans un journal (1); & s'ils en récoltent dix-sept, ils sont contents.

Après ces éclaircissements sur la culture ordinaire des terres, M. Colombet me marque, qu'étant convaincu de la vérité de nos principes, il fit, en l'année 1757, labourer un journal, en le disposant par planches avec la charrue ordinaire, qui differe peu des charrues à versoir dont j'ai parlé : n'ayant point de semoir, il le fit semer à la main, les premiers jours d'Octobre, & il n'employa que quinze livres de froment, au lieu qu'en suivant l'usage ordinaire on en auroit répandu 150 livres.

Pendant tout l'hyver, ce champ paroissoit semé si clair, qu'il étoit un sujet de risée pour ceux qui le voyoient, & M. Colombet jugeoit lui-même qu'il avoit trop épargné la semence. Au mois de Mars,

(1) Le boisseau pese 30 livres.

on donna un labour aux plates-bandes avec la charrue à une roue. Dans le mois d'Avril, ce froment talla d'une maniere si prodigieuse, que la terre paroissoit entiérement couverte. On donna les second, troisieme & quatrieme labours, dans les saisons convenables. Car M. Colombet présidoit lui-même à ces opérations, & il faisoit suivre la charrue par un homme, qui réparoit à bras les défauts du labour; précaution fort utile, dit M. Colombet, & qui coûte peu. Il fit aussi sarcler les planches; & moyennant ces attentions, son champ faisoit l'admiration de ceux qui en avoient fait un sujet de risée : on ne pouvoit concevoir comment tous les pieds avoient pu parvenir à se toucher : effectivement, il y en avoit qui portoient plus de 50 tuyaux.

Ce champ a produit 26 pour un, ce qui en double le revenu. Voici comment M. Colombet le prouve par le calcul.

On semoit dans ce champ 150 livres de froment, & dans les meilleures années on ne récoltoit que 510 livres : en ôtant la semence, il reste 360 livres : tous les Paysans conviennent que l'année de mars ne vaut que la moitié de celle du froment; c'est 180 livres, & pour les trois ans 540 livres.

La récolte de ce journal, dit M. Colombet, a été de 390 livres. Si les années ſuivantes ſont pareilles, ce champ produira dans les trois années 1170 livres: il faut en ôter 45 livres pour la ſemence des trois années, il reſte 1125 livres. Obſervez que pluſieurs plates-bandes avoient plus de ſix pieds au lieu de quatre; & maintenant ce journal, mieux diſtribué, a 20 planches au lieu de 17.

L'année ſuivante, M. Colombet n'a point répandu plus de ſemence dans ce journal, non plus que dans ſix autres journaux qu'il a enſemencés de même. Les oies ont fait un grand déſordre dans ces terres; néanmoins la récolte a été de quatre pour un. Mais il compte s'être mis à couvert de l'incurſion des oies. Il eſt très-ſatisfait de la charrue à une roue; & il fait des proſélytes. Mais il eſt à craindre que ſes imitateurs ne conduiſent pas les opérations avec la même aſſiduité, ni avec autant d'intelligence.

M. DE BARBEAU ayant voulu faire un eſſai de la nouvelle culture à ſa terre de Taupignac par Coze, il fit donner pluſieurs labours à une piece de terre d'aſſez bon fonds, qui étoit en friche. Quoiqu'elle parût bien préparée, elle étoit tellement infectée d'avoine folle, que dans ſa piece de huit arpents il en a fait tirer au moins trois charretées ; & malgré cela on récolta autant de cette avoine folle que de froment. D'ailleurs, l'égout d'un bois voisin avoit inondé une partie de ce champ. Dans le milieu de la piece, où le terrein est plus élevé, le froment est venu fort beau ; les épis étoient longs & fournis de bon grain, malgré l'avoine-folle que M. de Barbeau n'avoit pu détruire.

M. BLANCHET m'a écrit les derniers jours de l'année 1759, que depuis plusieurs années qu'il est établi à Messac près Rennes, il pratique la nouvelle culture avec assez de succès pour fournir des exemples à ceux qui voudroient la pratiquer ; qu'il auroit tout lieu d'en être satisfait, sans des vers qui détruisent tous ses grains ; que depuis six ans il n'a point employé de fumier, & que néanmoins sa sixieme récolte sera bonne, si les vers ne détruisent pas ses plantes ; que sa luzerne semée par rangées fait très-bien ; & qu'il compte cette année augmenter ses prés artificiels de huit arpents, en répandant sa semence de luzerne avec son semoir.

M. DE TROLLY, qui a sa terre près Epernay, m'écrit : 1°, Qu'il a appliqué la nouvelle culture à des semis de bois : 2°, Qu'il se trouve très-bien de cette culture pour les plantes potageres, puisqu'il a eu des radis qui pesoient seize livres, & des choux-fleurs dont une seule tête faisoit deux bons plats : 3°, Qu'il a encore employé avec succès cette culture pour la luzerne. Nous parlerons de cet article dans le Chapitre suivant. Je vais terminer celui-ci par un Mémoire très-détaillé qui m'a été envoyé d'Avignon.

ARTICLE XVII.

RESULTAT & comparaison des diverses expériences d'Agriculture faites à FONTCLAIRE, *près de Sarians, dans le Comtat Venaissin, par M.* D'ELBENE, *pendant le cours des années* 1757, 1758 *&* 1759.

J'AI RÉDUIT, (c'est M. d'Elbene qui parle) pour l'intelligence de ce qui suit, les mesures du terrein à la toise de six pieds-de-Roi, & les mesures de grain à la livre de seize onces, poids de marc.

On compte dans le Comtat les mesures de terrein & de grain par *saumées*, *éminées*, & *cosses*.

La saumée de terre contient par-tout huit éminées de vingt cosses chacune ;

dans ce canton elle est de 1200 toises quarrées, & à Avignon de 1728 toises 4 pieds.

La saumée de grain contient aussi huit éminées de vingt cosses chacune; dans ce district elle pese trois quintaux, poids de marc; à Avignon elle va à 323 livres 1 once, même poids.

En disant que le quintal de seigle, avoine ou autre grain, vaut un certain prix, j'entends qu'une mesure qui contient cent livres de bled froment de la premiere qualité, pleine de l'espece de grain dont je fais mention, vaut le prix que j'indique.

Expériences faites en 1757.

Les principes de la nouvelle culture me parurent assez bien établis pour me décider à la mettre en usage. Je renvoyai pour cela, en 1756, les Fermiers de ce domaine; mais ne voulant pas me charger d'un détail aussi considérable que celui qu'entraîneroit la quantité de valets nécessaire pour en cultiver toutes les terres, j'en distribuai la plus grande partie à des Paysans qui s'obligerent à donner partie des labours à bras, & à tous les frais de moisson jusques à grain net, moyennant la moitié des fruits.

La portion de chacun fut d'environ

4800 toiſes, dont une moitié devoit reſter en jachere chaque année. Ils eurent grande attention de régler leur partage, de ſorte que le bon & le mauvais terrein fût également réparti dans chaque lot.

Quelques champs d'excellente qualité ne furent point compris dans ce partage; ceux à qui je les donnai à cultiver, me promirent 200 livres de bled par 1200 toiſes de terre, en ſus de la moitié des fruits.

Je deſtinai deux champs, dont l'un étoit d'aſſez bonne qualité, & le ſecond de la plus mauvaiſe, à mettre en planches.

M. de Châteauvieux eut la bonté de me procurer les charrues, ſemoir, & cultivateur de ſon invention. Je les reçus trop tard pour parvenir à ameublir mes terres, qui n'eurent que deux labours.

Je commençai à ſemer une petite portion de mes champs ſelon la nouvelle méthode le 19 du mois d'Août; je ſemai le reſte avant le 25 Septembre; les Payſans ſemerent dans les premiers jours d'Octobre.

L'automne fut pluvieuſe & favorable à la levée des grains; ils firent de grands progrès avant l'hyver, qui fut humide & très-froid; les bleds ſouffrirent dans les terres où ils ſont ſujets à ſe déchauſſer par la gelée ; j'eus beaucoup de plantes absolument d'arrachées dans plusieurs champs semés à l'ancienne façon, ou en plein avec le semoir ; il ne resta rien du tout sur sept ou huit saumées de terre.

Les planches ayant été bombées, l'humidité s'y arrêta moins, & elles n'eurent aucun mal ; le temps favorable, & les pluies douces qui se succéderent à propos au printemps, réparerent le tort que l'hyver avoit fait par-tout où il resta des plantes.

Les bleds selon la nouvelle méthode commencerent à montrer leurs épis le 20 Avril ; ceux à l'ancienne façon le 5 de Mai. Le grain eut toute sa grosseur à la fin de ce mois ; les pluies & les rosées fréquentes du mois de Juin, entretenant la fraîcheur de la terre, ne presserent point les bleds ; la moisson se fit du 21 Juin au 2 Juillet ; les gerbes étoient fort longues, très-pesantes, & foisonnoient beaucoup dans toutes mes terres. Je trouvois assez communément, dans mes planches, des épis qui avoient 80 à 90 grains bien nourris ; dans mes autres champs les plus forts n'en avoient que 25, dont une partie étoit retrait.

La récolte fut médiocre dans le pays ; très-mauvaise dans plusieurs cantons,

& mes voisins les mieux partagés regardoient cette année comme moyenne. La trouvant très-bonne dans ce domaine, je voulus connoître l'avantage que me procuroit la bonne culture, à laquelle seule je pouvois attribuer celui que ma récolte avoit sur celle de mes voisins; & pour cela je fis le compte de ce que les mêmes terres avoient produit dans le temps où elles étoient cultivées, comme le sont encore toutes celles du pays: j'y trouvai beaucoup de facilité; mes pere, grand-pere & bisaïeul avoient tenu des états très-exacts de leurs récoltes, dont les originaux existent encore chez mon pere à Avignon; j'en trouvai la suite année par année depuis 1677, j'en fis le calcul avec soin, en voici le précis.

RESULTAT du produit des Terres de ce domaine depuis l'année 1677 jusques à 1756 inclus.

On a semé dans cet espace de temps	5609040 tois. terre.
Avec	875887 l. 8 onc. gr.
Elles en ont produit . .	2914987 l.
En défalquant la semence, il a resté de produit net . .	2039099 l. 8 onc. gr.
Mais il n'y a eu que la moitié des terres de ce domaine de semées chaque année, l'autre moitié étant restée	

en jacheres ; d'où il réſulte évidemment que cette quantité de grain a été produite par le double du terrein ci-deſſus énoncé : ce ſont donc	11218080 toiſ. terre.
Qui ont produit. . . .	2039099 l. 8 onc. gr.
Le Fermier a retiré la moitié de ce produit pour les frais de culture ; il a donc reſté au Propriétaire ſeulement,	1019549 l. 12 onc.
Il en réſulte que ledit Propriétaire a retiré pour chaque ſaumée ou 1200 toiſes de terrein.	109 l. 1 onc. gr.

PRODUIT de 1677 à 1756.

Il reſtoit à évaluer ce produit en argent. Je ſuppoſe que le prix du plus beau bled froment avoit été conſtamment à dix francs le quintal, qui eſt le taux moyen de ces Provinces. Le grain recueilli dans ce domaine n'étoit pas de cette valeur. L'avoine & le ſeigle, qu'on y ſemoit en aſſez grande quantité, étoient compriſes dans le produit ci-deſſus, de même que les criblures qui ſont, année commune, de 15 à 20 pour cent. Le compte de quelques années que je fis me prouva que la diminution alloit de 35 à 40 pour cent ; mais voulant éviter toute erreur, je me contentai de rabattre trente pour cent ſur le prix fixe du plus beau bled, ce qui me donna ſept francs pour le quintal du grain recueilli dans mes terres, & 7 livres 13 sols pour le prix en argent de 109 l. une once de grain, qui ont été le produit moyen de chaque saumée de terre dans l'espace de 80 ans.

Un pareil compte fait chaque année me mettoit à portée de connoître l'avantage qu'il y avoit à pratiquer les différentes especes de cultures : la grande partie de mon domaine avoit été semée en 1756 à l'ancienne façon ; une petite portion en plein avec le semoir, & deux pieces de terre seulement suivant les principes de la nouvelle culture.

PRODUIT, en 1757, des Terres semées selon l'ancienne façon.

Je semai	69600 toiſ. terre.
Avec	9721 l. 14 onc. gr.
Elles produisirent . . .	55848 l. 12 onc.
Semence prélevée il resta .	46126 l. 14 onc.
Dont rabattant la moitié pour l'an de jacheres où ces terres ne produiront rien	23063 l. 7 onc.
Et défalquant encore la moitié qui appartient au Laboureur, j'eus comme Propriétaire	11531 l. 11 onc. $\frac{1}{2}$.
Ce qui me donna pour chaque saumée ou 1200 toises de terre	198 l. 13 onc. $\frac{1}{2}$ gr.
Et en argent au prix de 7 l. le quintal, pour les raisons expliquées ci-dessus. . .	13 l. 8 ſ. 5 d.

PRODUIT, en 1757, des Terres ſemées en plein avec le ſemoir.

Je ſemai	2790 toiſ. terre.
Avec	198 l. 12 onc. gr.
Elles produiſirent . . .	2400 l. grain.
Semence prélevée il reſta .	2201 l. 4 onc.
Dont rabattant la moitié pour l'an de jacheres . .	1100 l. 10 onc.
Et défalquant encore la moitié du Laboureur, je retirai comme Propriétaire .	550 l. 5 onc. grain.
Ce qui me donna de produit pour chaque ſaumée de terre	221 l. 11 onc. ½ gr.
Et en argent, à 7 livres le quintal	16 l. 15 ſ. 5 d.

PRODUIT, en 1757, des Terres ſemées ſuivant les principes de la nouvelle culture.

Je ſemai	6899 toiſ. terre.
Avec	110 l. 10 onc. gr.
Elles produiſirent . . .	4837 l. 8 onc.
Semence prélevée il reſta .	4726 l. 14 onc.
Et en rabattant ſeulement la moitié pour le Laboureur, par la raiſon que la terre n'eſt jamais en jacheres, je retirai comme Propriétaire	2363 l. 7 onc. grain.
Ce qui me donna de produit pour chaque ſaumée de terre	411 l. 2 onc. grain.
Et en argent, au prix de 9 l. le quintal, pour les raiſons que je vais expliquer . .	37 l. 0 ſ. 4 d.

Je ne crus pas devoir rabattre les trente pour cent du prix du plus beau bled ſur ce produit, par la raiſon que tout ce grain fut du très-beau froment pur, & ſans mêlange de mauvaiſes graines, au lieu que dans les terres à l'ancienne façon, j'avois recueilli du ſeigle, de l'avoine & de l'orge. J'avois eu beaucoup de criblures, & le plus beau bled, après avoir paſſé au crible, n'approchoit pas de celui des terres à la nouvelle culture, qui n'en eut pas beſoin. Je déduiſis cependant les dix pour cent ſur le prix du plus beau bled pour ne point favoriſer cette méthode, quoique j'en aie vendu le produit au plus haut prix.

L'avantage de la nouvelle culture fut immenſe, & plus grand que je ne l'eſpérois, quoique la diſpoſition que j'avois donnée à mes terres m'aſſurât que je n'avois pu commettre aucune erreur. Chaque Payſan fit un tas ſéparé de ſes gerbes, il les battit, les vanna, & en partagea le produit avec moi; mes gerbes furent également entaſſées, battues & vannées à part, & le produit en fut meſuré devant tous mes Valets & une troupe de mes Payſans, qui en furent étonnés.

Il eſt vrai que je confondis les gerbes que je recueillis dans la portion que j'avois ſemée en plein avec le ſemoir, avec celles de la nouvelle culture ; mais avant de les mêler, je comptai la quantité qu'il y en avoit dans chaque lot, ce qui me fut fort aisé au moyen de la dîme qui est la douzieme gerbe, & je fis mes calculs suivant le nombre de gerbes que je trouvai, quoique celles de la nouvelle culture continssent sûrement plus de grain.

Quelques-uns de mes voisins, décidés par la grande supériorité qu'ils avoient toujours vue à mes bleds en planches sur tous les autres, se déterminerent à pratiquer la nouvelle culture. La grande partie étoit arrêtée par les frais de culture que l'on trouvoit trop dispendieux : cette objection me parut mériter attention. Pour en connoître toute la valeur, je fis le calcul des frais de chaque espece de culture d'une façon qui me parut moins sujette à erreur que celles dont on s'étoit servi. Je supposai que l'on faisoit faire tous les labours par des gens de journée dont on payoit le travail : je me procurai par-là un moyen de comparaison assuré par la facilité que je trouvai à savoir la quantité d'ouvrage qu'une charrue ou un homme faisoit par jour, & le prix que l'un & l'autre gagnoit.

J'en fis le compte en 1758, & en envoyai un état à M. de Châteauvieux : je n'y avois point fait entrer les frais du sarclage & des moissons, qui sont cependant un article de dépense considérable à la charge des Laboureurs. J'ai remédié à cet oubli dans les nouveaux calculs que j'ai faits avec plus de soin.

FRAIS DE CULTURE pour chaque saumée de Terres en planches, pour l'année où l'on commence à pratiquer cette méthode.

La Culture parfaite, telle qu'elle est décrite dans le quatrieme Volume du Traité de la Culture des Terres, page 327 & suivantes, en y joignant les frais du sarclage par des hommes avec des houes de quatre pouces de large, (ce qui donne une assez bonne culture aux bleds), & ceux de moisson jusques à grain net, monte à . . . . 49 l. 9 s. 6 d.

La culture que je compte pratiquer, qui consiste seulement aux quatre premieres cultures de l'article ci-dessus, & aux mêmes frais de sarclage & moisson, coûte . . 37 l. 5 s. 6 d.

La culture que j'ai donnée en 1756, qui a consisté en un labour à plat & un second en bombant les planches, les frais de sarclage & moisson, comme ci-dessus, m'a coûté . . . . 26 l. 13 s. 6 d.

J'ai donné de plus un second labour à plat en 1757, mêmes frais d'ailleurs, & il m'en a coûté . . . . 32 l. 13 s. 6 d.

FRAIS

FRAIS DE CULTURE pour chaque ſaumée de Terre, dans les années où les planches ſont déja établies.

La culture parfaite, qui conſiſte à donner cinq labours, dont trois avec la charrue & deux avec le cultivateur aux plates-bandes, & un ſixieme labour dès après la moiſſon à la totalité de la terre, mêmes frais de ſemence, ſarclage & moiſſon, que ci-deſſus . . . . . 25 l. 16 ſ.

Juſques à aujourd'hui je ne donnois aucun labour à la totalité de la terre; mais je donnois le ſixieme labour aux plates-bandes ſeulement, mêmes frais pour tout le reſte: il m'en coûtoit . . . . 22 l. 16 ſ.

FRAIS DE CULTURE pour chaque ſaumée de Terre, en ſuivant l'ancienne méthode.

Il eſt bon de remarquer que je n'ai chargé, dans tous les comptes ci-deſſous, les Laboureurs que de la moitié du coût réel de chaque eſpece de culture pour chaque année, parce que la moitié des terres reſtant en jacheres, elles ſont cultivées pour deux ans. Je donne à un payſan quatre ſaumées de terre à cultiver, il en met deux en valeur toutes les années; la culture de ces deux ſaumées lui coûte (à 59 l. pour chacune,) 118 l.; c'eſt donc 29 l. 10 ſ. qu'il lui en coûte par année pour chacune des quatre ſaumées de terre dont il eſt chargé.

La culture parfaite des payſans qui donnent cinq labours à bras, dont le premier avec le louchet, (eſpece de bêche avec laquelle ils creuſent la terre de douze à quatorze pouces), & les quatre autres y compris celui qui ſert à enterrer la ſemence avec la pique, (ſorte de houe qui fouille la terre à huit ou dix pouces de profondeur), en y joignant les frais de ſarclage à l'ordinaire par des femmes, & ceux de moiſſon juſques à grain net. . . 29 l. 10 ſ.

La culture des payſans, qui eſt maintenant pratiquée dans toutes les terres de mon domaine, conſiſte à quatre labours, dont le premier avec le louchet, que leur pareſſe les engage à ne faire creuſer que ſept à huit pouces; le ſecond avec la pique, qui ne va pas à plus de cinq à ſix pouces de profondeur; le troiſieme avec l'araire, eſpece de charrue du pays ſans roue ni verſoir, qui, tirée par les plus fortes mules, ne peut jamais creuſer la terre au plus qu'à trois ou quatre pouces de profondeur; & le quatrieme, qui ſert à enterrer la ſemence avec la pique ou l'araire, à leur choix: ils font d'ailleurs les mêmes frais de ſarclage & de moiſſon que dans l'article ci-deſſus, & il leur en coûte . . . . 20 l. 19 ſ.

Quelques ménagers ſoigneux, depuis peu d'années, donnent le premier labour avec une charrue à roue & à verſoir, attelée de ſix bonnes mules, qui creuſe ſept à huit pouces, & cinq autres labours avec l'araire ; ils font les mêmes frais de ſarclage & moiſſon que les payſans : il leur en coûte . . . 17 l. 15 ſ.

Quelques-uns ne donnent que deux au lieu de cinq labours d'araire, mêmes frais pour tout le reſte. . . . . 13 l. 4 ſ.

La plus grande partie des ménagers ne ſe ſervent point encore de la charrue à roues ; les plus diligents de ceux-ci donnent ſix labours avec l'araire, & font les mêmes frais de ſarclage & moiſſon que ci-deſſus : il leur en coûte . . . 15 l. 7 ſ.

Les pareſſeux, & c'eſt malheureuſement le plus grand nombre, ne donnent que trois labours avec l'araire ; mais ne pouvant éviter les frais de moiſſon : il leur en coûte. . . . . 10 l. 11 ſ.

La culture n'eſt pas à beaucoup près auſſi diſpendieuſe pour les Laboureurs qui mettent eux-mêmes la main à l'œuvre, ni même pour ceux qui font cultiver leurs terres par des valets, des chevaux & des bœufs, qu'ils tiennent pour cet uſage. L'examen le plus réfléchi me perſuade qu'il n'en coûte aux premiers que la moitié, & aux autres les deux tiers des ſommes portées par mes comptes.

Il en réſulte que tout Cultivateur ſera

remboursé de ses avances toutes les fois que sa portion du produit, qui est toujours égale à celle du Propriétaire, sera, pour celui qui exécute, la moitié, & pour celui qui fait tout faire par des valets les deux tiers desdites sommes, & qu'il trouvera un avantage très-considérable à pratiquer toute méthode dont le produit lui remboursera les avances qu'il auroit faites pour la faire exécuter par des journaliers.

La preuve en est que les paysans qui ont cultivé mes terres ont été très-contents de leur gain, quoique leurs frais aient été de 20 livres 19 sols, & qu'ils n'aient retiré, tout comme moi, que 13 livres 8 sols de chaque saumée de terre.

Le profit du semoir en plein, pour lequel on avoit fait les mêmes frais de culture, a été plus considérable.

Quoique les frais de la nouvelle culture aient été de 26 livres 13 sols 6 deniers, elle a été la plus avantageuse au Laboureur, qui a retiré 37 livres 0 sols 4 den. tout comme le Propriétaire.

Nous voyons cependant par ces comptes, & nous ne devons pas le dissimuler, que l'établissement des terres en planches est fort couteux, & qu'il pourra arriver très-souvent que le Laboureur perdra cette premiere année; mais la nouvelle culture une fois établie, les frais en ſont moindres, & il paroît que le Cultivateur trouvera autant d'avantage que le Propriétaire à la pratiquer.

EXPERIENCES faites en 1758.

Mes ſuccès me déterminerent à multiplier les planches. Je préparai, avec plus de ſoin que l'année précédente, une grande piece de terre de mauvaiſe qualité, que mes Fermiers ſemoient toujours en partie avec du ſeigle ou de l'avoine. Pluſieurs payſans adopterent la méthode de ſemer en plein avec le ſemoir. Je ſemai mes terres ſelon la nouvelle culture au mois de Septembre, les autres champs en Octobre; la terre étoit encore graveleuſe, mal ameublie, & manquoit d'humidité; il ne plut pas pendant les mois de Septembre, Octobre & Novembre; les bleds leverent médiocrement dans les terres les mieux préparées, il en leva à peine un quart dans les champs ordinaires; ils firent très-peu de progrès avant l'hyver, & ils n'étoient pas plus avancés à la mi-Janvier qu'ils le ſont ordinairement quinze jours après avoir été ſemés; nous eûmes cependant quelques légeres pluies au mois de Décembre & au commencement de Janvier, qui, quoique trop foibles pour bien pénétrer la terre, ſuffirent pour faire lever encore partie du grain qui avoit reſté en terre, & pour donner même un œil de verdure à la campagne : les gelées, qui durerent depuis le 18 Janvier juſques au 4 Février avec une force dont elles approchent rarement dans ce pays, firent bientôt diſparoître cette lueur d'eſpérance; elles étoient accompagnées d'un vent du nord impétueux qui n'ajoutoit pas peu à la rigueur du froid. Je viſitai mes bleds dès que le temps fut adouci; j'en trouvai la feuille abſolument fanée, & je découvrois avec peine une partie encore verte dans le cœur de quelques plantes; la gelée avoit totalement tué la moitié des bleds, & à ceux-ci je ne trouvois plus rien de verd; dans les endroits à l'abri du vent, la feuille n'en étoit nullement deſſéchée, ce qui me fit croire que c'étoit moins la force de la gelée, que quelque qualité pernicieuſe de la biſe qui avoit fait le grand mal.

Les plantes, quoique mortes, tenoient ferme en terre, & nous n'en eûmes aucune d'arrachée ou déchauſſée par la gelée; la grande ſéchereſſe nous garantit de cet accident, qui auroit entraîné la perte totale des bleds.

Le dégel fut ſans pluie, & il n'en tomba

pas du tout jusques au 14 Avril : elle auroit pu faire quelque bien aux bleds ; mais la neige (phénomene ici presqu'inconnu, même en hyver,) survint le 17, & elle fut suivie d'une forte gelée qui dura deux jours, & non-seulement empêcha le bon effet que nous attendions de la pluie, mais encore elle fit un tort considérable à toutes les productions de la terre, qui, sans paroître dans le moment s'en ressentir, n'ont fait depuis que de chétifs progrès.

Les labours que j'avois donnés à la fin de Février à mes plates-bandes avoient rétabli les bleds de la nouvelle culture, qui venoient bien & commençoient à promettre ; peu de jours après la gelée, ils donnerent des marques de la maladie qu'on nomme *rachitisme*, qui fit bien-tôt de rapides progrès.

Les bleds ordinaires, même dans les meilleures terres, étoient très-clairs, n'avoient point tallé, & étoient encore à peu près dans le même état qu'à la fin de l'hyver.

La pluie qu'il fit le 23 Avril ne fit aucun bien ; nous n'en eûmes plus depuis jusqu'au 27 de Mai ; les bleds étoient pour lors dans un état pitoyable, ceux selon la nouvelle culture montroient leurs épis ; l'hyver n'avoit pas laissé le tiers des plantes, & la grande partie de celles qui restoient étoient chétives & absolument rachitiques.

Les terres à l'ancienne façon promettoient encore moins ; les bleds étoient toujours très-clairs, commençoient à peine à monter en épis, qui paroissoient n'avoir pas la force de sortir du tuyau, & toutes les plantes étoient tortues & rachitiques.

Douze à treize saumées de terre d'une rare bonté, qui n'avoient commencé à travailler qu'après la gelée du 19 Avril, donnoient seules quelque petite espérance : jusques à ces gelées les bleds en planches avoient eu beaucoup de supériorité sur ceux-ci. Ce changement seroit-il venu de ce que la gelée, qui les a trouvés en pleine seve, & les tuyaux encore tendres, leur a fait plus de tort qu'à ceux où elle n'étoit pas encore en mouvement, & où il n'y avoit pas encore de tuyaux ? Je le crus de même, & cela me parut probable.

Je fus obligé de m'absenter les quinze premiers jours de Juin ; je fus très-surpris à mon retour de trouver que les bleds, que j'avois presque tous laissés sans épis, approchoient de leur maturité : les rosées froides suivies de chaleurs vives, & d'un soleil brûlant que nous eûmes depuis le 6 jusques au 12 Juin, jointes à la sécheresse de

la

la terre, causerent ce prompt desséchement.

Une bise orageuse vint encore augmenter nos malheurs; & soufflant avec la plus grande impétuosité depuis le 18 jusques au 21 de Juin, elle secoua une partie du grain que nous pouvions espérer, quoiqu'il ne fût pas encore entiérement raffermi : le mal fut très-considérable, il fut estimé un tiers de la récolte : après les pluies que nous eûmes au mois de Juillet, le bled leva dans les chaumes aussi épais que si on les eût semés.

La moisson se fit du 21 au 29 de Juin; elle ne pouvoit être abondante après des saisons aussi contraires, & je ne fus point surpris de trouver le résultat de mes comptes aussi différent de celui de l'année précédente.

PRODUIT, en 1758, des Terres semées à l'ancienne façon.

J'ai fait un compte à part pour une portion de ces terres, qui consiste en des défrichements de prés nouvellement faits, & en un champ qui avoit été fumé en entier en 1756, ce qui n'est jamais arrivé à aucun autre en tout ni en partie. Les paysans chargés de la culture de cette portion, se sont engagés à me donner deux cents livres de grain en sus de la moitié des fruits.

PRODUIT, en 1758, des Terres d'excellente qualité ſemées à l'ancienne façon.

Je ſemai	14150 toiſ. terre.
Avec	2424 l. 6 onc. gr.
Elles produiſirent . . .	10005 l. grain.
Semence prélevée il reſta .	7580 l. 10 onc.
Et rabattant la moitié de ce produit pour l'an de jacheres	3790 l. 5 onc.
Et défalquant encore la moitié pour le Laboureur, il me reſta comme Propriétaire	1895 l. 2 onc. ½.
Ce qui me donna pour chaque ſaumée de terre. . .	146 l. 8 onc. gr.
Et en argent au prix de 7 l. le quintal pour les raiſons expliquées page 107 . .	10 l. 5 ſ. 1 d.

Le Laboureur, obligé par nos conventions de me donner une partie de ſa moitié, n'a réellement retiré que 46 l. 8 onc. grain, ce qui fait 3 liv. 5 ſols en argent.

PRODUIT, en 1758, des Terres de qualité ordinaire ſemées à l'ancienne façon.

Je ſemai	30450 toiſ. terre.
Avec	4316 l. 4 onc. gr.
Elles produiſirent . . .	8760 l. grain.
Semence prélevée il reſta .	4443 l. 12 onc.
Défalquant la moitié pour l'an de jacheres	2221 l. 14 onc.
Et rabattant encore la moitié pour le Laboureur, je	

retirai comme Propriétaire	1110 l. 15 onc. gr.
Ce qui me donna par 1200 toiſes de terre pour produit.	43 l. 12 onc. gr.
La ſaumée a donc rendu en argent, au prix de 7 liv. le quintal.	3 l. 1 ſ. 3 d.

J'ai enſuite réuni ces deux produits, pour avoir celui de la totalité de mes champs à l'ancienne façon.

PRODUIT, en 1758, de toutes ces Terres ſemées à l'ancienne façon.

Je ſemai	44600 toiſ. terre.
Avec	6740 l. 10 onc. gr.
Elles produiſirent . . .	18765 l. grain.
Semence prélevée il reſta .	12024 l. 6 onc.
Défalquant la moitié pour l'an de jacheres	6012 l. 3 onc.
Et rabattant encore la moitié pour le Laboureur, je retirai comme Propriétaire	3006 l. 1 onc. ½ gr.
Ce qui me donna de produit par chaque 1200 toiſes de terrein.	80 l. 14 onc.
La ſaumée de terre a rendu en argent, au prix de 7 liv. le quintal, pour les raiſons expliquées p. 107 .	5 l. 13 ſ. 3 d.

Produit, en 1758, des Terres ſemées en plein avec le ſemoir.

Je ſemai	10500 toiſ. terre.
Avec	916 l. 14 onc. gr.
Elles produiſirent . . .	3406 l. 14 onc.
Semence prélevée il reſta .	2490 l. grain.
Défalquant la moitié pour l'an de jacheres	1245 l.
Et rabattant encore la moitié pour le Laboureur, il reſta	622 l. 8 onc.
Je retirai, comme Propriétaire, par 1200 toiſes de terre en grain	71 l. 2 onc. ½.
Et en argent, à 7 livres le quintal.	4 l. 19 ſ. 7 d.

Nota. Que dans ce produit j'ai compris celui de 800 toiſes de terrein, qui eſt d'un nouveau défrichement de pré, où je recueillis ſept fois la ſemence.

Produit, en 1758, des Terres ſemées ſelon la nouvelle Culture.

Je ſemai	22303 toiſ. terre.
Avec	703 l. 3 onc. gr.
Elles produiſirent . . .	2250 l.
Il reſta, ſemence prélevée,	1546 l.
Et défalquant ſeulement la moitié pour le Laboureur, attendu que ces terres ne ſont jamais en jacheres, il reſta de produit net au Propriétaire	773 l. 6 onc.

Ce qui donna pour 1200 toises de terrein	41 l. 10 onc. $\frac{1}{2}$.
Et en argent au prix de 9 liv. le quintal, pour les raisons expliquées p. 110, j'ai retiré par saumée de terre	3 l. 14 s.

Les temps avoient été trop contraires à la venue de nos bleds, pour que la récolte ne s'en ressentît pas, & nous ne pouvions espérer d'aucune espece de culture qu'elle remédiât aux accidents multipliés que nous avions éprouvés : le mal fut commun à toutes les Provinces voisines, & le bled qui, depuis plusieurs années, ne se vendoit au plus que 10 livres 10 sols le quintal, vint à 15 livres, & s'y soutint toute l'année, quoiqu'il y en eût beaucoup de vieux dans tous les greniers, & qu'il en arrivât quantité de dehors.

Ce dérangement des saisons fut non-seulement funeste aux bleds, mais encore à toute espece de végétation ; la feuille de mûrier, sans paroître avoir beaucoup souffert par les gelées du mois d'Avril, en fut cependant assez endommagée pour devenir pernicieuse aux vers à soie, qui ne réussirent nulle part ; l'hyver tua en entier le trefle des prés, & il y eut très-peu de premier foin, point de grain de Mars, & à peine demi-récolte de vin & d'huile ; le ſafran même, eſpece de denrée dont on fait quantité dans ce canton, ne donna preſque pas de fleurs; on ne ſe rappelloit pas d'année auſſi fâcheuſe. La nouvelle culture ne fut pas plus avantageuſe que l'ancienne; elle ne put réſiſter à la rigueur du froid, qui fit périr une grande partie des plantes & la feuille de la totalité des bleds; les gelées du mois d'Avril furent encore plus funeſtes par le rachitiſme qu'elles entraînerent, & les vents qu'il fit en Juin firent plus de tort aux bleds des plates-bandes, qui étoient moins retraits, qu'à ceux à l'ancienne façon. Par ce compte fait ſur quelques épis pris au hazard, la moitié du produit des planches fut perdue par ce dernier accident.

Malgré tous ces contretemps, ſi l'on fait attention que les deux tiers de mes champs à la nouvelle culture étoient mes terres de la moindre qualité, que leur totalité ne pourroit être miſe en parallele avec le commun de celles de la Ferme, & qu'on ne peut exiger qu'ils le ſoient avec un terrein de la premiere bonté; on trouvera que cette méthode me procura quelque petit bénéfice, qui ne fut pas cependant de nature à la faire adopter.

J'avois déja préparé un champ de près de 5000 toiſes, que je deſtinois à augmenter le nombre de ceux en planches ; je n'en changeai pas la dispofition, mais je me déterminai à attendre l'événement de l'année 1759 pour me décider à les multiplier davantage ; c'eft ce qui me refte à dire.

EXPERIENCES faites en 1759.

Les pluies, qui avoient manqué jufques à la récolte, arriverent bientôt après la moiffon, & fufpendirent les labours pendant tout l'été.

Douze faumées de mon terrein difpofé en planches, fouffrirent beaucoup par une inondation de l'Oveze, riviere voifine, qui arriva le 6 de Juillet ; l'eau fubmergea entiérement ces champs, & emporta le guéret des plates-bandes en plufieurs endroits ; la charrue ne put y entrer qu'au mois de Septembre, & la culture que je donnai pour lors fit bien un nouveau guéret ; mais elle ne put ameublir la terre & bomber la partie que je devois enfemencer, qui, en plufieurs endroits, fe trouva plus enfoncée que le chaume.

Je femai la totalité de mes terres à la nouvelle culture dans les quinze premiers jours de Septembre, & celles à l'ancienne façon avant la mi-Octobre. L'automne fut très-pluvieufe, temps favorable à la levée des bleds, qui étoient cependant un peu trop clairs dans la partie inondée; ceux en planches étoient très-beaux au commencement de Décembre, (temps où je fus obligé de les perdre de vue), à la réserve du champ de 5000 toises, qui étoit semé pour la premiere fois de cette façon, mais à deux traits de semoir; la rouille commençoit à y faire des progrès. Je ne fus de retour, d'un voyage que j'avois été obligé de faire à Grenoble, qu'à la mi-Avril.

L'hyver avoit été très-humide & fort doux. Je trouvai les bleds semés en planches très-beaux, & supérieurs à tous les autres, mais trop clairs dans les terres qui avoient souffert de l'eau; le champ qui donnoit des marques de rouille en automne, continuoit à en être attaqué, & promettoit peu; mais, par la négligence de mes valets, les plates-bandes manquoient de culture, & les mauvaises herbes, en plusieurs endroits, étouffoient le bon grain; je tâchai d'y remédier en faisant donner de bons labours & sarcler avec soin, ce qu'on ne pouvoit faire dans une saison aussi avancée, sans arracher beaucoup de bonnes plantes.

Malgré mon attention à réparer le mal, je suis persuadé que cette négligence m'a coûté une partie de la récolte que je pouvois espérer.

Il plut assez le premier & le 2 de Mai ; la bise souffla le reste du mois avec impétuosité, ce qui tourmenta beaucoup les bleds, lorsqu'ils sortirent leurs épis du tuyau, & dessécha la terre dans un temps où nous ne la trouvons jamais trop humide.

Les pluies douces & les rosées abondantes qui, dès les premiers jours de Juin, succéderent à ces temps orageux, parurent remédier au mal que les grands vents avoient pu faire.

On coupa les bleds du 16 au 27 Juin ; la paille étoit courte, mais il y avoit des gerbes : elles paroissoient bonnes, le grain étoit bien nourri, & de très-bonne qualité ; on ne se plaignoit que de la grande quantité d'yvraie que l'on trouvoit.

On eut l'espoir d'une abondante moisson : le prix du bled tomba tout-à-coup à la fin de Juin de quinze à neuf francs le quintal ; mais dès la mi-Juillet il remonta à quatorze francs, & se soutient encore à ce prix au mois de Janvier 1760, malgré la quantité immense qu'il nous en arrive tous les jours de l'étranger.

On s'apperçut bientôt qu'on avoit eu tort de se flatter. Les gerbes ne rendirent que très-peu de grain, & la récolte fut très-mauvaiſe ; perſonne ne s'attendoit à la trouver telle : je cherchai la cauſe qui avoit pu établir cette fauſſe opinion ; on avoit jugé par la longueur des épis, ſans faire attention, qu'une grande partie des caiſſes étoit vuide, & ſans apparence de grain ; cet accident me parut occaſionné par la coulure de la fleur, & celui-ci par l'impétuoſité des vents, qui ne diſcontinuerent pas de ſouffler avec violence pendant tout le temps que les bleds fleurirent & nouerent leur grain.

La nouvelle culture ſe reſſentit également de ce contretemps ; mais les épis en étoient plus fournis de grain que ceux de l'ancienne.

On regarde dans le pays cette année comme n'ayant donné que demi-récolte ; la mienne a été aſſez ſatisfaiſante.

PRODUIT, en 1759, des Terres ſemées à l'ancienne façon.

Je ſemai	27600 toiſ. terre.
Avec	3731 l. 4 onc. gr.
Elles produiſirent . . .	17202 l. 8 onc.
Il reſta, ſemence prélevée,	13471 l. 4 onc.
Défalquant la moitié pour l'an de jacheres	6735 l. 10 onc. gr.
Et rabattant encore la moitié pour le Laboureur . .	3367 l. 13 onc.
Ce qui me donna de produit par 1200 toiſ. de terre,	146 l. 7 onc. gr.

Et en argent, au prix de 7 liv. le quintal, pour les raiſons expliquées p. 107,	10. l. 5 ſ. 9 d.

PRODUIT, en 1759, des Terres ſemées en plein avec le ſemoir.

Je ſemai	24600 toiſes.
Avec	2353 l. 2 onc.
Elles produiſirent . . .	19221 l. 14 onc. gr.
Semence prélevée il reſta .	16968 l. 12 onc.
Défalquant la moitié pour l'an de jacheres	8484 l. 6 onc.
Et rabattant encore la moitié pour le Laboureur . .	4242 l. 3 onc.
Ce qui me donna de produit par chaque 1200 toiſes de terre	206 l. 15 onc. gr.
Et en argent, au prix de 7 liv. le quintal, la ſaumée de terre m'a rendu . . .	14 l. 9 ſ. 6 d.

PRODUIT, en 1759, des Terres ſemées ſuivant les principes de la nouvelle Culture.

Je ſemai	28839 toiſes.
Avec	1261 l. 14 onc. gr.
Elles produiſirent . . .	12150 l. grain.
Semence prélevée il reſta .	10888 l. 2 onc.
Défalquant ſeulement la moitié du Laboureur, puiſque la terre n'eſt jamais en jacheres, le produit net fut	5444 l. 1 onc.
Ce qui me donna par chaque 1200 toiſ. de terre . .	226 l. 7 onc. gr.
Et en argent, au prix de 9 l. le quintal	20 l. 7 ſ. 8 d.

On pourroit croire que dans l'évaluation en argent, je favorise la nouvelle culture ; cependant cette année mes terres en planches, quoiqu'en partie bonnes seulement pour du seigle, n'ont produit que de très beau froment, qui se vendoit au marché 14 livres le quintal. Les terres semées à l'ancienne façon, ou en plein avec le semoir, ont produit 4200 liv. avoine, 900 liv. orge, 800 liv. seigle. J'ai été forcé de passer plusieurs fois le froment au crible ; j'ai eu un douzieme en criblures, qui n'étoit que de l'yvraie ; le quart de ce qui a resté n'a pu se débiter que sur le prix du seigle, & le plus beau grain n'a été vendu que 12 liv. le quintal, au même marché où celui des planches l'a été à 14 liv. sans avoir passé au crible.

J'ai déduit cependant dix pour cent sur le bled de la nouvelle culture, quoique vendu au plus haut prix, & je n'ai rabattu que 30 pour cent sur celui des autres terres, quoique, par le compte que j'en ai fait, j'aie réellement perdu 33 pour cent.

La cherté du grain a augmenté cette année les différents produits en argent d'un tiers au-dessus de ceux que portent mes comptes, ce qui a rendu le bénéfice de chaque espece de culture très-considérable, les frais étant toujours les mêmes.

Le réſultat de ces trois années paroît établir clairement l'avantage de la bonne ſur la médiocre culture, celui du ſemoir en plein ſur la méthode ordinaire de répandre la ſemence, & de la nouvelle culture ſur l'ancienne.

La récolte, en 1757, a été médiocre dans le pays, & bonne dans mon domaine ſeul : en 1758, elle n'a été mauvaiſe que parce que rien ne pouvoit parer à un auſſi grand dérangement des ſaiſons : en 1759, perſonne n'a eu dans les environs une récolte auſſi ſatisfaiſante que la mienne. Ces ſuccès ne peuvent s'attribuer qu'à la façon dont mes terres ont été cultivées.

La diſpoſition de mes terres prouve auſſi évidemment l'avantage qu'on trouve à ſemer en plein avec le ſemoir : les payſans n'ont rien négligé pour que leurs diverſes portions fuſſent d'égale bonté ; ils ont cultivé de la même façon, & il n'y a eu de la différence que dans la maniere de répandre la ſemence ; celle du ſemoir en plein a donné conſtamment le plus de profit.

Les terres ſemées en planche ont donné encore plus de grain que celles qui l'ont été à l'ancienne façon, & avec le ſemoir, en 1757 & 1759 ; ce bénéfice ne peut avoir été procuré que par cette méthode; puisque je n'ai mis du fumier nulle part; que la culture n'en a pas été plus parfaite, & de bien peu plus dispendieuse que celle des paysans; & qu'une partie des champs en plates-bandes est reconnue pour être mes terres de la moindre qualité, & comme telle étoit destinée par mes Fermiers à porter du seigle.

L'année 1758 a été si funeste à toutes les productions de la terre, que nous devrions être plus étonnés d'avoir eu une récolte que de sa médiocrité.

Je puis encore me flatter de plus grands succès à l'avenir; ma culture se perfectionne en la pratiquant, les valets se dressent, leur répugnance diminue, & tous les jours je reconnois que j'ai fait des fautes qui me servent de leçon.

J'ai été long-temps embarrassé à trouver le moment où je devois cultiver les chaumes; différents essais me persuadent qu'ils doivent l'être d'abord après la moisson: je le pratiquerai ainsi à l'avenir, & je le conseille à tous ceux qui exercent la nouvelle culture.

La semence faite, on ne sauroit donner ce labour sans enterrer du bled, & en le donnant peu avant de semer, les mottes & le chaume gênent nécessairement la marche du semoir.

Les épreuves que j'ai faites ces trois années me prouvent qu'il faut diminuer la quantité de semence qu'on répand à proportion de la bonté du terrein ; on est dans l'usage contraire dans ces Provinces, & on en donne pour raison que meilleure est la qualité de la terre, plus elle peut nourrir de plantes ; l'expérience de ces trois années à décidé constamment chez moi contre cette opinion.

Il auroit été à souhaiter, pour la parfaite réussite de nos semences, que nous eussions eu un peu de pluie en Septembre, ou au moins avant la fin d'Octobre ; depuis elle n'a cessé, & nous nous plaignons de sa durée ; la terre est si fort détrempée, qu'il y auroit beaucoup à craindre pour la récolte si les gelées étoient fortes.

Les bleds de la nouvelle culture sont très-beaux, & supérieurs à tous les autres ; les premiers semés de ceux à l'ancienne façon ont souffert en Octobre de la sécheresse, & sont moins verds que ceux qui l'ont été à la fin de ce mois, ou au commencement de Novembre ; les temps doux & sans gelée jusques au 9 de Janvier ont favorisé la levée de ces derniers ; mais les uns & les autres souffrent par la trop grande humidité de la terre.

A en juger cependant par l'état actuel

de mes bleds, je puis eſpérer qu'ils me procureront le plaiſir d'annoncer de plus grands ſuccès que ceux que j'ai eus juſques aujourd'hui.

J'ai planté, en 1758, une vigne de 5724 toiſes d'étendue, que je cultive avec la charrue ſuivant les principes de la nouvelle culture ; j'ai placé les ceps à ſix pieds neuf pouces en tout ſens : je n'entre dans aucun détail à ce ſujet ; il faut encore quelques années pour en connoître l'avantage.

J'ai auſſi fait l'eſſai de planter & de ſemer des luzernes, comme le pratique M. de Châteauvieux ; je ſerai à portée cette année d'en faire connoître le produit.

Les choux & les racines que j'avois ſemés de même en 1757, avoient fait de très-belles productions ; je n'ai pas été à portée d'en continuer l'expérience.

J'avois auſſi voulu eſſayer les gros navets, dit turnips, dont M. de Châteauvieux m'avoit procuré de la graine ; ils levoient bien, mais ils étoient bientôt rongés en terre par les inſectes, & je n'ai jamais pu parvenir à les ſauver.

ARTICLE

ARTICLE XVIII.

Extrait de quelques autres Expériences.

M. JOLY DE FLEURY, Intendant de Bourgogne, s'étant fait connoître dans sa Généralité pour prendre un intérêt très-vif à tout ce qui peut perfectionner la culture des terres, plusieurs de ceux qui ont fait des expériences sur la nouvelle culture, se sont fait un devoir d'en informer ce Magistrat. Ce sont quelques-uns de ces résultats que M. Joly de Fleury a bien voulu me communiquer, en m'assurant que je pouvois compter sur leur exactitude.

Le nommé TERRIER, Laboureur à Ouroux, zélé & intelligent Cultivateur, sema, dans le mois de Mai 1758, en planches composées de trois rangées, interrompues par des plates-bandes, 33 livres d'orge dans un terrein de 369 perches : ce grain fut répandu avec un semoir construit par ce même Fermier ; il l'avoit imaginé d'après ceux que nous avons décrits ; mais il l'avoit rendu encore plus simple : c'est tout ce que j'ai pu apprendre de cet Instrument.

Ce champ éprouva plusieurs malheurs : comme il avoit été semé trop tard, un quart de la ſemence fut perdue; les deux tiers des trois quarts reſtants furent détruits par les mulots, les taupes & les inſectes; le reſtant, qui ſe trouvoit réduit à 8 liv. $\frac{1}{4}$, a produit 255 livres, c'eſt-à-dire, 31 pour un : chaque grain avoit fourni, l'un portant l'autre, 15 à 18 tuyaux.

Voilà une grande fertilité relativement aux grains qui ont réuſſi; mais cette abondance n'a pas dédommagé ce Fermier, vu la perte prodigieuſe qu'il avoit faite du reſte de la ſemence.

Dans le mois d'Octobre 1758, le même Fermier ſema encore en planches & plates bandes 318 perches, avec 30 liv. de froment; elles ont produit 630 livres, ce qui eſt plus de 22 pour un : chaque grain avoit produit, l'un portant l'autre, 8 à 10 épis, qui avoient au moins quatre pouces de longueur, & bien fournis de grain.

Les gerbes de récolte ont été plus difficiles à battre que celles du champ de comparaiſon; mais le grain en étoit plus beau, plus net, & mieux nourri; de ſorte que la même meſure, qui peſe 32 livres remplie de froment ordinaire, peſoit 36 de ce froment.

Néanmoins, le Mémoire marque expreſſément que ce champ avoit ſouffert divers accidents causés en premier lieu par les mulots, les taupes & les insectes; ensuite par les oiseaux qui se jettoient par préférence sur ce grain, de sorte qu'il y en avoit eu près d'un tiers de dévoré, & qu'il sembloit que le grain avoit été battu sur le champ même: ces déchets ont été évalués à près de la moitié. Pour juger plus exactement de l'avantage de la nouvelle culture par une comparaison, le même Fermier moissonna tout auprès de ce champ, & dans une terre de même qualité, 318 perches de froment des plus beaux du pays: on avoit employé pour les semer, suivant l'usage du pays, 96 livres de grain, qui n'ont rendu que 829 livres, ce qui est un peu plus de neuf pour un; sur quoi il faut diminuer au moins 30 livres de criblures, & alors le bon grain ne pesoit que 32 livres par mesure.

Malgré les accidents dont nous avons parlé, la nouvelle culture a fourni 600 livres de bon grain, déduction faite de la semence.

Avec une pareille déduction, la culture faite suivant l'ancienne méthode, a fourni 733 liv. de grain, & déduction faite des criblures, 701 liv. d'un grain de moindre qualité: sans le désordre causé par les oiseaux, l'avantage pour la nouvelle culture auroit été bien plus ſenſible.

M. Noirot, Subdélégué de M. l'Intendant à Eſperans, fit ſemer en plein le 26 Août 1759, avec le ſemoir du ſieur Terrier, 4½ liv. d'orge ſur 55 perches de terre : la récolte a été de 107 liv. ce qui fait 32 pour un.

Dans le même temps, il ſema 4½ liv. de froment dans 110 perches de terre, par rangées, ſuivant la nouvelle culture : le produit a été de 169 ; ce qui fait plus de 37 pour un.

Les Laboureurs de M. Noirot ſemerent le même jour, dans une autre portion du même champ, ſuivant la méthode ordinaire, 40 livres de pareil grain ſur 168 perches & un quart : la récolte a été de 273 liv. ½; ce qui ne fait que 6 pour un.

M. Noirot, perſuadé que quand on multiplie les cultures, on peut épargner beaucoup de ſemence, a fait ſemer cette année-ci, par le ſieur Terrier, 22 liv. de grain dans une étendue de terrein où, ſuivant l'uſage du pays, on en auroit ſemé 160 livres; ce champ, après avoir levé, montre une très-belle apparence ; M. Noirot n'aura pas lieu de ſe repentir de ſon épreuve, ſuppoſé que ſon champ ſoit d'une bonne terre, qu'il ne ſurvienne aucun accident aux pieds de ſes froments, & que l'année ſe trouve favorable à la talle des grains.

On m'a encore parlé de pluſieurs épreuves heureuſes qui ont été faites en différentes Provinces, tantôt par des gens aiſés, quelquefois par de ſimples payſans; mais comme les détails qu'on nous a promis ne nous ſont point encore parvenus, nous n'en ferons aucune mention.

Je vais maintenant parler, dans le Chapitre ſuivant, des prés artificiels, qui ſont un point d'agriculture très-important, & qui méritent l'attention la plus ſérieuſe des bons Cultivateurs.

CHAPITRE II.

Des Prés artificiels.

LE BÉTAIL fait un produit eſſentiel des terres : les bœufs, les vaches, les moutons, les porcs, fourniſſent les boucheries; outre cela les moutons donnent de la laine & des agneaux; dans quelques Provinces on fait uſage de leur lait; les vaches fourniſſent des veaux & du lait; les bœufs, avant d'être envoyés à la boucherie, cultivent les terres; l'uſage des chevaux eſt immenſe pour les labours &

les voitures : mais, outre ces avantages, tous ces animaux, par la consommation qu'ils font de différents fourrages, fournissent des engrais. On ne peut donc trop multiplier les bestiaux : mais comme il est indispensable de les nourrir, il est également indispensable de se procurer des pâturages : on distingue ces pâturages en prairies naturelles & artificielles.

Les pâturages naturels sont de trois especes ; savoir, les friches, qu'on nomme en quelques endroits *bocages*, *landes*, *gâtines* ou *pâtis* : ce sont de grandes pieces de terre de qualité assez médiocre, où la nature produit, sans aucune culture, quelque peu d'herbe entre les landes ou ajoncs, les bruyeres, les fougeres, les ronces ou autres especes d'arbrisseaux ; comme ces sortes de terreins produisent très-peu d'herbe, il en faut une étendue immense pour nourrir une petite quantité de bétail.

Les prés bas sont placés dans les terres qui bordent les rivieres & les ruisseaux ; mais ils sont souvent exposés à être inondés ; ils produisent beaucoup d'herbe, mais d'assez mauvaise qualité ; néanmoins ces prés sont une ressource dans les années seches : l'herbe, rare par-tout ailleurs, y est de meilleure qualité que quand les années ſont humides ; on peut les améliorer en les deſſéchant par des foſſés, & en y tranſportant de temps en temps de la terre nouvelle. Lorſqu'on fera ces tranſports, on fera bien d'y répandre les balayures des greniers à foin, pour y multiplier de bonnes herbes. On fait un tort conſidérable à ces ſortes de prés quand on y met paître le gros bétail, parce qu'il rompt avec ſes pieds la croûte dure & fertile, & qu'il y forme des eſpeces de puiſards, de ſorte qu'en peu de temps ces prés deviennent des marais de très-peu de valeur.

Les prés hauts ſont de deux eſpeces : les uns ſont ſitués ſur la croupe des montagnes, & ils peuvent, dans les temps de ſécchereſſe, être arroſés par les eaux qu'on a ſoin de raſſembler dans des réſervoirs ſupérieurs. Ces prés ſont les meilleurs de tous ; mais on ne peut pas s'en procurer par tout pays, & ils exigent beaucoup d'entretien pour tenir en bon état les foſſés qui conduiſent l'eau au principal réſervoir, de même que les rigoles qui la diſtribuent dans toute l'étendue du pré.

Les autres prés hauts, ſitués dans les plaines, & qui ne peuvent être arroſés, doivent être placés dans un bon terrein, un peu humide : les ſoins qu'ils exigent conſiſtent à entretenir, autour des pieces, de bons fossés, pour empêcher qu'on ne les traverse par des chemins ; à rabattre de temps en temps les taupinieres, afin que le terrein soit toujours bien uni, & que la faulx puisse couper l'herbe à rase terre ; à y porter de temps en temps des engrais, tels que des fumiers bien pourris, ou, encore mieux, des curures de mares ou d'étang, des cendres de tourbe & de la suie: il ne faut jamais y employer de grand fumier ; car lorsque la paille a été lavée par la pluie, elle est soulevée par l'herbe, & elle se mêle avec le foin, dont elle altere la qualité.

Quand les prés se couvrent de mousse, il faut les fumer, s'il est possible, avec du fumier de pigeon : je crois que dans ce cas, il seroit bien utile de les refendre avec la charrue à coutres de M. de Châteauvieux, qui se trouve décrite dans le Tome IV, pages 490 & 524. Mais le fumier de pigeon, qui est excellent pour faire pousser les herbes de bonne qualité, a ce défaut, qu'il est mêlé de plumes qui ne se pourrissent pas, & qui, restant entieres dans le foin, font tousser les chevaux qui le mangent. Il ne faut donc point s'imaginer que les prés naturels n'exigent ni soin ni dépense : moyennant les attentions dont nous venons de parler, six arpents de de pré, qui ſont dans nos terres, nous donnent plus d'herbe que trente de ceux que nous avons abandonnés à nos Fermiers, quoique la nature du terrein ſoit la même.

Lorſqu'on n'a pas de terrein propre à faire de bons prés naturels, il faut avoir recours aux prés artificiels. On les forme en ſemant dans des terres bien labourées certaines plantes très-vigoureuſes qui, pouſſant avec force, produiſent beaucoup d'herbe agréable au bétail. Je ne parle ni des pois de brebis ([1]), ni de la veſce, ni de l'eſcourgeon, ni du ſeigle (*Voyez Tome IV, page 32.*) qu'on coupe en verd pour la nourriture du bétail pendant l'été, ou qu'on fane pour le nourrir l'hyver. Ces plantes annuelles, non plus que les gros navets, que l'on appelle *turnip*, dont nous avons donné la culture dans les Tomes I, III & IV, ainſi que les pommes de terre, dont je me propoſe de parler à la fin de ce Chapitre, ne forment pas, abſolument parlant, des prés artificiels, quoique ces racines ſoient d'un grand ſecours pour la nourriture du bétail. Les plantes vivaces, dont on a coutume de former des prés artificiels, ſont ordinairement le trefle, le ſainfoin, la luzerne, le *fromental*,

(1) En Allemagne on ſeme, pour nourrir les brebis, des *pois gras* qui viennent naturellement avec le froment.

tous les ajoncs, la *Spergule*; & l'on pourroit encore essayer de cultiver les plantes & les arbustes qui produisent des fleurs légumineuses, car les bestiaux en sont singuliérement friands : en quelques campagnes on coupe les sommités du genest quand la fleur est passée ; on fait sécher ces jeunes branches, & on en nourrit les moutons pendant l'hyver.

A l'égard du sainfoin & de la luzerne, nous avons amplement parlé de leur culture dans le Tome I de cet Ouvrage ; & si l'on consulte encore ce que nous en avons dit dans les Tomes III, IV & V, on verra que ces plantes fournissent beaucoup plus d'herbe, & subsistent plus long-temps quand on les cultive avec soin, que quand on les abandonne à elles-mêmes selon l'usage ordinaire.

Pour ce qui est du trefle, il se plaît dans les terres fortes & un peu humides, & ne peut réussir dans les terreins médiocres. On en tire la graine de Flandre ou de Bourgogne. Après avoir bien labouré & hersé la terre, on la seme à raison de 20 ou 25 livres par arpent.

Comme cette graine est fine, on choisit, pour la répandre, un temps calme, & lorsque la terre n'est pas humide : on essaie de la distribuer également. On passe ensuite la herse ; & s'il vient de temps en temps de la pluie, quinze jours ou trois ſemaines après, les plantes auront levé en aſſez grande quantité pour que la terre en paroiſſe couverte. Il ne faut pas permettre dans ce temps-là que les beſtiaux en approchent, parce qu'en broutant l'herbe ils arracheroient les plantes. On voit dans notre quatrieme Volume, page 25, que le trefle vient beaucoup plus fort ſi on le ſeme par rangées, pour labourer les plates-bandes intermédiaires. Mais on ne doit pas ſuivre cette méthode à l'égard du trefle, parce que cette plante ne doit pas occuper aſſez long-temps la terre, & qu'elle n'eſt pas, à beaucoup près, auſſi vivace que le ſainfoin & la luzerne. Pour peu que la terre ſoit bonne, & que la graine ait bien levé, on peut couper l'herbe, pour la premiere fois, vers le commencement de Juin : on en fera encore une ſeconde coupe pendant l'été.

Si en hyver, & dans le temps des gelées, on répand du terreau léger ſur le trefle, on fera dans la ſeconde année trois récoltes d'herbe, pourvu néanmoins qu'il tombe de temps en temps de la pluie : les engrais que l'on portera ſur le trefle contribueront à l'accroiſſement des grains qu'on ſemera par la ſuite dans les mêmes champs. Quelques-uns laiſſent ſubſiſter le trefle une troiſieme année, pour recueillir encore deux ou trois herbes ; d'autres mettent la charrue dans le trefle après la troisieme herbe de la seconde année, & disposent la terre, par deux labours, à produire du mars ; d'autres enfin recueillent la premiere herbe de la troisieme année, & quand la seconde herbe commence à s'élever, ils l'enterrent à la charrue, & disposent leur terrein par trois labours, & quelques hersages, à recevoir du froment. Mais comme souvent les racines du trefle n'ont pas eu le temps de pourrir, je préfere la seconde méthode, suivant laquelle on commence par une récolte de mars, après quoi l'on peut semer du froment, qui réussira ordinairement très-bien ; & quand la terre aura perdu la fertilité qu'elle doit au trefle, on y en pourra semer de nouveau, ou d'autres herbes.

Le trefle est un excellent fourrage pour toute sorte d'espece de bétail ; mais comme il est très-nourrissant, il ne leur en faut pas donner à discrétion : les chevaux en deviendroient poussifs, & les bêtes à corne en seroient suffoquées.

L'inconvénient du trefle est qu'il est difficile à faner ; & pour peu qu'il soit mouillé après qu'il est fauché, il noircit & perd beaucoup de sa qualité.

On en répand de la graine sur les prés

ordinaires : ſon herbe mêlée avec les autres, & ſur-tout avec les chiendents, produit un foin admirable.

Le fromental, qu'on nomme *reigraſe* en Angleterre, & ailleurs *faux ſeigle*, eſt un chiendent vivace [1],qui, dans une bonne terre un peu humide, s'éleve juſqu'à la hauteur de quatre à cinq pieds, & ſe fauche pluſieurs fois dans les années humides : j'en ai ſemé de la graine que j'avois tirée d'Angleterre, & d'autre du Lyonnois : dans celle-ci il ſe trouvoit deux eſpeces de chiendent, dont une étoit le même que le *reigraſe* d'Angleterre. Ce foin m'a paru fort bon, mais il épuiſe la terre pour les grains ; & je ne donnerois pas la préférence à ce fourrage ſur la luzerne, le trefle & le ſainfoin.

La *Spergule* [2] peut faire un bon

(1) *GRAMEN Avenaceum elatiùs juba longa ſplendente.* Il y a pluſieurs autres eſpeces qu'on cultive de même.

(2) ALSINE ; SPERGULA *dicta Major.* C. B. pag. 257. TOURNEF. 243. SPERGULA. J. B. 3. 722. DOD. *Pempt.* 537. LINN. *Gen.* 447. En François, SPERGULE, ou ESPARGOULE.

Cette plante, qui croît naturellement aux environs de Paris, principalement dans les bois, s'éleve à la hauteur d'environ un pied. Il part de ſa racine pluſieurs tiges, dont les unes s'élevent droit, & les autres s'inclinent de côté & d'autre.

Ces tiges ſont noueuſes ; & de chaque nœud ſortent pluſieurs feuilles verticillées ; elles ſont longues & étroites comme celles du *Caille-Lait*, mais beaucoup plus molles ; c'eſt encore des nœuds que partent des rameaux qui ſe répandent de tous côtés.

fourrage dans les terreins gras & ſubſtantieux. Cette plante n'eſt point délicate ſur la nature du terrein, pourvu qu'il ſoit un peu humide : les terreins ſecs & arides ne lui conviennent pas. Je n'ai cultivé la ſpergule qu'en petite quantité, & ſeulement pour pouvoir la connoître ; mais je vais rapporter ce que M. FRANCE me marque ſur la culture de cette plante.

Le haut des tiges & les jeunes feuilles, ſont chargées de poils très-fins, & doux au toucher.

Les fleurs, qui ont environ une ligne de diametre, viennent au bout des branches ; chacune eſt ſupportée par un pédicule qui lui eſt propre : elles ſont formées ;

1°, D'un calyce qui ſubſiſte après la fleur ; ce calyce eſt découpé en cinq parties qui ſont creuſées en cuilleron, & terminées en pointe.

2°, De cinq pétales blancs, ovales, arrondis, diſpoſés en roſe, attachés aux angles rentrants du calyce par des onglets fort étroits.

3°, On apperçoit dans l'intérieur de la fleur dix étamines plus courtes que les pétales, & qui ſont terminées par des ſommets jaunes.

4°, Dans le centre eſt un piſtile formé d'un embryon ovale, ſurmonté de cinq ſtiles filamenteux, qui s'écartent en forme d'étoile : ils ſont terminés chacun par de petits ſtigmates.

5°, L'embryon devient un fruit ovale, à une ſeule loge formée de cinq paneaux ou valves. Lorſque le fruit eſt mûr, ces valves s'écartent par la pointe, & les ſemences ſe répandent : ces ſemences ſont menues & arrondies. *Voyez Pl.* 1. *fig.* 8.

Cette plante fleurit à la fin d'Avril, en Mai, Juin & Juillet, ſuivant le temps où la graine a été ſemée.

DODONÉE dit qu'on ſeme cette plante en différents temps de l'année pour nourrir le bétail, lorſque les autres fourrages ſont rares.

La Spergule ne donne pas beaucoup de foin ; mais comme cette plante croît promptement, on fera bien d'en ſemer après la moiſſon, ſur-tout dans les années où la ſéchereſſe du printemps aura rendu les fourrages fort rares.

Fig. 4.
k i k i k i
Fig. 5.
l l l l l
Fig. 6.
m m
Fig. 7.
1 1
2 2
3 3
4 4
5 5
6 5
7 4
8 3
9 2
10 1

Fig. 1.

Fig. 2.

Fig. 3.

Fig. 4.

Fig. 5.

Fig. 6.

Fig. 7.

Fig. 8.

Spargoule ou Espargoule

On ſeme la graine de ſpergule en Mai, ou à la fin de Juillet auſſi-tôt que les bleds ſont ſciés, & dans les mêmes champs qui les ont portés.

Si on la veut ſemer au mois de Mai; on prépare la terre par deux ou trois bons labours : ſi la terre eſt moins préparée, la graine ne leve pas ſi bien, & cette plante ne proſpere que médiocrement.

Quand on la veut ſemer, on herſe la terre; enſuite on répand la ſemence ſur le herſage, & on l'enterre en applaniſſant le terrein avec le dos de la herſe qu'on paſſe ſur toute ſa ſurface. Cette graine veut être ſemée fort dru, de ſorte qu'il faut en répandre 32 livres par journal.

Aux environs de Bruxelles, on ſeme la ſpergule ſur les terres qui viennent de porter du froment; parce que le terrein y eſt trop précieux pour ne l'occuper que de cette herbe; & c'eſt ce qui arrive quand on ſeme la ſpergule au mois de Mai. Pour tirer des terres qui viennent de produire du grain le profit du fourrage, on donne un labour auſſi-tôt après la récolte; on herſe, & on ſeme comme nous l'avons dit plus haut.

La ſpergule, après qu'elle a été ſemée, ne demande aucun ſoin : on peut la couper pour la donner en verd au bétail; ou bien on la fait paître sur le champ même. En ce cas ce n'est qu'un herbage ; mais quand cette plante a été semée au mois de Mai, on la fauche lorsque la graine est mûre ; on la fane, & on la serre comme le foin ordinaire, pour la donner en sec aux bestiaux pendant l'hyver, excepté qu'on peut la serrer dans les greniers avant qu'elle soit parfaitement seche, afin que la semence ne se répande point. C'est la spergule semée en Mai qui fournit la semence, & cette graine se conserve pendant plusieurs années en état d'être semée.

La spergule est annuelle & très-tendre à la gelée : les petites gelées d'automne la font périr.

Le fourrage qu'elle fournit est fort nourrissant ; il engraisse promptement le bétail ; par cette raison il le faut donner avec discrétion aux bêtes qu'on ne destine pas encore à la boucherie.

Je vais maintenant rendre compte des épreuves de quelques-uns de mes Correspondants, concernant les prés artificiels.

Un champ de luzerne, que nous cultivons à la charrue, a continué de donner beaucoup d'herbe, malgré la sécheresse des étés de 1758 & 1759 : je n'en peux dire précisément le produit, parce que la rareté des autres fourrages a obligé d'avoir recours à cette luzerne, qu'on a coupée à mesure qu'on en a eu besoin; mais dans l'année derniere, qui a été fort seche, elle a été coupée trois fois, & elle a encore fourni un beau regain.

Dom Edouard PROVENCHERE s'est très-bien trouvé de la luzerne cultivée suivant nos principes: il se dispose à en augmenter la quantité.

M. EIMA, excellent Cultivateur, Juge éclairé, & très-bon Citoyen, mais que nous avons eu le malheur de perdre, m'écrivoit en date du 18 Octobre 1757, que ses luzernes & ses sainfoins cultivés avoient très-bien réussi; mais comme il n'avoit mis que 16 ou 18 pouces entre ses rangées, il étoit obligé de faire donner les cultures à bras qui occasionnoient trop de dépense, ce qui lui avoit fait prendre le parti de faire arracher une rangée entre deux, pour se procurer des plates-bandes de trois pieds qu'il faisoit labourer avec la charrue: ces cultures s'exécutoient avec facilité & sans frais, & il les jugeoit meilleures que celles qu'il avoit fait donner à bras.

M. de VILLIERS-en-LIEU a été pareillement satisfait de ses luzernes, quoique la sécheresse ait été cause que la troisieme herbe a été un très-petit objet.

M. NONAND, qui se livre à l'agriculture par amour pour le bien public, a fait transſplanter, au mois de Septembre 1757, de la luzerne ſur des planches [1] bombées, & il en a formé des rangées éloignées les unes des autres de trois pieds, ayant mis, dans le ſens des rangées, les pieds à ſix pouces les uns des autres. Dès l'année 1758 il l'a fait couper cinq fois avec la faucille : l'année ſuivante l'herbe a encore été plus abondante; de ſorte qu'en 1759, le produit a été preſque double de 1758 : au 14 Septembre elle avoit déja été coupée cinq fois avec la faulx, & il eſpéroit encore en tirer un bon regain [2]. Cette luzerne a été exactement labourée trois fois l'année, & tenue nette des mauvaiſes herbes.

M. Nonand ajoute que, ſans s'arrêter à ce qu'on lui diſoit que ce fourrage échauffe les chevaux, il en a nourri quatre depuis le mois de Mai, dont deux de trait étoient employés à des ouvrages très-pénibles & preſque continuels, & deux de ſelle. L'avoine leur a été totalement ſupprimée depuis le mois de Mai; & en place de ce grain, on donnoit à chaque cheval

(1) Voyez Tome IV, page 3 : moyens de renouveller la luzerne; & page 15, bon ſuccès de la luzerne.

(2) Voyez Tome V, page 76. Un arpent de luzerne peut nourrir deux paires de bœufs pendant cinq ou ſix mois.

deux livres de luzerne hachée à chaque repas, ce qui faisoit quatre livres par jour. Il ajoute qu'il y a peu de chevaux en aussi bon état que les siens, & il est déterminé à soigner sa luzerne avec attention, puisque de compte fait, un arpent de ce fourrage lui épargnera pour plus de cent écus d'avoine par an.

J'ai demandé à M. Nonand s'il continuoit à donner de la luzerne à ses chevaux pendant l'hyver, & quand ils travaillent peu; il m'a répondu qu'en quelque temps qu'il ait donné de la luzerne à ses chevaux, ils n'en ont jamais été incommodés: deux livres de luzerne hachée leur tient lieu de la ration d'avoine.

Il a aussi cultivé du sainfoin de la même maniere (*Voyez Tome V, page 7.*); mais comme le sainfoin ne s'éleve pas comme la luzerne, & qu'il rampe à terre, il s'est couché dans le fond des plates-bandes, quoique les planches fussent bombées, & il a été impossible de le couper avec la faulx; il étoit même difficile de le serrer; d'ailleurs les brins qui touchoient la terre étoient gâtés. (Il est donc à propos de planter le sainfoin à plat; mais pour qu'il réussisse bien, il faut que la terre ait du fond.) De plus, les mulots & le rats ont coupé beaucoup de racines de ce sainfoin,

& ils n'ont fait aucun dommage à la luzerne qui étoit tout auprès.

Comme on coupe tout au plus deux fois le sainfoin, il produit moins d'herbe que la luzerne, qu'on coupe trois, quatre ou cinq fois, quand on fait cette opération avant que les fleurs soient entiérement épanouies, & quand les années sont un peu humides.

M. Nonand se trouve très-bien d'avoir pratiqué la nouvelle culture sur la luzerne: il a suivi avec succès l'épreuve que M. de Châteauvieux avoit déja faite de la substituer à l'avoine (*Voyez T. IV, p.* 122). Peut-être fera-t-on bien, quand les travaux seront cessés, & que les chevaux seront gras, de la mêler avec de la paille, pour tempérer cette nourriture qui a le défaut d'être trop succulente, & qui pourroit, par un trop long usage, échauffer les chevaux & les rendre poussifs. Je répéterai à cette occasion ce que j'ai déja dit ailleurs; savoir, que quand on entasse de la luzerne nouvelle avec de la paille, ce fourrage, qui prend l'odeur de la luzerne, devient très-agréable aux chevaux. Ce sera donc un bon moyen de les engager à prendre une nourriture qui leur est salutaire; & je suis persuadé qu'en hachant cette paille parfumée, pour ainsi dire, de luzerne, avec une certaine portion de luzerne, on feroit une mixtion qui feroit très-faine pour les chevaux.

M. DE TROLLY, à fa terre de Chaltrais près Epernay, ayant fait planter des pieds de luzerne foibles & chétifs dans un bon fonds de terre qu'il avoit fait éfoncer à quinze pouces de profondeur, les plantes, qui étoient éloignées les unes des autres en tout fens, ont pouffé avec tant de force, que l'année fuivante on les a coupées trois fois; & la plus grande partie fe trouvoit avoir en automne des têtes de fix pouces de diametre : elles ne tarderont pas à fe toucher : il eft vrai qu'on les a cultivées à bras & avec foin.

Au mois de Juillet 1757, M. FRANCE, ayant reçu de la graine de turnips, en a fait enfemencer un demi-arpent : après la levée, il les fit éclaircir afin que ces racines fe trouvaffent éloignées les unes des autres d'environ un pied, & a fait labourer à la houe tout le champ, qui, en Novembre dernier, s'eft trouvé couvert de fi belles productions, que plufieurs de ces navets avoient un pied de circonférence : il en a fait femer à part une petite quantité pour en recueillir de la graine, afin de pouvoir multiplier la culture de ce pâturage, qu'il regarde comme un article très-important pour ſon pays. Les turnips ont continué à bien faire dans les terres amendées, comme ſont celles qui ont porté du froment ; mais ces racines ſont reſtées très-chétives dans les terres maigres, de quelque façon qu'il les ait fait cultiver. Au reſte il aſſure que ſes moutons s'en accommodent très-bien.

Je penſe à cet égard comme M. France; car, outre que dans les années ordinaires ce navet eſt une très-bonne nourriture pour les bœufs, les vaches & les moutons, lorſqu'il arrive une diſette, on en tire encore un grand ſecours pour nourrir les hommes : nos terres du Gâtinois ſont trop bonnes pour les mettre en gros navets; néanmoins, dans une année de diſette, mon frere ſe trouva bien d'en avoir garni un arpent, qui lui vint à propos pour mettre dans la ſoupe qu'il faiſoit diſtribuer aux pauvres de la campagne.

M. France ajoute encore ceci : » Comme » les prairies artificielles (dit-il) que vous » recommandez dans vos ouvrages, doi- » vent être le principe & le fondement de » la fertilité de nos terres de Champagne, » je veux, autant que je le pourrai, en eſ- » ſayer de toutes les eſpeces; & pour cela, » j'ai demandé à Lyon de la graine de fro- » mental (c'eſt le reigraſe des Anglois),

» dont vous vous plaignez qu'on néglige » la culture en France ; & j'attends, d'Al» lemagne & de Flandre, de la graine de » ſpergule, dont M. Bradley fait un » grand éloge dans ſon Calendrier du La» boureur ».

M. France a déja reconnu que les terres de Champagne ſont trop ſeches pour la ſpergule ; & je crains que le fromental n'y réuſſiſſe pas bien ; car je ſais, par ma propre expérience, que ce chiendent ne fournit pas beaucoup d'herbe dans les terres maigres & ſeches. M. France pourroit eſſayer d'en ſemer avec du trefle, ce qui fournit un très-bon fourrage, aſſez ſemblable à celui des prés hauts naturels.

Au mois de Septembre 1757, M. France fit bomber, ou élever en dos de bahu, ſix planches de 150 toiſes de longueur ſur cinq pieds de largeur : il avoit fait bomber ces planches pour donner plus de fond à cette terre. Il fit enſuite planter ſur chacune, avec le plantoir, deux rangées de pieds de ſainfoin : les rangées étoient à deux pieds de diſtance les unes des autres. Sur trois de ces planches, les plantes étoient, dans le ſens des rangées, à un pied les unes des autres ; trois autres ſeulement à ſix pouces. Toutes ces plantes ont bien repris, & elles promettoient une bonne récolte pour l'année ſuivante. Il a encore fait replanter quelques vieux pieds de luzerne qu'il a trouvés dans ſes foſſés, & ils ont repris. Mais comme les terres de M. France ſont ſujettes à déchauſſer, que les plantes de ſainfoin étoient fort jeunes, & qu'on avoit rogné les racines fort courtes, preſque tous ces pieds ſe ſont couchés ſur le côté, & il a fallu retourner ce champ.

En 1758, M. France fit dreſſer des planches, ſur leſquelles il fit ſemer, au printemps, de la luzerne, du trefle & un peu d'avoine : la grande ſéchereſſe ne permit point à ces plantes de lever.

Ces accidents n'ont cependant point rebuté M. France ; car il a depuis ſemé du ſainfoin en plein ſur des champs qui avoient produit du froment & de l'orge, & qui, pour cet effet, avoient reçu des engrais. Il a actuellement 25 journaux de fort beaux ſainfoins, & il ſe propoſe d'augmenter cette quantité.

Il a auſſi eſſayé du trefle & de la luzerne, qui lui ont réuſſi ; mais il a eu l'attention de choiſir les terreins qui leur étoient le plus convenable.

M. le Chevalier DE JAVONSA a fait ſemer du ſainfoin & de la luzerne dans une terre qui n'avoit reçu aucune eſpece d'engrais :

grais : ces plantes se sont trouvées assez fortes à la fin d'Août, pour en pouvoir former quelques planches : il a écrit que la beauté de ces plantes est tellement supérieure à celles qu'il n'a point fait transplanter, qu'il ne lui reste que le regret de n'avoir pas adopté plutôt cette méthode.

M. NEVET, dans sa terre du Verger près Rennes, s'est bien trouvé de la luzerne transplantée par rangées ; mais il n'en a pas été de même du trefle : cette plante, en effet, ne subsiste pas assez long-temps pour mériter d'être ainsi cultivée.

M. VANDUSFEL m'a écrit qu'il continuoit d'être bien satisfait de sa luzerne cultivée suivant les principes de la nouvelle culture.

Ces remarques utiles doivent être agréables aux bons Cultivateurs : je crois devoir y ajouter quelques réflexions qui me paroissent importantes.

On peut avoir deux intentions assez différentes en cultivant des prés artificiels : l'une, qui se trouve très-bien exposée dans le Traité des Prés artificiels, imprimé à Paris en 1756, consiste à avoir beaucoup d'herbe & de foin pour nourrir quantité de bétail, & se procurer, indépendamment du profit qu'on en doit attendre, une grande quantité de fumier pour améliorer les terres.

L'autre, qui fait la base du systême que M. PATTULLO a publié à Paris en 1758, est d'améliorer les terres par le moyen des prés artificiels, & se mettre en état de les défricher fréquemment, pour en obtenir ensuite quelques bonnes récoltes de grain. Je vais étendre un peu ces idées générales, afin de mettre les Cultivateurs en état de se déterminer entre ces deux partis.

» Tout le secret, toute l'économie d'une » bonne agriculture, (dit l'Auteur des » Prairies artificielles), consiste à propor- » tionner les amendements au besoin des » terres... Plus le pays est sec & stérile, » plus on a besoin de pâturages & de prai- » ries. Comme, en Champagne, l'effet » des amendements ne subsiste que neuf » ans, il faut tous les ans amender le tiers » de la sole. Or pour avoir, en Cham- » pagne, une quantité d'amendements suf- » fisante pour remplir cet objet, on ne » peut employer moins du quart de la to- » talité des terres pour ces prairies, afin » d'avoir assez de fourrage pour nourrir & » élever le nombre de bestiaux qui est né- » cessaire pour procurer la quantité d'a- » mendements qu'on vient de prescrire. Il » ne faut point avoir regret à cette partie des

» terres qu'on n'enſemence point en grain : » 1°, Parce qu'on en tirera un profit ſur le » bétail : 2°, Parce que la portion de terre » bien amendée qu'on réſerve pour le » grain, en produira plus que la totalité » qu'on laiſſeroit ſans engrais ».

C'eſt un reproche que j'ai ſouvent fait à nos Fermiers. Quoiqu'en général nos terres ſoient aſſez bonnes, il n'y a point de groſſes Fermes où il ne s'en trouve de fort médiocres : les Fermiers, ſans avoir égard à la maigreur & à la ſéchereſſe de certains champs, les enſemencent tous en froment ; & ſouvent ces mauvais terreins, dont ils pourroient tirer parti à d'autres égards, ne leur rendent pas la ſemence. Je reviens au texte de notre Auteur.

» Il y a, dit-il, dans la Champagne » trois ſortes de terres : les griſes, les blan- » ches & les rouſſes.

» Les terres griſes ont par elles-mêmes » un fond de fécondité parfaite, quand on » y a répandu les engrais convenables. Il » en eſt à peu près de même des terres » blanches, qui même produiſent le meil- » leur grain. Les terres rouſſes ſont celles » qui ont le moins de conſiſtance & de ſucs » nourriciers, même avec le ſecours des » engrais ; mais les ſainfoins s'y plaiſent » par préférence, & y réuſſiſſent beaucoup

» mieux que dans les terres blanches.

» Ces différentes propriétés de terreins » ont donné lieu à l'idée de rendre toutes » ces terres fécondes les unes par les au- » tres, en mettant en ſainfoins les terres » rouſſes, pour avoir d'abord de quoi » nourrir les beſtiaux, & enſuite pouvoir » tirer de ces beſtiaux les engrais néceſ- » ſaires pour fertiliſer les terres griſes & » blanches.

» Voilà, ajoute cet Auteur, toute mon » idée ».

Cette excellente idée l'a conduit à doubler, & même preſque tripler le produit de ſa terre.

On voit par-là que le ſyſtême de l'Auteur des Prairies artificielles ſe réduit; 1°, A augmenter le nombre des beſtiaux; 2°, A ſe procurer un profit conſidérable ſur le bétail; 3°, A augmenter, par le moyen du bétail, les engrais; 4°, A fertiliſer ſes bonnes terres par des engrais; 5°, Que pour y parvenir il faut ſe procurer beaucoup d'herbe & de foin ſec, ſans quoi il ne ſeroit pas poſſible d'avoir la quantité de bétail qu'il démontre être néceſſaire. Ce ſont donc les prés artificiels qui doivent produire cette nourriture. C'eſt un cercle d'opérations d'où doit naître un double profit ſur le grain & ſur le bétail : le bétail ſera nourri par les pâturages : les terres ſeront améliorées par les engrais ; ajoutons qu'elles ſeront mieux cultivées, à raiſon de l'augmentation du bétail, & que le travail ſera diminué, parce que les prés artificiels en exigent peu. La ſource de tous ces avantages eſt dans les prés artificiels. Cet Auteur s'eſt borné au ſainfoin, & il a bien fait, puiſqu'il a reconnu qu'il réuſſit dans ſes terres rouges : ailleurs on fera bien de préférer la luzerne qui donne beaucoup plus d'herbe ; dans d'autres endroits on tentera les navets, dont M. France ſe trouve très-bien ; le trefle, la ſpergule, le fromental pourront avoir des avantages en d'autres circonſtances ; enfin puiſque la plupart de nos Correſpondants, & nous-mêmes nous ſommes ſi bien trouvés de cultiver la luzerne & le ſainfoin ſuivant nos principes, & puiſqu'il eſt aſſez bien prouvé que ces plantes très-vivaces peuvent ſubſiſter fort long-temps dans un même terrein, c'eſt le cas de faire uſage de la nouvelle culture pour les prés artificiels, d'autant qu'elle n'a rien d'embarraſſant, & qu'elle n'occaſionne preſque point de dépenſe.

M. Pattullo admet auſſi les prés artificiels ; mais ſon ſyſtême eſt différent. Il eſt d'expérience qu'on peut faire pluſieurs bonnes récoltes sur un défrichis de luzerne, de sainfoin & de trefle ; en partant de cette observation, & en supposant que toutes les terres d'une Ferme sont à peu-près de même nature, il veut qu'on fasse des prés artificiels pour se procurer beaucoup de fourrage ; il veut que l'on augmente proportionnellement la quantité du bétail ; il exige que l'on apporte une singuliere attention à mettre à profit les engrais que ce bétail produira ; & il veut, outre cela, qu'on regarde les prés artificiels comme un engrais, & qu'on en profite pour faire quelques abondantes récoltes de grain dans ces mêmes prés défrichés. En ce cas, il est évident qu'il ne faut pas laisser long-temps les terres en prés artificiels ; qu'il faut les défricher fréquemment : ainsi la nouvelle culture ne doit point avoir lieu pour remplir les vues de M. Pattullo. En effet, pourquoi cultive-t-on le sainfoin & la luzerne ? c'est pour empêcher les mauvaises herbes de les étouffer ; mais ce soin devient inutile pour des prairies qui doivent être défrichées au bout de trois ou quatre ans. En pareil cas, le trefle me paroîtroit préférable au sainfoin & à la luzerne ; parce que cette plante se trouve plutôt en état de rapport, & qu'elle subsiste moins de temps sur terre ; & comme le ſainfoin n'eſt en plein rapport que dans la troiſieme année, & la luzerne que dans la quatrieme, il faudroit, ſelon les principes de M. Pattullo, arracher ces herbes quand elles commencent à être en plein rapport. Quoi qu'il en ſoit, les deux ſyſtêmes ſont très-bons ; & les Cultivateurs pourront faire uſage de l'un ou de l'autre, ſuivant la nature de leurs terres. Dans les terres, où une partie des champs eſt propre aux herbages, & l'autre à porter du grain, on ſuivra le ſyſtême de l'Auteur des prairies artificielles. Dans d'autres, où les terres ſont à peu-près auſſi bonnes les unes que les autres, il pourra être plus avantageux de ſuivre la méthode de M. Pattullo. Nos Fermiers font depuis long-temps quelque choſe de pareil : ont-ils des terres éloignées de leur demeure, où il eſt difficile de tranſporter des fumiers ; ont-ils des terres de médiocre qualité, ils les mettent en ſainfoin pour ſe procurer du fourrage, & leur tenir lieu des engrais, qu'il ſeroit très-difficile de tranſporter dans les terres éloignées, & qu'on réſerve pour les bonnes terres ?

En Bretagne, on ſeme de la lande, qu'on nomme ailleurs *Jonc marin*, ou *Ajonc*. Quoique cette plante ſoit très-piquante, les Pâtres en rapportent le soir des fagots; ils en rompent les épines, en les pilant avec de gros maillets: en cet état, les bestiaux en mangent avec plaisir: cette nourriture est fort saine. Ce n'est pas un petit inconvénient que la peine qu'on a de cueillir le Jonc épineux, & d'en rompre les épines à coups de maillet; d'ailleurs, l'Ajonc ne devient grand & beau que dans les terres substancieuses: néanmoins, comme on en seme sur la berge des fossés, pour servir de clôture aux héritages; comme on en éleve pour chauffer le four, ou faire de la chaux; & comme il s'en éleve naturellement dans les pâtures, cette plante est d'une grande ressource dans les années seches, où la plûpart des prés ne donnent point d'herbe: j'ai vu en Normandie, dans des cantons où le bois à brûler est rare, que pour y suppléer on seme de l'ajonc, même dans les meilleures terres & les mieux amendées.

Comme les pommes de terre fournissent encore une bonne nourriture au bétail, j'ai promis d'en dire quelque chose: c'est par-là que je terminerai ce Chapitre.

La pomme de terre, que l'on nomme *Patate* en Angleterre, (*Solanum tuberosum, esculentum. C.B.P.*) ainsi que les autres végétaux, croît d'autant mieux, qu'on qu'on la cultive avec plus d'attention dans une terre plus amendée. Les Irlandois en font tant de cas, qu'ils n'épargnent aucuns ſoins pour s'en procurer une grande quantité.

Ils labourent leur terre, ils la herſent; & après y avoir fait des trous d'un pied de profondeur, ſur deux de largeur, éloignés les uns des autres de 3 pieds, ils les rempliſſent de fumier qu'ils foulent bien : ils mettent une pomme de terre ſur ce fumier qu'ils recouvrent avec la terre qui a été tirée du trou; & à meſure que les pommes pouſſent, ils les rechauſſent avec le reſte de la terre qui eſt à leur portée; ce qu'on répete juſqu'à deux fois, en prenant garde d'enterrer les tiges. Au moyen de ces précautions, une ſeule pomme en a quelquefois produit 8 ou 900. Mais comme cette culture ne peut être pratiquable qu'aux environs des grandes villes, où l'on ne manque pas de fumier, je vais détailler la façon ordinaire de cultiver cette plante.

On ſuppoſe que le champ, où l'on veut mettre les pommes de terre, a été bien labouré : je ne parle point de la nâture du terrein, parce que cette plante s'accommode aſſez bien de toutes ſortes de terreins; avec cette différence que les productions feront proportionnées à la bonté du fol.

A la fin du mois de Février, ou au commencement de Mars, on fait, dans toute l'étendue du champ, des tranchées de 5 à 6 pouces de largeur, & dont on regle la profondeur fur celle du fol; car on les fait plus profondes dans les terres qui ont beaucoup de fond.

On met, dans ces tranchées, les engrais dont on peut difpofer, tels que des fumiers de cour, des cendres de tourbes, de la poudre de chaux, des curures d'étang ou de marres bien mûries, &c. Ces engrais feront profpérer les patates, & ils amélioreront le fond pour le froment qu'on y femera enfuite.

On répand les petites pommes toutes entieres dans les tranchées; on coupe les groffes par tranches: car il fuffit qu'il y ait, fur chacune de ces tranches, un ou deux yeux: vingt boiffeaux de pommes fuffifent pour un acre de terre: on en met un peu moins dans les bonnes terres que dans les médiocres.

On recouvre fur le champ les patates & l'engrais, avec la terre qu'on a tirée des tranchées. Lorfque les tiges de ces pommes fe font élevées de la hauteur de 5 à 6 pouces, on fouille la terre qui eft entre les rangées, pour rechauffer le pied des patates; & l'on répete encore cette même opération quand les tiges ont atteint 12 à 15 pouces de hauteur, ayant soin de ne les pas couvrir de terre : plus le champ a de fond, plus on trouve de terre pour ces rechaussements, & meilleure est la récolte. Quand les terres ont peu de fond, on met plus d'espace entre les rangées pour pouvoir trouver assez de terre pour le besoin.

Il faut, de temps en temps, arracher les mauvaises herbes, parce qu'elles déroberoient aux pommes leur subsistance. Quand ces pommes sont en maturité, ce qu'on reconnoît aux tiges qui périssent, on renverse avec un crochet la terre qu'on a amoncelée sur elles, & l'on ramasse avec soin toutes les pommes grosses ou petites; car s'il en restoit quelques-unes en terre, elles repousseroient, & infecteroient la terre comme une mauvaise herbe.

Cette plante n'éfruite point la terre pour le froment; au contraire, les remuements qu'elle y occasionne par les cultures, & les engrais que l'on y met, peuvent assurer une bonne récolte.

Quelques-uns, pour s'épargner un labour, répandent le froment sur le champ, avant d'arracher les pommes; & par-là il se trouve suffisamment enterré ; mais, suivant cette méthode, le grain se trouve presque toujours inégalement répandu ; il est donc plus convenable de répandre le grain avec le semoir, quand les patates ont été arrachées, & que le terrein a été bien dressé & labouré.

On a vu dans notre IVe Vol. pag. 61, que M. DE VILLIERS-EN-LIEU a abrégé cette culture, en faisant creuser de profonds sillons avec la charrue, au lieu de les faire à bras ; & qu'en chaussant les pommes avec le versoir, les pommes se trouvoient placées dans les rangées, à un pied les unes des autres : que ses plates-bandes avoient 5 pieds de largeur ; & que sa récolte a été de 28 septiers par journal, les boisseaux combles. La récolte qu'il a faite, l'année suivante, a été plus abondante, comme on le voit dans notre V[e]. Vol. pag. 14. Quoique les pommes eussent été plantées dans les planches qui étoient entre les rangées, en 1757 la récolte n'a été qu'à raison de 20 septiers par arpent ; ce que M. de Villiers a attribué à ce que les petites pluies, qui étoient tombées de temps en temps, n'avoient pas pénétré assez avant dans la terre pour parvenir jusqu'aux racines.

M. DE CHOZANNE, Conseiller de

la Cour des Aides, qui s'occupe beaucoup d'agriculture dans son Domaine près de Briare, plante ses pommes de terre dans un terrein de sable un peu frais; il y fait donner deux labours, & fait répandre le fumier au troisieme : il fait jetter les pommes de terre dans des sillons faits avec la charrue, & éloignés de trois pieds les uns des autres, & il fait mettre chaque pomme à 7 à 8 pouces de distance dans le sens des sillons; ensuite on rabat, avec les mains, un peu de la terre du sillon sur les pommes. Quand les tiges se sont élevées de 6 à 7 pouces, on remplit le sillon avec la charrue; & il reste un billon au milieu des plates-bandes : un mois, ou six semaines après, on refend ce billon pour remplir les sillons qui le bordoient, & pour rechausser encore les pommes : il ne faut que trois heures, & quelquefois moins, pour donner ces cultures à un arpent, & avec un seul cheval, parce que M. de Chozanne employe, pour cet usage, l'araire de Provence, qui est une petite charrue sans roues. Il a recueilli à raison de 400 boisseaux de pommes de terre par arpent.

La même culture lui a réussi également pour différents légumes; & l'année qui suit la récolte des pommes de terre, le terrein qui a été bien fumé pour ces pommes, donne enſuite du grain en abondance.

J'exhorte fort les Agriculteurs à ne point négliger la culture de cette plante; car, outre qu'elle eſt très-utile pour toute eſpece de bétail, elle eſt encore d'une grande reſſource, dans les années de diſette, pour la nourriture des hommes. Quand on y eſt une fois accoutumé, elle plaît au goût au moins autant que les navets, ſur-tout ſi l'on fait cuire ces pommes avec un peu de lard ou de ſalé. Il eſt étonnant de voir la conſommation qui s'en fait en Angleterre, en Ecoſſe & en Irlande, ainſi que dans quelques Provinces du Royaume. On en peut même tirer une farine très-blanche, qu'on mêle avec celle de froment; & j'ai mangé du pain aſſez beau, où il n'y avoit de farine de froment que pour faire le levain.

Aux environs des forêts, & dans des pays de bocages, on ramaſſe avec ſoin les feuilles des arbres, quand elles tombent, ou bien on les arrache des arbres lorſqu'elles ſont ſur le point de s'en détacher. Enſuite on les fait ſécher, pour en nourrir les vaches & les moutons pendant l'hyver.

La paille d'avoine feroit un fourrage, à ce que je crois, préférable à celle de froment, si l'on avoit l'attention de serrer les avoines aussi-tôt qu'elles sont fauchées ; mais on est dans l'usage de les laisser sur le champ, jusqu'à ce qu'il soit tombé assez d'eau pour que le grain puisse sortir plus aisément de ses enveloppes. Les Fermiers devroient essayer de serrer une partie de leurs avoines, aussi-tôt qu'elles sont fauchées, pour affourer leurs troupeaux ; car, comme cette paille est meilleure que toute autre, je crois qu'ils en mangeroient une bonne partie avec le grain ; peut-être même y auroit-il de l'avantage à la donner en cet état aux chevaux, & sans être battue, afin que le grain les engageât à manger aussi la paille : si l'on suivoit cet usage, on épargneroit une quantité considérable de grain qui se répand quand les avoines ont resté long-temps en ondins, pour attendre de la pluie. Quoique je n'aie point fait cette épreuve, j'invite cependant les Fermiers à la tenter. On hache la paille de froment, pour la faire manger aux chevaux, mêlée avec de l'avoine ; il me semble que la paille d'avoine, qui est plus fine & plus délicate, leur conviendroit encore mieux, si on ne la laissoit pas ainsi pourrir dans les champs, ou du moins y contracter un goût qui répugne aux bestiaux.

On vient de voir que les prés artificiels peuvent ſuppléer à la rareté des engrais, &c, qu'outre cela, ils mettent les Cultivateurs en état de ſe procurer, par l'augmentation du bétail, beaucoup de fumiers; il ne ſera pas hors de propos de nous étendre ſur ce point, & de faire connoître combien les engrais ſont importants, pour fournir de bonnes récoltes. Nous allons traiter de cette matiere dans le Chapitre ſuivant.

CHAPITRE III.

Des Engrais, avec une courte digreſſion ſur les Moutons.

IL NE ſuffit pas, pour faire d'abondantes récoltes, d'avoir donné les labours à propos, ni de les avoir répétés autant qu'il convient, ſuivant les différentes natures de terreins, il eſt encore néceſſaire d'améliorer le fonds par de bons engrais.

On a vu dans le premier Tome de la Culture des Terres, que M. Tull n'eſt point partiſan des fumiers; qu'il eſſaye même de prouver qu'ils peuvent produire de mauvais effets, & qu'on peut au moins ſe diſpenſer d'en faire uſage, ſans craindre de diminuer pour cela l'abondance des récoltes.

Les raiſons que cet Agriculteur rapporte pour établir ſon ſentiment, n'ont pû m'empêcher de prendre le parti des engrais : j'ai même cru devoir infirmer, ſur ce point, quelques-uns des principes de M. Tull. Après avoir dit dans le Tome premier de cet Ouvrage, pag. 60, *qu'on ne pouvoit nier l'utilité des fumiers, ſans démentir l'expérience de tous les temps, & de tous les lieux*, je me ſuis d'abord contenté d'avancer qu'on peut, en multipliant les labours, ſuppléer en quelque façon à la rareté des fumiers; car il eſt certain qu'une terre qu'on ne pourra pas fumer, & qu'on aura mal labourée, ne produira rien ; au lieu que cette même terre donnera des récoltes quelquefois aſſez avantageuſes ſi, étant dans l'impoſſibilité de la fumer, on la laboure avec grand ſoin, & ſouvent : mais j'ai fait auſſi remarquer que les récoltes ſeront des plus abondantes, ſi l'on peut joindre les engrais aux bonnes cultures.

Ces idées, qui ne ſont pas tout-à-fait d'accord avec celles de M. Tull, m'ont enſuite engagé à parler de pluſieurs engrais, tels que le fumier de cour, celui des bergeries, celui des colombiers, les parcs à Moutons, la marne, les coquillages, le Varec, la vase de la Mer, la Chaux-vive, &c. (*Voyez Tom. I. pag.* 187. & *Tom. III. pag.* 45 & 57).

Je n'ai donc point cessé d'avertir qu'il est très-avantageux de joindre les engrais à la bonne culture : néanmoins comme je me suis très-étendu sur la grande utilité des labours, plusieurs de mes Correspondants, qui auroient fort desiré de pouvoir se passer entiérement d'engrais, ont jugé que j'étois autant ennemi des fumiers que M. Tull. C'est pour les en dissuader, que j'ai fait dans le Tome V, pag. 219, un Article particulier sur les engrais. J'y parle de la pierre calcaire, de la marne, des cendres de bois & de tourbe : là & ailleurs, j'ai encore parlé des plantes & des terres qu'on brûle dans le champ qu'on veut ensemencer (*Tome I, pag.* 70.) ; de la poudrette, des démolitions de Maisons, des algues, des terres fortes qu'on peut mêler avec celles qui sont trop légeres, pour leur donner du corps, ainsi que des terres légeres qu'on peut employer pour diminuer de la tenacité de celles qui sont trop fortes. Je n'ai point oublié de dire quelque chose des plantes vertes, telles que les navets, le trefle, le ſarraſin, &c, qu'on enterre à la charrue, avant qu'elles ſoient parvenues à leur maturité, ainſi que de celles qu'on laiſſe ſubſiſter long-temps dans un même lieu. De ce genre ſont, le trefle, le ſainfoin, la luzerne, l'herbe des prés ordinaires, même des terres occupées par les bois, qui ſont d'une grande fertilité quand on les met en terres labourables. Quoique j'aye traité ces différents objets, je n'ai garde de regarder l'amélioration des terres comme un point épuiſé. On doit eſpérer que le travail, & les épreuves de ceux qui s'intéreſſent au progrès de l'Agriculture, nous procureront des découvertes d'autant plus utiles, qu'on aura trouvé le moyen de rendre les engrais plus abondants, & moins coûteux. C'eſt alors que le bon Cultivateur, pouvant joindre beaucoup d'engrais à une bonne culture, parviendra à ſe procurer d'abondantes recoltes. Déja l'on ſent l'utilité de cette recherche : les vrais Amateurs de l'Agriculture s'en occupent : nous allons le faire appercevoir, en rapportant les épreuves faites par pluſieurs de nos Correſpondants, depuis la publication de notre cinquieme Volume.

ARTICLE I.

Diverses Expériences faites sur les Engrais, depuis la publication du cinquieme Volume de cet Ouvrage.

M. le Baron DE SOURNIA m'a écrit de Perpignan, que les Génois achetent dans sa Province, & transportent chez eux, le fumier de Pigeon. Apparemment que ces étrangers en connoissent mieux l'utilité, que ceux qui le leur vendent. Dans nos Provinces, ce fumier est très-recherché pour les prés, pour le froment, & encore plus pour le chanvre : le fumier de pigeon répandu sur un pré, fait périr la mousse, le jonc, & plusieurs autres mauvaises herbes, pendant qu'il fait pousser les autres avec beaucoup de force. Le seul inconvénient qu'on ait remarqué, est que les plumes qui ne pourrissent point, se mêlent avec le foin; ce qui dégoûte les chevaux, ou au moins leur excite des toux importunes.

Quoi qu'il en soit, M. de Sournia excité par l'exemple des Génois, a fait semer du fumier de pigeon avec le froment, de sorte que le grain & le fumier ont été enterrés en même temps : le bon effet de cet engrais s'eſt fait appercevoir très-ſenſiblement au temps de la récolte, de ſorte que M. de Sournia ſe propoſe d'en amaſſer le plus qu'il lui ſera poſſible. Il eſt bien juſte de conſerver, dans le Royaume, un auſſi bon engrais. Avant de paſſer à d'autres objets, je ferai remarquer que dans notre Province, où ce fumier eſt très-eſtimé, les uns, comme M. de Sournia, le ſement avec le grain, & communément, c'eſt la meilleure méthode ; d'autres le répandent au printemps ſur le bled verd. Si l'année eſt froide & humide, il produit alors plus d'effet, que quand on l'a répandu en automne ; mais quand les années ſont ſeches & chaudes, il fait plus de tort que de bien, principalement dans les terres légeres ; & dans ces circonſtances, il eſt plus avantageux de l'avoir répandu en automne.

M. VANDUSFEL s'étant convaincu, par ſa propre expérience, qu'il eſt à propos de joindre les engrais à la bonne culture, & connoiſſant le bon effet des cendres, s'eſt propoſé d'employer un engrais que je ne ſache pas être en uſage. On brûle les bruyeres & les autres plantes qui ont couvert les terres en friche, & l'on ſe propoſe par-là de ſe débarraſſer des plantes incommodes, de détruire beaucoup de mauvaiſes graines, de faire périr des inſectes, & de ſe procurer par les cendres un peu d'engrais. Mais M. Vandusfel n'a eu en vue que l'engrais; & pour ſe procurer cet avantage, il a fait tranſporter ſur ſon champ une grande quantité de fougere qu'il y a fait brûler. Les cendres de cette plante ſont fort chargées de ſel: l'action du feu pourra agir ſur la ſuperficie de la terre; ainſi il n'eſt pas douteux que la fougere brûlée lui communiquera de la fécondité: mais ſi elle ne duroit qu'une année ou deux, M. Vandusfel pourroit bien n'être pas rembourſé de ce qu'il lui en aura coûté pour couper la fougere, & la tranſporter dans ſon champ. C'eſt ce que l'expérience, continuée pendant pluſieurs années, pourra apprendre.

M. NONAND, qui n'épargne ni ſoins, ni dépenſes pour le progrès de l'Agriculture, poſſede, dans la Marche, une terre où il y a beaucoup de mauvais terreins qui manquent de fonds, & qui ne produiſent que de la bruyere; dans la vue de mettre ces mauvaiſes terres en rapport, il a eu le courage de faire tranſporter à l'épaiſſeur d'un demi-pied, dans une piece de deux arpents, des curures d'étang mêlées avec un peu de fumier. Il a fait enſuite mêler ces engrais avec la terre du ſol, en la faiſant labourer à bras. Voilà bien de la dépenſe, & une belle préparation. Il auroit ſeulement été à deſirer que M. Nonand eût commencé par faire brûler les bruyeres avec la ſuperficie de ſon terrein, & par donner un ou deux labours à la terre, avant de la couvrir des terres tirées de l'étang. J'ai rapporté, dans le premier Volume de la Culture des Terres, la façon de les brûler. J'en ai encore parlé amplement dans le cinquieme Volume du Traité ſur les Forêts. Pendant qu'on imprime cet Ouvrage, j'apprends que M. de Turbigny a détaillé cette pratique d'Agriculture, dans ſon Traité des Défrichements; & que cette pratique a eu tout le ſuccès poſſible en Anjou, Maîtriſe de Bouger, où l'on a fait dans de fortes bruyeres un repeuplement de bois de 735 arpents, avec tout le ſuccès poſſible. Je reviens à l'expérience de M. Nonand.

Après avoir fait herſer cette terre, juſqu'à la rendre meuble comme de la cendre, il y fit ſemer du ſainfoin; un mois après, au lieu de ſainfoin, tout le champ étoit couvert de mauvaiſes herbes: néanmoins comme il ſe montroit çà & là quelques pieds de ſainfoin vigoureux, M. Nonand préſume que cette plante réuſſira, quand il ſera parvenu à ſubjuguer les herbes qu'il juge avoir étouffé le ſainfoin. Il a donc fait labourer de nouveau ce champ : il y a ſemé des navets qui ont très-bien réuſſi, & il compte y ſemer encore du ſainfoin l'année prochaine. Je crois qu'il ſeroit à propos de commencer par s'aſſurer ſi la graine de ſainfoin eſt bonne, en en ſemant une petite quantité ſur une couche ; car je ſoupçonne que le mauvais ſuccès qu'a éprouvé M. Nonand, pourroit dépendre plutôt de la mauvaiſe qualité de la graine, que de l'abondance des mauvaiſes herbes. Il eſt très-commun que la graine de ſainfoin ne leve pas ; & il eſt probable, que ſi elle avoit été bonne, il s'en ſeroit montré un plus grand nombre de pieds.

Quoi qu'il en ſoit, comme M. Nonand fait grand cas des prés artificiels, il a donné de la graine de ſainfoin à pluſieurs de ſes Payſans, pour eſſayer d'en établir la culture dans ſa terre ; & quelques habitants ont eu de plus heureux ſuccès que lui. Si cette graine qu'il a donnée, étoit la même qu'il a ſemée, il ſuivroit de ce qu'elle a réuſſi chez des Payſans, que M. Nonand a eu raiſon d'attribuer ſon mauvais ſuccès à l'abondance des mauvaiſes herbes : effectivement, les curures d'étang ont le défaut de produire beaucoup d'her-

bes ;

bes; il faut les laiſſer mûrir quelque temps avant de les répandre.

A cette occaſion je ferai remarquer, que certains engrais ſont tellement remplis de différentes graines, qu'on ne peut en eſpérer un bon ſuccès pour les grains, & même pour les prés artificiels, que quand on a laiſſé germer ces graines, & qu'on les a détruites par des labours répétés, ou par le feu, ce qui eſt plus expéditif.

J'ai vu, pluſieurs années de ſuite, un jardin où l'égoût d'une rue portoit un terreau très-fertile, mais par-tout où on le répandoit, on voyoit lever une multitude prodigieuſe de mauvaiſes plantes, principalement des chardons & des orties; ce qui détermina le Propriétaire à ne faire aucun uſage de cet engrais. Dans le cas où s'eſt trouvé M. Nonand, le mieux eût été de commencer par brûler la ſuperficie du terrein, ou par faire pluſieurs récoltes d'avoine, de navets, de pommes de terre, de maïs, & ſur-tout de pois; en un mot, de plantes qui n'occupant pas long-temps la terre, permettent de la labourer fréquemment.

» Je n'épargne rien, dit M. Nonand, « peur faire réuſſir les prés artificiels dans « la Marche : car je crois appercevoir que « ce pays changera de face ſi je réuſſis : «

» le terrein y deviendra plus fertile ; le » Payſan, obligé juſqu'à préſent d'aller » chercher du travail hors de la Provin- » ce, reſtera pour s'occuper de ſes pro- » pres récoltes ; & je ne doute pas que la » population n'augmente, puiſqu'il en pé- » rit beaucoup en allant ainſi chercher leur » pain ailleurs ; les femmes reſtent 8 à 9 » mois ſans leurs maris, & pluſieurs gar- » çons ne reviennent plus ». Voilà des vues bien louables : on ne peut trop de- ſirer que cet amour du bien puiſſe s'étendre & prévaloir ſur la diſſipation & le luxe.

M. FRANCE, s'appercevant que ſon terrein avoit un beſoin indiſpenſable d'en- grais, a cherché à faire uſage de tous ceux qu'il pourroit trouver ſur ſon propre fonds. Pour faire des eſſais d'engrais, & y joindre la bonne culture, il a fait don- ner cinq labours à un champ qui contient un arpent & demi. Après les trois pre- miers labours, il l'a fait diviſer en trois parties : un demi-arpent a été couvert de terre priſe ſous le fumier d'une Bergerie : on a répandu de la terre forte ſur le ſe- cond ; cette terre, noire & glaiſeuſe, avoit été priſe ſous un banc d'argile : le troiſieme demi-arpent a été couvert d'ar- gile même, priſe dans un endroit où elle reſtoit à découvert depuis long-temps, &

dont la ſuperficie devoit être mûrie par les influences de l'air & par l'impreſſion du ſoleil. Le champ, en cet état, a été labouré deux fois; ce qui a complетté les cinq labours.

La terre graſſe, que M. France a employée, eſt une craie un peu marneuſe que la gelée diviſe par écailles, & que le ſoleil atténue au point de la réduire en poudre impalpable, qui, par les labours, ſe mêle intimement avec la terre. L'avoine a très-bien réuſſi dans les terres ainſi améliorées; il n'en a pas été de même du ſeigle & du froment. Mais M. France croit, qu'avec le temps, ces grains y proſpéreront comme l'avoine.

M. France porte toute ſon attention à multiplier les engrais, & à cet égard il met à profit les avis de M. Pattullo; mais il ne néglige pas de ſe frayer de nouvelles routes: par exemple, à la fin de l'automne, ayant fait peler le gazon de ſes avenues, il le fit amonceler en forme de cône tronqué, dont le ſommet formoit un baſſin pour recevoir l'eau des pluies & des neiges; quand il trouva les gazons bien conſommés, il en fit couvrir des terres deſtinées à porter du froment. Cet engrais, dont j'ai vu faire uſage en quelques cantons de la Bretagne, doit produire un bon effet. Néanmoins, il auroit peut-être été encore mieux de brûler les gazons sur le terrein même qu'on vouloit améliorer.

Dans le mois de Février, M. France fit répandre de la suie de cheminée sur une piece de sainfoin de deux arpents & demi, à raison de 6 septiers par arpent. Cet engrais a produit un effet admirable, puisqu'à la fin de Mai, il a récolté 900 bottes de 13 à 14 livres. Il en a eu une seconde coupe très-abondante, & il me marque qu'il en pouvoit faire une troisieme.

L'année derniere, un de ses voisins fit retourner à la charrue un champ de sarrasin, lorsqu'il étoit en pleine fleur : il fit répandre par-dessus environ la moitié du fumier qu'on a coutume d'employer. Le froment y est venu si beau, que M. France n'a pas hésité de suivre cette méthode. Je ne la donne pas comme nouvelle ; mais le récit des succès pourra engager à en faire un usage plus fréquent.

Les prés artificiels, comme je l'ai dit en plusieurs endroits de mes Ouvrages, & particuliérement dans le Chapitre précédent, fournissent des moyens d'améliorer les terres, sur-tout celles qui étant éloignées des Fermes, ne peuvent être fumées que très-difficilement. M. France, & plusieurs bons Cultivateurs en ont fait ufage, mais nous en avons fuffifamment parlé ; ainfi nous ne nous y arrêterons pas.

Concluons de ce qui vient d'être dit, qu'il ne paroît pas qu'on puiffe donner de principes généraux fur les engrais : celui qui a une terre trop forte & argileufe, la rendra plus fertile, en y joignant des fubftances qui diminuent de fa tenacité ; fût-ce un fable pur & infertile : celui qui jouit de terres trop légeres, peut leur donner du corps par le mêlange de terres très-fortes, même argileufes. Tous ceux qui ont des connoiffances en Agriculture, conviennent de ces faits, que nous avons répétés en plufieurs endroits de nos Ouvrages. Néanmoins, il faut fe garder de former fur cela aucun fyftême général. On n'a que des probabilités fur l'effet qui doit réfulter des différents mêlanges de terres. Toutes les glaifes, toutes les argiles, toutes les craies ne fe reffemblent pas. Certaines glaifes très-vitrioliques ne font point du tout propres à la végétation. Certaines craies, telles que celles dont M. France a fait ufage, tiennent de la nature de la Marne, & fufent à l'air comme la chaux, pendant que d'autres ne font que des pierres tendres qui ont peine à fe divifer, & qui étant mouillées, fe durcifsent ensuite. Un de mes voisins perdit un bel espalier, pour y avoir fait transporter, à grands frais, de la vase qu'il faisoit tirer d'une riviere d'eau-vive. Il faut donc, à l'exemple de MM. Nonand & France, faire des essais en petit, avant de se livrer à de grandes entreprises, qui seroient ruineuses, si elles ne réussissoient pas. Car le transport des terres coûte beaucoup; & l'on ne feroit aucun usage de la marne, si ses bons effets ne duroient pas 25 à 30 ans.

ARTICLE II.

Observations sur diverses especes d'Engrais.

CE SONT les Propriétaires qui font les frais de marner les terres ; & cela ne peut être autrement dans l'usage où l'on est de marner tout de suite presque toutes les terres d'une Ferme, puisque le Fermier feroit une dépense considérable dont il ne jouiroit pas, si le Propriétaire prenoit un autre Fermier à l'échéance du bail. Mais les Propriétaires pourroient se décharger de cette dépense, en obligeant les Fermiers de marner tous les ans la trentieme partie de leurs terres.

Il feroit jufte de leur accorder une petite diminution fur le prix de leur Ferme; mais il en réfulteroit un grand avantage, tant pour le Maître que pour le Fermier; le Maître feroit déchargé des frais de marner, & le Fermier n'auroit point à fupporter une mauvaife récolte, qui fuit toujours celle où l'on a répandu la marne. Comme il ne marneroit tous les ans qu'un petit lot de terre, il pourroit le fumer abondamment, & toutes fes terres feroient ainfi entretenues dans un état de fertilité, qui ne fouffriroit point d'interruption.

Je connois, à 7 ou 8 lieues de Paris, un fol où en fouillant on trouve d'abord une terre rougeâtre & affez fine, que les habitants du pays appellent *du crayon rouge;* fous cette couche on en trouve une autre pareille, mais blanche, qu'on nomme *du crayon blanc*; enfin, en continuant de fouiller, on trouve une marne verdâtre de très-bonne qualité.

Ces deux efpeces de crayon fertilifent bien les terres : leur effet eft même plus marqué que celui de la marne. Mais il ne dure pas fi long-temps, puifqu'au bout de 12 à 15 ans, il faudroit répandre de nouveau crayon, pendant que l'effet de la marne dure 25 à 30 ans.

On répand la marne, dont je viens de

parler, à raiſon de trois toiſes cubes par arpent. On donne 4 liv. de la toiſe pour la fouiller; & il coûte 4 liv. 10 ſols, 5 liv. ou 5 liv. 10 ſ. pour la voiturer. Ainſi la dépenſe, pour marner un arpent, eſt de 24 à 26 livres. Je ſais que ces prix doivent varier ſuivant la profondeur de la marniere, l'éloignement des terres, & le prix des journées : mais cet à peu-près ne ſera point indifférent à ceux qui voudront faire uſage de cet engrais. Ils ne doivent pas ignorer qu'il faut beaucoup fumer les terres nouvellement marnées; ſans quoi on ne recueilleroit rien aux premiers bleds.

Heureuſement il y a bien des moyens de fertiliſer les terres : il ne faut que les chercher, & avoir aſſez d'activité pour faire uſage de ceux qui ſont connus dans chaque Province. Si une expérience ſouvent répétée ne dépoſoit pas en faveur des coquillages foſſiles qu'on nomme *falum* en Touraine, on auroit peine à ſe perſuader que ce fût un bon engrais. Communément les boues des villes, la curure des mares & des étangs, ſont de bons engrais quand ils ont mûri pendant quelques années : néanmoins on a vu que, ſelon M. Nonand, la prodigieuſe quantité de mauvaiſes herbes que ces engrais produiſent, l'ont privé de la récompenſe qu'il avoit lieu d'attendre

dre d'une entreprise considérable qui lui avoit occasionné une grande dépense ; mais c'est un accident passager auquel on remédiera par les labours.

Nous avons acheté fort cher des boues de ville pour mettre dans nos vignes ; & M. VAN-ESLANDE m'écrit de Wervicq qu'on les préfere aux fumiers ordinaires ; de sorte que celles de Lille, ainsi que la vase des égouts, sont affermées, & qu'on en transporte tous les ans la charge de plus de cent gros bateaux à des distances assez grandes.

Aux environs de Rouen & des autres villes où l'on fait beaucoup d'ouvrage de corne de baleine ou d'os, on a remarqué que les balayures de ces atteliers fournissoient un bon engrais, dont l'effet est durable.

M. Van-Eslande m'écrit que depuis quelques années on a reconnu que le marc des graines de lin, de colzat, de chenevis, dont on a exprimé l'huile, est un engrais excellent : il y a deux manieres de l'employer.

La premiere est de réduire ce marc en poudre avec des meules ou à coups de fléau sur l'aire d'une grange, & de répandre cette poudre sur le terrein comme on répand le fumier de pigeon. Mais il faut la répandre dix ou douze jours avant le grain, ſinon la ſemence qui s'envelopperoit de cette poudre avant qu'elle eût éprouvé l'action du ſoleil, ne germeroit point : c'eſt ce qui a été éprouvé toutes les fois qu'on ne met pas un certain intervalle entre l'expanſion de la poudre & celle du grain.

L'autre façon eſt de mettre le marc d'huile tremper dans de l'eau que l'on voiture, & que l'on répand ſur les champs, comme nous dirons dans la ſuite, qu'on répand l'urine des animaux : en ſuivant cette méthode, on n'a point à craindre d'empêcher la germination des ſemences.

Il n'y a que quelques années qu'on s'eſt aviſé de faire uſage de cet engrais, tant il eſt vrai, dit M. Van-Eſlande, que l'Agriculture ſe perfectionne tous les jours.

Dans les pays de vignobles, on emploie comme engrais le marc de raiſin.

Dans quelques cantons de Bretagne, les payſans ſont dans l'uſage de brûler leurs fumiers, & d'en vendre les cendres à ceux qui veulent fertiliſer les terres. M. le Marquis DE LANGLE, Conſeiller au Parlement de Rennes, a acheté une grande quantité de ces cendres ; il les a fait ſtratifier, par lits, avec de la chaux, & du ſel marin ; ſavoir, un lit de ces cendres, un autre de ſel, & un troiſieme de chaux. Il en a réſulté un très-bon engrais, moins bon néanmoins que le fumier ordinaire ne l'auroit été, mêlé avec la chaux & du ſel marin. Mais les payſans veulent abſolument brûler leurs fumiers, par la ſeule raiſon que c'eſt l'uſage du pays.

Une Compagnie a obtenu depuis peu un privilege pour exploiter une mine de houille, que l'on appelle cendre d'engrais, & que l'on emploie pour fertiliſer les terres.

M. DE FLAVIGNY a fait la découverte d'une mine ſemblable, à trente pieds de profondeur, près les villages d'Anoi & de Remigny, entre les villes de Ham & de Laon. Lorſqu'on a tiré de terre ce minéral, on le met en tas : il s'échauffe avec le ſecours du ſoleil, il brûle, & après s'être conſumé il laiſſe une cendre un peu rougeâtre qu'on aſſure être excellente pour engraiſſer les terres, & ſur-tout les prés.

L'effet du varec, des coquillages frais & de la vaſe de la mer, eſt très-connu dans les Provinces maritimes; mais on ne doit employer ces engrais que dans une médiocre quantité : car on ſait que l'eau pure de la mer, lorſqu'elle couvre les terres, les rend ſtériles, au lieu que les eaux ſaumâtres y portent la fertilité.

Souvent les rivieres en débordant couvrent les terres d'un ſable ſtérile ; mais quand elles n'inondent les terres qu'en ſe déchargeant de ſuperficie, elles y dépoſent un limon fin qui eſt très-fertile, & dont les bons effets ſubſiſtent pluſieurs années.

Les cendres de bois étant employées pour blanchir le linge, & pour différents autres uſages, coûtent trop cher pour qu'on en répande dans les terres, quoique leur bon effet ſoit connu ; mais quand on ſera à portée d'avoir des cendres de tourbe, on fera très-bien d'en profiter : elles feront à peu près le même effet que la ſuie que M. France a employée ſi utilement.

M. Van-Eſlande me marque que les cendres du charbon de terre qu'on brûle dans les Verreries, Braſſeries & autres Manufactures, fourniſſent un engrais pour le trefle ; mais que les cendres de tourbe qu'Amſterdam & pluſieurs villes de Hollande envoyent par eau juſqu'à Arras ſont d'une qualité ſupérieure. Au reſte on ne les employe que pour les prés artificiels, & nullement pour les froments, les avoines, le lin, le colzat, &c.

Les cendres de tourbes qui proviennent des marais, le long du canal de Lille à Douay, ſervent auſſi d'engrais ; mais il faut les répandre en bien plus grande quantité : une ſeule voiture de cendre de Hollande ſuffit pour un arpent de trefle.

Puiſque la chaux fait un bon engrais, comme nous l'avons dit, *tome III, p.* 47 ; puiſque les gazons qu'on brûle rendent les terres fertiles, comme je l'ai dit *tome I, page* 70, on doit en conclure qu'une infinité d'autres ſubſtances calcinées pourront être employées utilement. Je fais ſur cela des eſſais.

Les herbes vertes fourniſſent encore un autre engrais très-avantageux en Bretagne, dans les cantons éloignés de la mer, & où l'on manque de fumiers, parce qu'on ne parque point, & parce qu'on ne tient point les beſtiaux dans les étables. On leve des gazons, on les met lits par lits avec des herbes vertes, particuliérement des ajoncs ; & quand on a laiſſé ces tas ſe mûrir pendant pluſieurs années dans les champs même où l'on ſe propoſe de mettre du froment, on les répand dans les terres avant les derniers labours : on a vu que M. France a fait quelque choſe de ſemblable avec les gazons de ſes avenues.

Un moyen plus expéditif & peut-être plus avantageux d'employer les herbes vertes pour améliorer les terres, eſt de ſemer du ſarraſin, de la veſce, du trefle, de gros navets, &c, dans la terre même où l'on veut ſemer le froment ; & avant que ces plantes ſoient parvenues à leur grandeur, il faut mettre la charrue dans la terre pour enterrer l'herbe verte, comme l'a fait ſi avantageuſement un voiſin de M. France.

On a vu dans le Chapitre précédent, que les prés artificiels mettent les terres en état de produire pluſieurs abondantes récoltes.

Les fortes gelées ameubliſſent puiſſamment les terres ; & par cette raiſon elles peuvent être regardées comme une eſpece d'engrais qu'on n'eſt pas maître de ſe procurer, mais dont il eſt bon de ſe mettre en état de profiter, en faiſant les labours d'avant l'hyver fort gras, & en creuſant les ſillons autant que la nature de la terre le permettra, afin que la gelée pénétrant la terre de toutes parts produiſe plus d'effet.

ARTICLE III.

Obſervation ſur l'uſage de mettre parquer les Beſtiaux, & ſur les avantages qui en réſultent pour les troupeaux & pour les terres.

C'EST un excellent uſage établi en pluſieurs Provinces, que de mettre parquer les moutons dans les pieces qu'on deſtine à produire du froment. Cette pratique, qui tourne également à l'avantage des troupeaux & des terres, n'eſt pas auſſi généralement ſuivie qu'elle devroit l'être. J'ai dit ailleurs que j'avois eſſayé inutilement d'engager nos fermiers à l'adopter. Elle n'étoit point uſitée chez M. France quand il ſe détermina, il y a deux ans, à faire conſtruire un parc. Bien loin de trouver des approbateurs, on lui dit qu'il couroit riſque de faire périr ſon troupeau; que les terres crayonneuſes jettoient une humidité capable de nuire aux moutons, & d'endommager leur laine. Mais M. France ayant remarqué que l'humidité des pluies étoit promptement diſſipée dans ſes terres légeres, il ſe perſuada que les préjugés qu'on lui inſpiroit contre l'uſage du parc, n'étoient point fondés. Il a donc fait parquer ſes troupeaux qui, depuis deux-ans, ſe montrent en très-bon état : leur laine eſt plus belle & plus fine qu'elle n'étoit; & ſans fourrages, il améliore une plus grande quantité de terres qui produiſent de beau froment. Pluſieurs de ſes voiſins ſe propoſent de ſuivre ſon exemple. Voilà le bien que produit dans une Province, celui qui fait des eſſais : mais il n'y a que les gens aiſés qui puiſſent frayer ces routes; la médiocrité de la fortune des Fermiers les rend timides.

Il ne ſuffit pas, pour avoir beaucoup de fumiers, d'avoir de gros troupeaux & beaucoup de vaches; il faut encore avoir du fourrage en abondance, non-ſeulement du foin qu'on peut ſe procurer par les prés artificiels, mais de la paille pour fournir à la litiere ; & c'eſt preſque toujours ce qui manque : le moyen d'y ſuppléer, eſt de faire coucher les beſtiaux ſur les terres mêmes qu'on veut fumer. Par cette pratique, un Fermier qui ne fait valoir qu'une charrue, ou 30 arpents par ſoles, pourra fumer tous les ans les 30 arpents de terre qu'il ſe propoſe de mettre en froment. Sans le ſecours du parc, ce Fermier, en économiſant bien ſes fourrages, ne pourroit fumer que 20 arpents; mais par le moyen d'un petit parc, formé de 24 claies, proportionné à ſa petite exploitation, & d'un petit troupeau de 300 moutons, il fumera aiſément 10 à 12 arpents, ſans conſommer de pailles; ainſi tout ſon ſol ſera fumé : ce qui eſt un prodigieux avantage. Car il eſt d'expérience que des terres de médiocre qualité, non fumées, mais labourées à l'ordinaire, & dans leſquelles on répand aux ſemailles 200 livres de froment par arpent, ne rendent, années communes, que 720 livres de froment. Il eſt encore d'expérience que ces mêmes terres bien fumées, ou bien parquées & bien labourées, peuvent produire juſqu'à 1440 livres de froment par arpent. Comme le Fermier, qui n'a point de parc, ne peut eſpérer ce produit que des 20 arpents qu'il a fumés; il eſt clair que celui qui, avec ſon parc, fume 10 arpents de plus, ſe procure un avantage de 7200 livres de froment, ſans qu'il lui en ait coûté rien de plus, ni en ſemences, ni preſque en frais de moiſſon. Et ſuppoſant que le ſeptier de froment vaille 15 livres, ſon profit en argent ſera de 45 liv.

Il y a encore un autre bénéfice qui, pour être peu ſenſible, n'en eſt pas moins réel : pour le faire appercevoir, rappellons-nous que les dix arpents de terre parqués, ont produit le double de grain de ce qu'elles auroient donné, si elles n'avoient été ni fumées, ni parquées. Il en résulte nécessairement que le produit sera aussi à peu-près double en gerbes, c'est-à-dire, qu'on engrangera 30 nombres ou douzaines de gerbes par arpent, au lieu de 15. Voilà, sur les dix arpents, un bénéfice de 150 douzaines de gerbes; ce qui donnera une plus grande quantité de grosses pailles, que l'on pourra réduire en fumiers, & de menues pailles dont on pourra nourrir des vaches. Si les engrais sont plus abondants qu'il ne faut pour fumer la sole des bleds, on les employera à fumer les prés, les orges, les pois, &c; & les abondantes récoltes de ces menus grains, tournent à l'accroissement de la basse cour, & au bien-être de la Ferme. N'oublions pas de joindre à tous ces avantages, que les terres parquées, qui ont donné une ample récolte de froment, sont encore en état d'en fournir une bonne d'avoine.

EnBeausse, on ne commence gueres à parquer que vers la mi-Juillet: on pourroit commencer beaucoup plutôt; mais plusieurs raisons de convenance détournent de le faire. Peut-être que les expériences qui s'exécutent en Normandie, nous détermineront à changer nos usages.

Les moutons ne sont pas les seuls animaux qu'on puisse mettre au parc. M. Pattullo dit qu'en Angleterre on renferme des cochons dans des clos semés de trefle; que cette herbe engraisse beaucoup ces animaux, en même temps que le terrein se trouve amendé, & en état de produire de beau froment.

J'ai vu MM. ROUSSEL de la Tour & de Crêne, tenter de faire parquer des vaches : je souhaite qu'ils exécutent ce projet; car, comme on pourroit tenir plus long-temps ces bêtes à cornes au parc, que les bêtes à laine, elles pourroient fumer une assez grande étendue de terrein. Je crois que c'est ici le lieu de rapporter quelques expériences que M. DE BROU, Intendant de Rouen, a fait exécuter : elles prouvent très-bien que les bêtes à laine ne souffrent point du tout pour rester exposées aux injures de l'air, même dans les plus rudes saisons.

Entre celles qui sont venues à ma connoissance, les unes ont été exécutées chez M. PETIT, Laboureur à Genainville dans le Vexin Normand; les autres, par M. DAILLY au Trou d'enfer, parc de Marly.

Au lieu de renfermer leurs moutons

dans des bergeries, ils les ont mis dans la cour de la ferme, où on leur a fait un parc, c'eſt-à-dire, une enceinte, avec des perches garnies de paille; & à ces perches on a attaché un ratelier que l'on a couvert d'une eſpece de toît de paille pour former un abri au fourrage que l'on donne à ces moutons, & que l'on jette dans les rateliers. Au mois de Novembre, les moutons entrent dans cette eſpece de parc; on les y nourrit comme dans la bergerie, & ils y ſupportent à merveille les rigueurs de l'hyver: bien loin d'y dépérir, M. Dailly aſſure, ainſi que M. Petit, qu'ils ſe ſont mieux portés, que ceux qu'on a renfermés dans la bergerie.

M. Dailly en établiſſant ſon parc, n'y a mis que des moutons, & il eſt ſi ſatisfait de ſon épreuve qu'il a fait une grange de ſa bergerie: quoiqu'il ait un troupeau de plus de 500 moutons, il ne leur deſtine point d'autre retraite que le parc dont je viens de parler.

M. Petit a tenu à l'air pendant l'hyver 200 bêtes, parmi leſquelles il y avoit des brebis; elles ont mis bas leurs agneaux; aucun n'eſt mort; ils ont très-bien ſupporté le froid, qui a été très-vif.

On peut par cette méthode ſupprimer les bergeries: M. Dailly n'en a plus depuis deux ans. Ce n'eſt pas une petite économie pour les Propriétaires ; car la chaleur humide des troupeaux pourrit très-promptement les charpentes. Quand, dans la ſaiſon ordinaire, les moutons ſont tondus, on les laiſſe dans le parc comme s'ils étoient dans la bergerie, ſans qu'ils courrent riſque de ſouffrir.

M. DE BROU a fait eſſayer par des Fabriquants la qualité de la laine de ces troupeaux : les premiers eſſais qui ont été faits par M. le Clerc, fabriquant de Rouen, ont été à l'avantage des troupeaux parqués ; mais l'année ſuivante cet avantage n'a pas été auſſi ſenſible : quantité d'épreuves faites en Angleterre & ailleurs, prouvent néanmoins que les laines des moutons qui couchent à l'air eſt de meilleure qualité que celles des mêmes animaux qu'on renferme dans des étables.

Je me rappelle qu'étant au Château de la Galiſſonniere près de Nantes, j'y vis de fort grands moutons, dont les béliers portoient des cornes extrêmement longues. M. le Marquis de la Galiſſonniere me dit qu'il les conſervoit depuis pluſieurs années ; mais qu'il étoit abſolument néceſſaire de les tenir toujours à l'air ; qu'il étoit certain par ſa propre expérience, qu'ils périroient tous ſi on les renfermoit dans des bâtiments ; que néanmoins ils cherchoient à s'y retirer, & qu'il avoit peine d'obtenir de ses domestiques de leur en interdire l'entrée, parce que l'usage du pays étoit de renfermer tous les bestiaux. Pendant que M. le Marquis de la Galissonniere a été prendre le commandement du Canada, on leur a permis l'entrée des étables, & ils sont tous morts : cette anecdote prouve au moins que les étables sont pernicieuses pour certaines especes de moutons ; & les épreuves de MM. Dailly & Petit établissent que nos moutons ne souffrent point des rigueurs de nos hyvers.

Un Gentilhomme qui a sa terre en Gâtinois, ayant beaucoup de prés, dont la plupart donnent d'assez mauvaises herbes, un berger lui proposa de nourrir son troupeau avec ses seuls prés, sans paille ni grain ; ce qui a fort bien réussi. Tout le secret de ce berger consiste, 1°, à ne donner les béliers aux brebis que vers la mi-Novembre, ou assez tard pour que les agneaux ne viennent qu'après la mi-Avril, lorsque les herbes commencent à pointer. 2°, Il fait mettre à part les foins qu'on serre dans les greniers, les distinguant suivant leur qualité : le plus gros ne sert presque qu'à faire de la litiere ; & quand le fumier est bien pourri, on le répand sur les bons prés. Le foin de médiocre qualité sert pour affourer les brebis & les moutons pendant presque toute l'année ; & le meilleur foin est réservé pour la saison des agneaux, qui venant fort tard paissent la nouvelle herbe. 3°, Il vend ses troupeaux à la Foire de la Madeleine. Les petites métairies où il y a peu de terres à grain & beaucoup de prés, peuvent suivre la pratique que nous venons d'indiquer ; & si les Fermiers veulent tenir à l'air leurs troupeaux, ils seront encore dispensés de bâtir de grandes bergeries.

Puisque j'ai été conduit presque sans m'en appercevoir, à parler des bêtes à laine, il ne sera pas hors de propos de rapporter une expérience qui a été faite en Provence, & qui pourroit être d'une grande utilité pour tout le Royaume.

Etant informé que M. DE LA TOUR-d'AIGUE faisoit élever chez lui des moutons d'Espagne de la belle espece, je le priai de m'informer de la réussite de cette épreuve. Voici ce qu'il m'en a écrit dans le mois de Janvier 1758.

» On ne peut être plus content que je le » suis de cette race ; elle n'est point aussi » grosse que la race Arabesque, ni que la » plupart des moutons d'Afrique ; mais » les miens s'entretiennent bien dans nos

» pâturages, au lieu que les autres ont be-
» soin d'être beaucoup secourus par du
» fourrage. Un agneau mâle, de l'année
» derniere, m'a donné 6 livres de la plus
» belle laine, & les femelles environ 4 à 5
» livres : leur laine est si touffue qu'elle ne
» prête point dans la main. Elle paroît
» courte sur l'animal, parce qu'elle est
» très-frisée; mais elle s'allonge beaucoup.
« Je compte que l'année prochaine je se-
» rai en état de me procurer les deux ra-
» ces comme en Angleterre, c'est-à-dire,
» d'avoir la race pure Espagnole, & celle
» des peres Espagnols avec les meres du
» pays. Je continuerai à vous informer de
» la suite de mon expérience ».

Je souhaite que M. de la Tour-d'Aigue soit encouragé par des succès; car son entreprise est des plus belles, & peut devenir infiniment utile. Je reviens aux engrais.

ARTICLE IV.

Observations sur les Fumiers, & sur les lieux destinés à les amasser.

ON SAIT que l'urine des animaux, & leurs excréments mêlés avec les substances végétales, font de bons fumiers : c'est même presque le seul engrais que les Fermiers

Fermiers employent dans la plûpart des Provinces.

M. PATTULLO se plaint qu'on ne laisse pas assez pourrir les fumiers, & effectivement l'usage le plus commun est de les porter dans les terres, lorsqu'ils sont encore en litiere : néanmoins la plûpart des Fermiers de Normandie mettent la litiere qu'ils tirent des étables, dans des endroits bas où l'eau se rassemble; & quand les litieres y ont passé un certain temps, ils les retirent avec le crochet, & ils en font des tas à peu-près comme les couches des Jardiniers, de sorte qu'ils ne portent ces fumiers dans leurs terres, que quand ils sont assez pourris pour permettre de les couper avec la bêche ou la pelle ferrée. Le jus de fumier, qui reste dans le trou, sert à engraisser & à pourrir de nouvelle litiere. J'avoue néanmoins que ces Fermiers, si attentifs à se procurer de bons fumiers, ne prêtent pas toujours assez d'attention à mêler avec leurs fumiers, lorsqu'ils les mettent en tas, des curures de marres & des balayures de rues. Ils feront bien de profiter, à cet égard, des conseils que leur donne M. Pattullo. La cîterne, dont parle cet Auteur, pour recevoir l'urine des animaux, ne me paroît pas aussi importante dans notre Province, parce que cette urine est bue par les pailles qu'on répand en quantité pour faire la litiere.

Je ne dois pas dissimuler que M. VAN-ESLANDE fait grand cas de ces cîternes. » Le plus étendu & le plus infaillible de » nos engrais, dit-il, est l'urine des bestiaux, cochons, vaches, chevaux, &c, » que l'on reçoit dans des cîternes, aussi-» bien que la matiere fécale des grandes » Villes, comme Lille, Douay, Arras, » Ypres, Menin, &c, où cet engrais est » employé très-utilement, & où les latri-» nes des Casernes, ainsi que des Hôpi-» taux, s'afferment assez cher ».

Il en est de même en Provence; mais à Paris, en va chercher qui veut aux endroits où la Police veut que les Vuidangeurs la portent; & de même à l'égard des balayures des rues, qu'on prend librement où les Boueurs les déposent. Je ne sais pourquoi quelques Fermiers envoyent leurs gens & leurs voitures, ramasser les boues dans les rues même; il me paroîtroït mieux de ne les transporter dans les terres, que quand elles auroient passé un an dans le lieu où on les dépose.

M. Van-Eslande me marque, que depuis quelques années, on a imaginé de tirer des cîternes l'urine pourrie, avec des pompes qui la rendent ſur les charrois. Ce moyen plus expéditif, & qui épargne aux Ouvriers beaucoup de mauvaiſe odeur, met en état de fumer en un jour quatre arpents, avec deux hommes & une voiture attelée de deux chevaux. L'effet de ces engrais eſt tel que les terres rapportent tous les ans ſans interruption, & ſans repos du froment, de l'avoine, de l'orge, du colzat, du lin, du tabac, &c; qu'une petite Ferme de 40 arpents, nourrit au moins huit vaches, deux chevaux, quelques cochons, & autre menu bétail. Sans ces engrais, la récolte diminueroit au moins d'un tiers.

Aux environs de Paris, les curures des boucheries ſont regardées comme un très-bon engrais. C'eſt à ceux qui ſe trouvent aux environs des grandes Villes, à profiter de ces exemples, pour augmenter conſidérablement le produit de leurs terres. M. Van-Eſlande les invite à ſe ſouvenir de cette maxime : *Lucri bonus odor ex quocunque fiat.*

Beaucoup de Fermiers ſe plaignent, avec raiſon, que leurs cours ne ſont point bonnes pour le fumier. On ne me déſapprouvera peut-être pas de rapporter les obſervations que j'ai faites à ce ſujet, & d'indiquer comment on pourroit s'y prendre pour faire une excellente cour à fumier; car cet article eſt de la plus grande importance pour l'amélioration des terres.

1°, Dans pluſieurs Fermes, l'écurie eſt ſéparée & éloignée de la vacherie, de ſorte qu'on met à part le fumier des vaches, & celui des chevaux. Dans ce cas, le fumier des écuries porte peu de profit, parce qu'il pourrit, & ſe réduit en pouſſiere, ſans former un corps gras; il faut donc qu'il ſoit mêlé avec celui des vacheries; ainſi quand ces bâtiments ſont voiſins, il eſt à propos de recommander aux ſervantes, qui curent les étables, de mêler ces deux eſpeces de fumiers.

2°, Il eſt bon que les bergeries ſoient tellement placées, que le troupeau paſſe ſur le fumier toutes les fois qu'il va aux champs, & lorſqu'il en revient. Au ſortir de la bergerie les bêtes ſe déchargent ſur le fumier, leur trépignement lui eſt auſſi avantageux; & quand dans l'été on les ſort de la bergerie pour leur laiſſer prendre le frais, elles reſtent ſur le fumier, & elles l'engraiſſent.

3°, Il faut que le fumier ſoit dans un lieu humide, pour que la litiere ſe pourriſſe plus promptement; mais il ne faut pas que l'eau s'y raſſemble en trop grande quantité; & ſur-tout il faut éviter que l'eau ne s'en écoule après avoir lavé la paille, & emporté la partie excrémenteuse qui la rend propre à la végétation.

La plupart des cours, nécessairement grandes, sont exposées du matin au soir à l'action du soleil, qui brûle les fumiers, & emporte ce qu'ils ont de gras, ensorte qu'il ne reste que des fragments de paille réduite en poussiere : il seroit donc à propos qu'ils fussent garantis du soleil de midi par des arbres, ou par des bâtiments.

Dans plusieurs cours, la marre est au milieu dans la partie la plus basse, & les fumiers sont répandus autour, sur un terrein un peu incliné vers la marre : dans ce cas, l'eau des pluies & des neiges lave le fumier, & emporte dans la marre ce qu'il y a de meilleur; il ne reste donc autour qu'une litiere seche, & qui a peu de substance : c'est un défaut prodigieux.

Ailleurs, il y a un trou pour la marre, & un autre pour le fumier; mais s'il se ramasse beaucoup d'eau dans le trou à fumier, il en résulte deux inconvénients : d'abord le fumier pourrit moins promptement, quand il est dans beaucoup d'eau, que lorsqu'il est seulement humide; de plus, lorsque les pluies sont abondantes, le trou à fumier déborde, & sa substance la plus grasse se répand dans la marre;

quelquefois même on eſt obligé de baqueter les trous à fumier, quand l'eau s'y raſſemble en trop grande quantité.

Je penſe qu'il eſt très-bon de faire, dans la cour d'une Ferme, deux enfoncements: un pour la marre, & l'autre pour le fumier; mais il faut diriger tous les écoulements à la marre, enſorte que preſqu'aucun ne ſe rende au trou à fumier. Si dans certaines années, le trou à fumier étoit trop ſec, on y introduiroit un peu d'eau, en arrêtant, par un petit batardeau, celle des pluies, afin qu'au lieu de ſe rendre à la marre, elles coulaſſent dans le fumier; & par cette attention, le fumier ſeroit toujours humide, ſans jamais être lavé. Dans certaines poſitions, on pourroit même avoir au dehors de la cour de la Ferme une petite marre ſituée ſur un lieu aſſez élevé, pour qu'on pût, par une ſaignée, en tirer l'eau dont on auroit beſoin, pour humecter le fumier pendant l'été.

Moyennant ces petites attentions, & en retirant le fumier à moitié pourri pour l'entaſſer à côté du trou à fumier, comme on fait en Normandie, en Angoumois & en Limoſin, on aura un très-bon engrais, dont on augmentera la quantité, ſi on mêle des terreaux avec le fumier, afin qu'ils s'imbibent de ſa ſubſtance la plus graſſe.

ARTICLE V.

Conclusion de ce Chapitre. Est-il vrai que chaque sol contient en soi-même les Engrais qui lui sont propres? Les Propriétaires peuvent-ils entreprendre, pour l'engrais de leurs terres, les travaux que font les Paysans?

APRÉS ce que je viens de dire, je crois que l'on conviendra que je n'ai jamais regardé les fumiers & les engrais comme inutiles. C'est aux Cultivateurs éclairés à tirer parti de ceux qui se trouveront à leur portée, évitant néanmoins de faire des entreprises ruineuses, qui les priveroient du fruit qu'ils doivent attendre de leurs travaux.

Je vais terminer ce Chapitre par discuter une proposition, qui est regardée par beaucoup de Cultivateurs, comme un principe général.

Il n'y a point de sol, dit-on, qui ne contienne en soi les engrais qui lui sont propres. Fouillez la terre, vous y trouverez des veines propres à améliorer celle de la superficie. Je conviens qu'il y a des sols où la terre fertile s'étend assez profondément, pour qu'en la fouillant de temps en temps, à une certaine profondeur, on répare celle de la superficie qui est usée : mais dans la plus grande partie des terreins, la terre qu'on trouve en fouillant, est une argile rouge ou un tuf blanc, tout-à-fait infertiles.

J'avoue que la marne qui imprime aux terres une fertilité qui dure 25 à 30 ans, se trouve souvent au-dessous de la terre qui a besoin de ce secours : mais on n'est pas toujours assez heureux pour avoir de la marne dans son Domaine. Si c'est de la pierre, du tuf, de la craie, il faut, pour les employer en engrais, les réduire en chaux ; & cela coûte beaucoup.

Quelquefois sous un sable maigre, on trouvera de la glaise qui peut lui donner du corps ; & sous une terre trop forte, il se rencontrera des veines de sable, qui peuvent la rendre plus traitable. Ce sont-là des circonstances heureuses, dont on fera bien de profiter, lorsqu'on se sera assuré que le profit qu'on en atttend, n'excédera pas la dépense que ces remuements de terre occasionnent.

Il est encore heureux pour les Propriétaires de trouver, comme en Tourraine, des veines de coquillages fossiles ou *falum*, qui produisent le même effet que la marne.

Voilà

Voilà ce qu'on peut dire en faveur du principe que j'avois à discuter ici; principe, qui, comme l'on voit, est vrai à certains égards : mais je ne puis trop recommander aux Cultivateurs de ne faire aucune grande entreprise en ce genre, qu'après s'être assurés du succès par des épreuves en petit, qui constatent la dépense, & le profit réel qu'on peut en espérer. Il est vrai que comme la découverte d'un bon engrais peut les enrichir, ils doivent continuellement s'occuper d'essais; mais ces essais doivent être assez en petit, pour que le mauvais succès ne puisse intéresser leur fortune.

Les Paysans qui travaillent sur leurs domaines, raisonnent différemment; & néanmoins ils raisonnent bien. Je le prouve par un exemple. Nous possédons un Fief assez étendu, dont toutes les terres fort mauvaises n'avoient point de fonds; elles étoient assises sur la carriere, & restoient en friche; nos ancêtres les donnerent à cens aux Paysans d'un Village assez peuplé; ces Paysans, à force de fouiller, & d'enlever de la pierre, ont donné assez de fond à cette terre pour qu'elle puisse être labourée à bras, & avec la charrue. Cette terre qu'ils se procuroient par des travaux énormes, étoit d'abord fort mauvaiſe : mais à force de la fumer & de la labourer, ils l'ont tellement améliorée, qu'elle produit d'auſſi beaux froments que les meilleures terres de nos Fermes. Un Propriétaire qui auroit fait exécuter ces fouilles & ces épierrements, par des hommes de journée, auroit dépenſé quatre & cinq fois le prix des meilleures terres ; mais toute la famille du Payſan va travailler à l'amélioration de ſon petit domaine, ſur-tout l'hyver lorſque les ouvrages manquent ; & à force de ſoins & de peine, il ſe procure un champ qui le nourrit lui & ſa famille. Le Payſan a donc raiſon de ne point faire attention à la valeur des travaux énormes, qu'il a été obligé de faire, pour fertiliſer ſon petit domaine ; & le premier Propriétaire ne pouvoit mieux faire que d'abandonner ſes mauvaiſes terres à ceux qui ſeuls pouvoient en tirer parti : mais cette reſſource ne peut avoir lieu que dans les Pays fort habités.

Je vais parler des inſtruments propres à la Culture des terres.

CHAPITRE IV.

Des Instruments de Labourage.

LA PERFECTION des Instruments influe beaucoup sur la bonne culture, quand il s'agit de terres fort étendues. Les principaux labours se donnent par-tout avec un instrument qu'on nomme *Charrue*, & dans quelques endroits *Araire*, mot qui vient du latin *arare*, labourer ; mais la forme des charrues qui sont en usage dans les différentes Provinces, varie beaucoup. J'ai cru d'abord que la différente nature des terres, soit fortes, soit légeres ou pierreuses, avoit exigé qu'on variât la forme des instruments de labourage ; mais tout bien considéré, cette raison n'existe pas toujours ; & je crois que dans plusieurs pays il seroit à propos d'adopter pour cultiver les terres les charrues qu'on emploie dans d'autres.

En suivant la façon la plus usitée d'ensemencer les terres, une partie du grain reste sur le guéret, & devient la pâture des oiseaux ; une autre portion est placée trop avant en terre où elle est étouffée, de sorte qu'on ne voit réussir que les grains qui ſe trouvent placés à une profondeur convenable : il ſeroit donc avantageux de répandre cette ſemence plus réguliérement ; c'eſt ce qu'on peut faire avec un inſtrument qu'on nomme *Semoir*.

Pour mettre en bon état de labour, & former des guérets propres à recevoir des grains, il faut quelquefois briſer les mottes ; d'autres fois arracher du ſein des terres labourées les racines des mauvaiſes herbes. Ces opérations exigent des *rouleaux*, des *herſes*, &c. Nous allons diſcuter ces trois objets dans autant d'articles particuliers.

ARTICLE I.

Des Charrues.

LA plus ſimple, mais auſſi la plus imparfaite de toutes les charrues, eſt un crochet de bois garni d'un morceau de fer, & qui porte en arriere un levier ſervant de manche. Cette charrue eſt ſi légere, que le Laboureur la porte aux champs ſur ſon épaule, ou ſur le dos des ânes qui doivent la tirer. Comme elle ne peut qu'égratigner la ſuperficie d'un terrein ſablonneux & infertile, nous nous contenterons d'aſſurer que ces mauvais ſols rendroient plus qu'ils ne font, ſi on les cultivoit plus profondément & avec de meilleurs inſtruments.

§. I. *Araire de Provence*. Pl. II. Fig. 1.

En Provence, en Languedoc, & dans plusieurs autres Provinces, on se sert de charrues nommées *Araires*, (*Pl. II. fig.* 1.) qui ne sont gueres plus composées que celle dont nous venons de parler : elles sont formées par un sep *a b*, de 3 à 4 pieds de longueur, qui se termine en pointe vers *b*; le dessous de ce sep *c c*, au lieu d'être plat, forme une arrête qui s'étend sur toute la longueur du sep.

Ce sep se termine du côté de *a* par un fort tenon passé dans une grande mortaise qui est à l'extrémité *d* de l'age *d e*, & il est encore lié à l'age par deux montants de fer *f*, *g*, qui ont une tête en *g*, & qui sont clavetés sur l'age en *f* : il y a environ 15 pouces du dessous de l'age vers *f*, au dessus du sep vers g. Quelquefois au lieu de ces montants de fer, on place un morceau de bois ou de fer tranchant, comme il est ponctué en *h* g, qui sert de coutre.

Sur le dessus du sep, est couché un grand soc de fer *d h* (*fig.* 2) : la partie *d i* est reçue dans la même mortaise de l'extrémité *d* (*fig.* 1) ou entre le tenon du sep, & les ailes *k l* du soc *fig.* 2, appuient sur les montants de fer *f g*, (*fig.* 1.)

Derriere cette charrue, est un levier

unique *m d*, *fig.* 1, qui ſert de manche : il ſe termine vers *d* par une eſpece de croſſe qui entre, ainſi que le ſep & le ſoc, dans la grande mortaiſe de l'extrémité *d* de l'age ; & le tout y eſt aſſujetti par des coins. Le manche eſt quelquefois briſé en *n* pour pouvoir l'alonger ou le racourcir, ſuivant la hauteur de la taille du Laboureur.

Au moyen des coins dont nous venons de parler, on peut ouvrir ou reſſerrer l'angle que le ſep fait avec l'age ; ce qui fait piquer plus ou moins.

A la partie poſtérieure du ſep, ſont aſſemblées deux eſpeces d'oreilles *pp*, retenues du côté de *o* par une forte cheville de bois, qui traverſe les deux oreilles & le ſep.

L'age *d f e*, qui a 8 à 10 pieds de longueur, porte à ſon extrémité *e*, un étrier de fer qui entre fort à l'aiſe dans une grande mortaiſe formée au bout *q* de la piece de bois *q s r*, qui paſſe entre les bœufs, & ſert à les atteler. Quand on veut faire quelque labour avec un ſeul cheval, on ſubſtitue à la piece *q s r* un brancard qui eſt attaché au bout de l'age *e* par la boucle de fer.

Il eſt évident que cette charrue pique plus ou moins, ſuivant que le tirage eſt plus ou moins élevé. Les Charretiers ſont encore les maîtres, comme je l'ai dit, d'ouvrir plus ou moins l'angle que le ſep fait avec l'age, en enfonçant des coins dans la mortaiſe de l'age, qui reçoit le bout de l'age & du manche. Mais ces régulateurs étant peu exacts, il faut que le Charretier appuie ſur le manche *m* lorſque le ſoc pique trop, & qu'il l'éleve quand il ne pique pas aſſez : ce qui exige de ſa part un travail continuel, auquel il ne pourroit ſuffire, ſi la charrue travailloit dans une terre forte. Auſſi quand il s'agit de défricher, employe-t-on en Languedoc, dans le Comtat & ailleurs, des charrues aſſez ſemblables aux nôtres.

Les deux petits verſoirs *pp* renverſent à droite & à gauche la terre qui a été remuée par le ſoc, & le tranſport de la terre ne ſe fait pas auſſi réguliérement, que quand il n'y a qu'un verſoir qui retourne la terre dans le ſillon précédemment formé, à meſure qu'elle ſort du ſillon qui ſe forme actuellement : il eſt vrai que le deſſous du ſep étant en arrête, le Charretier tient toujours ſa charrue inclinée ſur un des côtés ; ce qui fait que la plus grande partie de la terre ſe verſe d'un même côté.

Il n'y a point de coutre à ces charrues ; ainſi la terre n'eſt point coupée dans le ſens vertical. Car on ne peut pas regarder comme un coutre, une piece de bois tranchante, ou une ſcie, qui joint le ſep avec l'age, étant placée un peu en avant des deux barreaux de fer *f g* ; cette barre pourroit tenir lieu de coutre, comme le repréſente la ligne ponctuée *h*, mais alors il faudroit qu'elle fût de fer.

Ces charrues ſont aſſez commodes pour labourer entre des arbres, ou entre des ſillons de vigne ; & elles pourroient ſervir à donner les cultures aux plates-bandes, entre les rangées de ſainfoin & de luzerne : mais c'eſt plutôt un cultivateur qu'une vraie charrue, comme on le verra par ce que nous dirons dans la ſuite.

§. II. *Groſſe Charrue que j'ai vu employer en différentes Provinces, où on laboure des terres fortes avec des Bœufs.* Pl. II. Fig. 3.

DANS quelques Provinces où l'on employe les bœufs, on laboure les terres avec des charrues (*fig.* 3.) qui ne ſont autre choſe qu'un gros bloc de bois *a b*, formé de pluſieurs pieces aſſemblées ſur le ſep *c d*, qui eſt fort long. Ce bloc qui forme deux verſoirs, fait avec le ſep un gros coin, terminé par une pointe de fer qu'on alonge à meſure qu'elle s'uſe, en frappant avec un marteau ſur le barreau *f* qui répond à la pointe *e*. L'age *g h* differe peu de celui de la charrue de Provence.

Comme le bloc *a b* ouvre la terre par l'effort d'un coin, la partie *c* du ſep tend à s'élever; & elle s'éleveroit effectivement, ſi le Charretier n'appuyoit continuellement de toutes ſes forces ſur le grand levier *i k* : comme le ſep a beaucoup de longueur, le Charretier peut appuyer fortement, ſans faire ſortir de terre la pointe *e* du ſoc. Ce levier *i k* ne ſert pas ſeulement à déterminer la quantité dont la charrue pique; il ſert encore à fixer ſa direction dans le ſens des raies.

Cette charrue eſt la plus défectueuſe de toutes celles que je connois : comme elle n'a point de ſoc tranchant ni de coutre, elle éprouve beaucoup de difficultés pour pénétrer dans le terrein, & elle fatigue beaucoup les animaux. Quand la terre eſt ſeche, pour peu qu'elle ſoit forte, cette charrue ne peut y entrer. Si la terre, qu'on ſuppoſe forte, eſt humide, cette charrue la pétrit, au lieu de la diviſer. Le long levier qui donne un très-pénible exercice au Charretier, ne déterminant pas avec préciſion, ni la quantité dont la charrue entre dans le terrein, ni ſa direction horizontale, le labour eſt très-inégal. Quelques-uns ont ajouté une petite roulette ſous l'age, pour ſoulager le Charretier; mais cette piece ne lui eſt pas d'un grand ſecours *.

§. III. *Des bonnes Charrues qui ſont en uſage dans pluſieurs Provinces.* Pl. II. Fig. 4, 5 6, & 7.

Les bonnes charrues ne doivent pas ſeulement entrer dans la terre, pour y former un ſillon; mais de plus, il eſt à propos qu'elles tranſportent dans la raie précédemment formée, la terre qu'elles remuent, en la renverſant, de ſorte que le gazon ſe trouve au fond de la raie qu'on remplit, & que la terre du fond de la raie qu'on fait actuellement, forme le deſſus de la raie qu'on remplit. Pour exécuter cette opération avec préciſion, il faut couper la terre dans le ſens vertical par un coutre *e e*, (*fig*. 4.) la couper en deſſous dans le ſens horizontal, par un ſoc tranchant *a b*, & la renverſer ſens deſſus deſſous, par le verſoir *i*; toutes ces pieces manquent aux charrues dont nous venons de parler. Ainſi celle que j'ai décrite en premier lieu,

* Dans l'Angoumois, on ſe ſert d'une charrue qu'on nomme *Areau*, qui reſſemble beaucoup à l'*Araire* de Provence: elle a néanmoins deux manches, point de coutre, point de ſoc, mais un barreau de fer engagé entre deux pieces de fer qui s'évaſent vers l'arriere, & un verſoir.

ne peut être utile que dans les terreins sabloneux & légers : l'autre peut ſervir dans les terreins fort pierreux, ſur-tout quand ces pierres tiennent du ſilex ou du grais, qui uſe les coutres & les ſocs. Mais les bonnes charrues qu'on employe dans beaucoup de Provinces, (*fig.* 4 & 5.) ſont formées d'une piece de bois *a a*, plate en deſſous, qui coule ſur le terrein, & qu'on nomme *le ſep*. Ce ſep eſt garni en-devant d'un morceau de fer plat *b*, acéré & tranchant, qu'on nomme *le ſoc*. Nous ferons remarquer qu'il y en a de différentes formes. La piece *d d* qu'on nomme l'*age*, & qui ſert à joindre l'arriere-train avec l'avant-train, eſt aſſemblée de différente façon avec le ſep, comme on le voit en comparant les Fig. 4 & 5. La piece g g ſe nomme *la ſcie*, & la piece *h h*, *l'atelier*. L'age, ou la fleche *d d*, reçoit dans une mortaiſe une piece de fer tranchante *e e*, qu'on nomme *le coutre* ou *le coûteau ;* ce coutre eſt aſſujetti dans l'age avec des coins ; à la partie poſtérieure du ſep ſont aſſemblés les manches *f f*, comme on le voit Fig. 4 & 5 : *i* eſt *le verſoir* ou *le reverſoir*, auquel on donne différentes formes, comme je le ferai remarquer plus bas. Cette courte deſcription ſuffira pour l'intelligence de ce que j'ai à dire.

On conçoit d'abord que ce coutre tranchant *F*, (*fig.* 6.) qui entre en terre à la profondeur d'environ quatre pouces, la coupe dans le ſens vertical : le ſoc *A*, *fig.* 7, qui ſuit immédiatement derriere, à la profondeur de 3, 4 ou 5 pouces dans le terrein, coupe une bande de terre ou un gazon G, qui étant détaché par ces deux inſtruments tranchants, permet au verſoir qui ſuit, & qui eſt un coin de bois, de ſoulever le gazon *O*, *fig.* 8, & de le renverſer dans la raie *p* qu'il falloit remplir ; de ſorte que l'herbe *O* ſe trouve au fond de la raie *p*. Quand le gazon eſt ainſi renverſé, on ne voit plus d'herbe, & on n'apperçoit ſur le guéret que de la terre remuée.

Il y a des verſoirs *IK*, (*fig.* 9.) de pluſieurs formes différentes : les uns étant coupés ſuivant la ligne *s t*, *fig.* 5, repréſentent une doucine *I*, & la coupe des autres qui ſont beaucoup plus élevés, & qui ſe renverſent par en haut, eſt repréſentée en *K* : d'autres enfin ont des formes qui tiennent de l'une & l'autre de ces Figures ; & ces circonſtances ſont aſſez indifférentes pour que chacun conſerve la forme qui eſt en uſage dans ſon pays. Il ſuffit d'être prévenu, que quand les ſocs ſont fort larges, il faut des verſoirs plus grands que quand les ſocs ſont étroits.

Nous n'avons parlé jusqu'à présent que de l'arriere-train ; il faut faire appercevoir l'utilité des avants-trains qu'on met aux charrues dans la plupart des Provinces du Royaume, *voyez tome V, pag. 1*, & l'avant-train de notre semoir ci-après, *Planches VIII & IX.*

D'abord il est évident qu'en élevant l'extrémité *d* de l'age *fig.* 4 & 5, on éleve proportionnellement la pointe *b* du soc ; ce qui fait que la charrue pique moins dans la terre ; mais en abaissant l'extrémité *d* de l'age, on fait baisser la pointe *b* du soc pendant que la partie *a* du sep s'éleve, & la charrue tend à entrer profondément dans le terrein, ou, comme l'on dit, elle pique beaucoup ; ce qui fait appercevoir que, par la position de l'age, on détermine le soc à piquer plus ou moins.

Supposons de plus qu'il y ait une puissance quelconque, appliquée à l'extrémité *d* de l'âge, & qui fasse force pour tirer la charrue ; ajoutons à cette supposition, qu'il y ait une résistance à vaincre au bout *b* du soc, il est clair que l'extrémité *d* de l'age tendra à baisser, tandis que le talon du sep *a* tendra à s'élever ; & ces mouvements s'exécuteroient en effet, si la direction de la force appliquée en *d* ne s'y opposoit, ainsi que la force du Charretier qui appuie ſur les manches pour empêcher le talon *a* du ſep de s'élever.

C'eſt pour cela que dans les charrues qui n'ont point d'avant-train, on eſſaye d'élever le tirage pour moins fatiguer les bêtes de trait; on donne beaucoup de longueur à l'age, pendant qu'on fait les manches, ou le levier qui en tient lieu, longs & forts, afin que le Charretier qui appuie deſſus, ait plus de puiſſance pour vaincre l'effort que le talon du ſep fait pour s'élever; on a encore ſoin que le ſep de ces charrues ſoit fort long, afin qu'il conſerve plus aiſément ſon aſſiette au fond de la raie.

Dans les terres légeres, le Charretier parvient à ſurmonter les efforts du ſoc; mais dans les terres fortes, il fatigue furieuſement ſans pouvoir le maîtriſer. Néanmoins ſi le levier ou les manches s'élevent trop, le ſoc pique plus qu'il ne faut: ſi les manches baiſſent plus qu'il ne faut, le ſoc ne pique pas aſſez; & comme le Charretier eſt continuellement occupé d'un travail forcé, le ſoc pique à chaque inſtant trop ou trop peu, & il fait un mauvais labour: car ſuivant que le ſoc entre plus ou moins en terre, le verſoir renverſe de groſſes ou de petites maſſes de terre; & dans ces mouvements, le Charretier a bien de la peine à conduire ſa raie droite.

On remédie à tous ces inconvénients au moyen d'un avant-train, qui porte une ſellette ſur laquelle repoſe l'age : car comme l'age détermine l'angle que le ſoc & le ſep doivent faire avec le terrein, en calant l'age ſur la ſellette préciſément à la hauteur qu'on juge convenable, l'effort que l'age fait pour s'abaiſſer, eſt ſupporté par la ſellette, qui eſt un point fixe, de ſorte que le ſoc pique toujours de la quantité préciſe qui convient. Faut-il piquer beaucoup pour former l'ados d'une planche, on y parvient dans l'inſtant, en paſſant quelques arondelles au-deſſus du trempoir ou de la cheville qui arrête le collet ſur l'age : par cette opération, le bout de l'age baiſſe, & le ſoc pique davantage. Faut-il piquer peu, lorſqu'on fait les dernieres raies d'une planche, on paſſe des arondelles au-deſſous du trempoir, l'age s'eleve ſur la ſellette, la pointe du ſoc s'éleve proportionnellement, & il entre moins en terre : auſſi-tôt que ce petit changement eſt fait, la charrue ſuit ſon travail, continuant de piquer exactement de la quantité qu'on juge convenable, de ſorte que dans nos terres qui ſont douces, ſans être légeres, les Charretiers font quelquefois des raies aſſez longues ſans tenir les manches de leurs charrues.

On conviendra que la sellette des avant-trains forme un régulateur qui est d'une grande utilité ; néanmoins dans plusieurs Provinces où l'on pourroit se servir de charrues avec avant-train, on n'a pas encore imaginé d'en faire usage. Il est vrai que les roues peuvent être embarrassantes pour labourer entre des arbres ; mais ce sont des cas particuliers & assez rares ; encore seroit-il plus expédient de laisser un peu de terre auprès des arbres sans la labourer, sauf à la cultiver ensuite à bras : ou pour approcher davantage des arbres, il seroit possible de diminuer la voie de l'avant-train, ayant soin de ne la pas resserrer assez pour que la charrue fût sujette à verser.

Pour continuer à faire appercevoir les avantages des avant-trains des charrues, je ferai remarquer que si l'arriere-train étoit fixé fermement à l'avant-train, comme si les deux parties étoient d'une même piece, il seroit bien difficile de conduire une raie droite, & de prendre précisément la quantité de terre qu'on juge convenable. A l'égard d'aller droit, il est évident que pour peu que l'avant-train eût dévié sur la droite ou sur la gauche, comme l'arriere-train, & par conséquent le sep & le soc, auroient pris cette même direction,

direction, ils tomberoient dans la raie, ou ils entreroient dans la terre qu'on veut labourer, plus qu'on ne voudroit ; & l'on ne pourroit reprendre la direction convenable, qu'en ſoulevant les manches pour tirer de la terre le ſoc & le ſep, & après les avoir tranſportés ſur la droite ou ſur la gauche, piquer de nouveau ſuivant la direction qu'on jugeroit convenable. Mais comme aux charrues qui ont un avant-train, l'age eſt une piece de bois arrondie, qui n'eſt liée avec l'avant-train que par un collet de bois, ou par un anneau de fer qui l'enveloppe, le Charretier peut, en inclinant un peu les manches vers la droite ou vers la gauche, déterminer le ſoc à changer de direction, ou à prendre plus ou moins de terre ; & l'arriere-train conſerve cette poſition, parce que l'age éprouve du frottement dans le collet, ou dans l'anneau qui l'enveloppe, ainſi que ſur la ſellette qui le ſupporte ; mais par une petite ſecouſſe, le Charretier peut, à ſon gré, changer la poſition du ſep & du ſoc. Cette méchanique eſt très-bien imaginée ; car deux cauſes concourent à procurer cet avantage aux charrues à avant-train : 1°, Le mouvement que le Charretier imprime au ſep *A* (*fig.* 10), pour l'incliner vers la droite ou vers la gauche, réſultant de l'effort qu'il fait ſur les manches *f*, le centre de ce mouvement eſt dans l'axe de l'age *d* ; ce qui fait que le ſep & le ſoc ſe portent du côté oppoſé au mouvement qu'on donne aux manches : ſi on porte les manches du côté de *g*, le centre de rotation étant en *d*, le ſep ſe portera du côté de *k*; c'eſt le contraire, ſi on porte les manches *f* du côté de *h*.

2°, On conçoit que ſi le Charretier incline ſes manches du côté du verſoir *l*, comme cette piece s'évaſe par le haut, il augmentera la preſſion de la terre de ce côté, & il portera la pointe du coutre du côté oppoſé ; ce qui la détermine à prendre plus de terre ; & le contraire arrivera s'il porte les manches du côté de g oppoſé au verſoir, puiſqu'il diminuera la preſſion du verſoir, & qu'il portera la pointe du coutre & du ſoc du côté de la raie.

Ce moyen n'a néanmoins qu'un certain degré de puiſſance, & il ſeroit difficile de bien conduire une charrue originairement mal conſtruite : il faut que le ſep porte & coule ſur le fond de la raie de toute ſa longueur ; & quoique la charrue éprouve, du côté oppoſé au verſoir, une preſſion qu'elle n'éprouve pas de l'autre côté, il ne faut pas qu'elle retombe dans la raie *M* (*fig.* 11), comme elle le feroit, ſi le ſoc & le coutre repréſentés par les traits *a e*, étoient dans la même direction que la ligne ponctuée *b c*, qui eſt la raie qu'on forme actuellement. Il eſt donc néceſſaire que la ligne *a e* du ſep ſoit oblique à la ligne *b c*, & que la pointe du ſoc *e* entre un peu dans le terrein qu'on entame, évitant de porter cette obliquité à l'excès. Il faut donc obſerver un point aſſez précis, que beaucoup de Charrons ont peine à attraper ; ce qui fait que les Charretiers ſont quelquefois pluſieurs jours à démonter & à remonter leurs charrues, juſqu'à ce qu'ils aient atteint l'obliquité convenable, qui heureuſement ſubſiſte autant que la charrue. Ces attentions relatives au ſoc, ne ſont importantes que pour les charrues à verſoir : on en eſt diſpenſé pour les charrues à tourne-oreille, *fig.* 12. Il n'y a que le coutre qu'on incline vers la droite ou vers la gauche, toutes les fois qu'on commence une raie ; & cela à cauſe de la petiteſſe du verſoir, & parce que le ſoc ayant une forme ſymmétrique, a plus de ſoutien que ceux des charrues à verſoir.

On doit concevoir maintenant, qu'avec des charrues à avant-train bien entendues, on laboure exactement à la profondeur qu'on veut ; qu'on eſt maître d'entamer avec préciſion la quantité de terre qu'on juge convenable, & de conduire les raies bien droites; & après ce que nous avons dit plus haut, il eſt évident qu'on ne peut atteindre à ces préciſions avec les charrues qui n'ont point d'avant-train.

Entre les charrues à avant-train, les unes ont leur age preſque droit & fort relevé, comme les lignes ponctuées *u d*, *fig.* 4; en ce cas la ſellette de l'avant-train eſt fort élevée: d'autres ont leur age & leur ſellette fort bas; entre ceux-ci, les uns ont une courbure *d d* qui s'aſſemble dans le ſep, *fig.* 4, (*Voyez Tome II, Planche IV, fig.* 14); d'autres ont leur age droit *d d* & preſque parallele au ſep, *fig.* 5. (*Voyez Tome I, Planche IV, fig.* 1ere *& Tom. IV, Pl. II, fig.* 3).

Dans pluſieurs Provinces, l'arriere-train eſt joint à l'avant-train par une chaîne de fer, & un anneau dans lequel paſſe l'age; (*Voyez Tome I, Pl. IV, fig.* 1). dans d'autres cette union eſt faite par un collet de bois, qui embraſſe l'age, & eſt attaché au forceau (*Voy. Tom. II, Pl. IV, fig.* 14). Enfin, comme je l'ai dit, la forme des verſoirs varie auſſi beaucoup, (*Voyez*, pour la forme des verſoirs, la forme de la ſellette, l'union de l'avant-train avec l'arriere-train, *Tom. I, Pl. IV & V; Tom. II,*

Pl. VI & VIII; & Tom. V, Pl. II) ; mais toutes ces charrues dont la forme paroît ſi différente , ſe reſſemblent dans les points eſſentiels ; ainſi chacun fera bien d'employer celles qu'il trouvera uſitées dans chaque Province, ſe contentant de faire quelques légers changements à la largeur du ſoc, & à la forme du verſoir, pour les rendre plus propres à remplir ſes intentions.

M. BARBEAU, Officier, retiré dans ſa Terre de Taupignac en Saintonge, m'écrit qu'ayant employé, pour cultiver ſes terres, la charrue qu'on employe dans le Médoc, au lieu de celle qui étoit en uſage dans ſa Province, deux bœufs lui avoient ſuffi pour faire le même travail qu'on faiſoit avec ſix ; & que ſes terres étoient mieux cultivées. Je ne connois ni la charrue du Médoc, ni celle qu'on employe dans la Saintonge ; & je ne rapporte ceci que pour prouver que certaines charrues méritent la préférence ſur les autres. Car je ſuppoſe que la charrue du Médoc n'eſt pas une araire ou un cultivateur qui ne fait qu'égratigner la terre.

§. IV. *De la Charrue à tourne-oreille*. Pl. II. Fig. 12, 13 & 14.

JE NE puis me diſpenſer de donner une idée de la charrue à tourne-oreille, qui eſt d'un grand uſage dans beaucoup de Provinces.

Le ſep *a a*, *fig.* 12, eſt tout comme celui de la charrue à verſoir, *fig.* 4. L'age *d d* eſt auſſi entiérement ſemblable, excepté qu'on tient ces pieces un peu moins fortes, parce que les charrues à tourne-oreille ne ſont deſtinées que pour labourer dans des terres qui ſont en bon état de culture, & qu'elles ne ſervent jamais à défricher. La ſcie *g*, & les manches *f*, ſont encore comme aux charrues à verſoir. Mais le ſoc *o*, au lieu de n'avoir de tranchant que d'un côté, comme le repréſente *A G*, *fig.* 7, en a deux ſymmétriques *fig.* 13; & cela doit être, puiſqu'on renverſe la terre tantôt d'un côté, & tantôt de l'autre. Au lieu du verſoir *i*, *fig.* 4 & 5, il y a un fourchet de bois *s t t* qu'on nomme *coyeau*, qui s'appuie par ſon extrémité *s* ſur le ſoc; ſon angle repoſe ſur la ſcie *g*, & les deux branches de la fourche *t t* ſont en l'air, de ſorte que le coyeau eſt ſoutenu par deux fortes chevilles *c c* qui traverſent le coyeau, &

entrent dans le ſep. Ce coyeau ſert à écarter la terre qui a été coupée par le coutre & le ſoc. L'oreille ou le verſoir amovible eſt un triangle de bois *P Q*, *fig.* 14, qui porte à ſon extrémité *d* une douille de fer terminée par un crochet. Au milieu eſt ſolidement attaché, comme on le voit en *c*, une cheville *E* qui porte un talon; & plus loin en *F*, une autre cheville qui eſt groſſe & courte. Quand on veut attacher l'oreille au côté gauche de la charrue, on accroche le crochet *d* dans le crampon *h* de la *fig.* 12; on enfonce la cheville *E* dans le trou *e* de la même *fig.* juſqu'au talon de cette cheville, & le bout de la cheville *F* appuie ſur le bout des manches, ou ſur l'extrémité de l'age, à peu-près à l'endroit marqué *t*: la ligne ponctuée *h d*, marque le contour de l'oreille ſuppoſée miſe en place.

Nous avons dit que le ſep & le ſoc des charrues à tourne-oreille, different de ceux des charrues à verſoir, en ce que leur forme eſt ſymmétrique des deux côtés: c'eſt pourquoi en ôtant le coutre & l'oreille, on a un cultivateur. Mais quand on met l'oreille, il faut que la pointe du coutre ſoit inclinée du côté oppoſé à l'oreille; & comme à tous les tours de charrue, il faut ôter l'oreille pour la transporter de droite à gauche, puis de gauche à droite, il faut aussi changer l'inclinaison du coutre; ce qui se fait très-aisément : car on a soin que le coutre *e e*, *fig.* 12, soit à l'aise dans la mortaise de l'age qui le reçoit. Si l'oreille est du côté gauche, comme dans l'exemple présent, on pose le bout *l* du ployon contre une cheville de fer qui est enfoncée dans l'age; on la voit auprès de *l* : ensuite le milieu *k* du ployon passant derriere le coutre *e*, on force le ployon de se courber, pour en accrocher le bout *i* dans la cheville à tête qui est enfoncée dans l'age: on voit la forme de cette cheville en *R*. La pression de ce ployon contre le coutre *e*, l'assujettit assez fermement dans sa mortaise; mais comme cette mortaise est large, le coutre forme une diagonale dans la mortaise, & sa pointe est inclinée du côté droit opposé à l'oreille. Quand on porte l'oreille du côté droit, on ôte le ployon; on accroche son bout *l* à une cheville de fer, qu'on ne peut voir dans la *fig.* 12, & qui est du côté droit; le milieu *k* du ployon appuie sur la face gauche du coutre *e*, & l'extrémité *i* du ployon s'accroche de l'autre côté de la cheville à tête : par ce changement du ployon, la pointe du coutre est portée en un instant

du

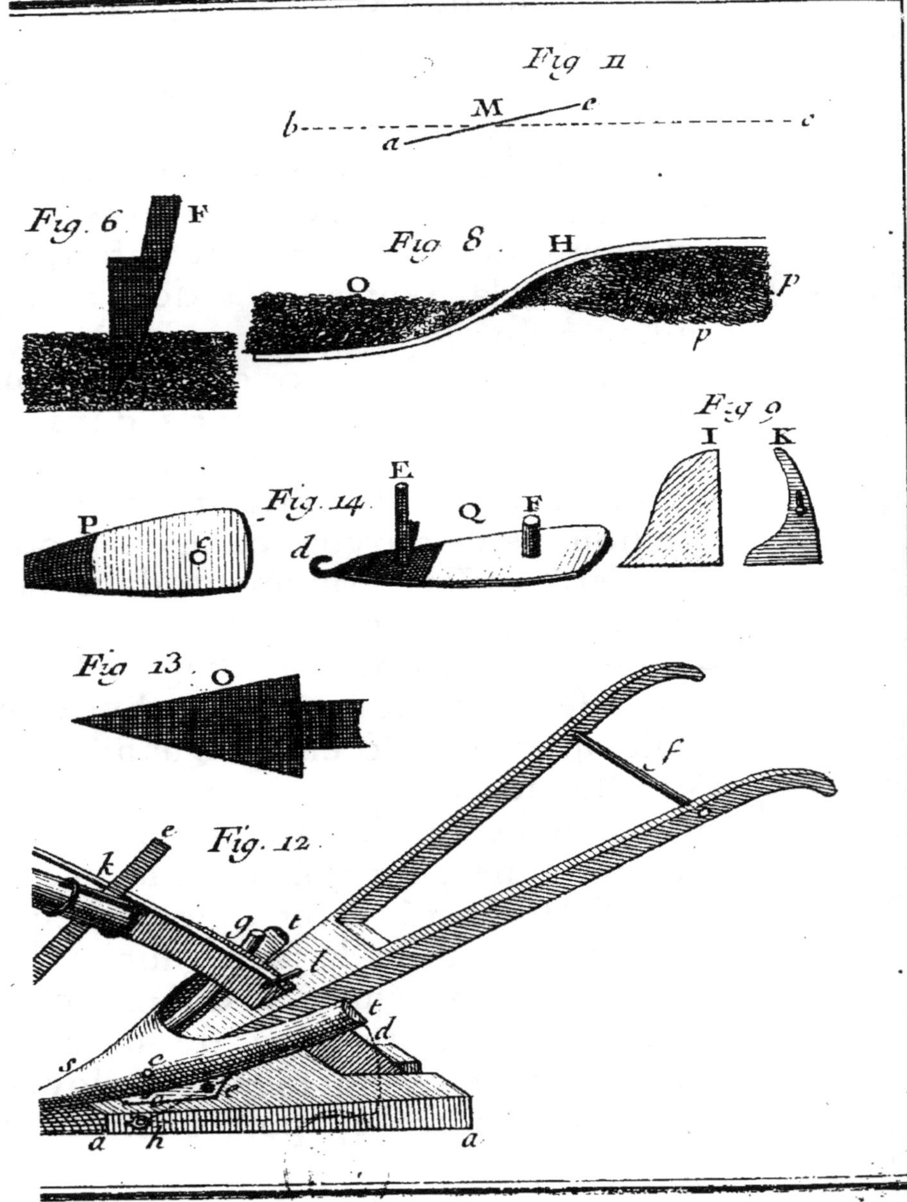
Fig 11
M
e
b
c
a
Fig. 6
F
Fig 8
H
O
p
p
Fig 9
I
K
Fig. 14
E
Q
F
P
c
d
Fig 13
O
f
Fig. 12
e
k
g
t
t
d
s
c
a
h
a

Culture Tome VI Pl. II Page 242

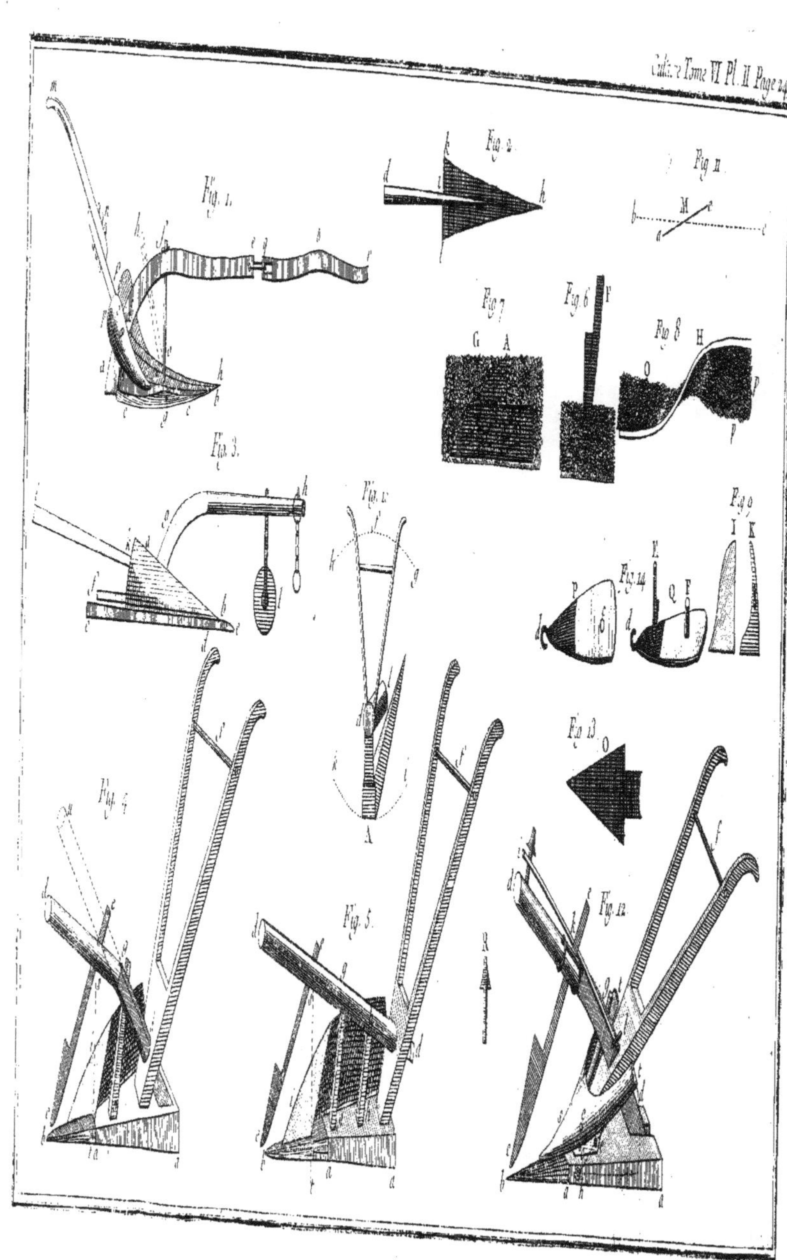

du côté gauche opposé à l'oreille.

Je ne dirai rien de la maniere de labourer avec cette charrue, parce que j'en ai suffisamment parlé dans le premier Chapitre.

§. V. *Des Charrues légeres.*

LA nouvelle culture nous ayant mis dans la nécessité d'imaginer de nouvelles charrues qui permissent de faire les labours entre les rangées de froment, de luzerne, de légumes, de maïs, de pommes de terre, de vigne, de bois, &c, en un mot de tous les végétaux qu'on se propose de cultiver suivant nos principes; j'avois d'abord fait construire une petite charrue légere qui n'avoit point d'avant-train, mais des brancards, de sorte que le dos du cheval servoit de sellette, en soutenant l'age à une hauteur convenable pour faire un bon labour. (*Voyez Tome I, Pl. V, fig.* 1 *&* 4 ; *& Pl. VI, fig.* 5.) Nous nous servîmes assez bien de cette derniere pour labourer de jeunes bois; c'étoit à cet usage qu'elle avoit été destinée. M. DE CORBEIL l'employa pour la culture de la Garance ; & malgré les inconvénients dont je vais parler, je connois un bon Cultivateur qui la préfere encore aux charrues à une roue que nous avons imaginées depuis. Néanmoins comme je m'apperçus qu'elle appuyoit beaucoup ſur le dos du cheval qui en étoit fatigué ; que l'age ployoit, & qu'enfin ne pouvant pas fixer exactement l'obliquité du ſoc, cette charrue avoit une partie des défauts de celles qui n'ont point d'avant-train, je me propoſai d'y ajouter une roue qui en tînt lieu ; & comme M. de Châteauvieux avoit eu à peu-près la même idée, cela m'a mis à portée de rectifier mes premieres tentatives : je parvins à ſupporter l'age àdifférente hauteur, par une ſeule roue qui étoit établie au milieu d'un chaſſis ; & cette nouvelle charrue me parut bien meilleure que la charrue à brancard, (*Voyez Tome II, Pl. VI, VII & VIII.*) M. de Corbeil l'adopta pour la culture de la Garance ; & M. de Châteauvieux m'a écrit que M. d'Elbene à qui il avoit envoyé de ſes charrues, en étoit très-content, & qu'il avoit lui-même été témoin du bon uſage qu'on en faiſoit dans le Comtat d'Avignon.

M. DE VILLIERS-EN-LIEU ayant fait conſtruire de pareilles charrues ſur la deſcription que j'en ai donnée, eſt parvenu à en combiner tellement toutes les parties, qu'il fait tout ce qu'il veut de cet inſtrument ; & il m'a aſſuré qu'en deux heures il mettoit un Charretier, qui n'avoit jamais manié que les charrues ordinaires, en état de conduire celle-ci ſi parfaitement, qu'elle labouroit à 3 pouces d'une rangée de froment, ſans en rien arracher.

» J'ai vu, dit-il, avec peine dans votre cinquieme Volume, que pluſieurs » Cultivateurs voudroient renoncer à la » charrue à une roue : cet inſtrument ne » ſera jamais remplacé par un autre. La » difficulté qu'on trouve dans ſon uſage, ne » vient point de ſa ſtructure, mais du peu » de ſoin qu'on ſe donne pour le faire bien » exécuter. Je trouve cette charrue ſi fa- » cile, que je m'en ſers pour les cultures » ordinaires. Il eſt vrai que j'en ai vu, qui » ont été faites par des Charrons mal- » adroits ſur l'inſpection des miennes, & » qui n'ont rien valu ; mais d'autres plus » habiles ont parfaitement réuſſi, & leurs » charrues labourent très-bien ».

Quoique pluſieurs perſonnes ſe ſoient bien accommodées de la charrue à une roue, j'avouerai qu'elle a le défaut d'exiger beaucoup d'adreſſe de la part du Laboureur, pour former une raie bien droite ; ce qui vient de ce que l'avant-train eſt d'une ſeule piece avec l'arriere-train, de ſorte que quand la roue a pris une fausse direction, il est nécessaire que le soc la suive. On remédieroit à ce défaut, si le Charretier pouvoit, par un renvoi qui agiroit sur les essieux, changer d'une petite quantité la direction de la roue. D'ailleurs, quand pour prendre plus ou moins de terre, le Laboureur incline ses manches, il incline nécessairement la roue, & aussitôt elle change de direction, comme on l'éprouve en conduisant une brouette.

Un autre défaut encore plus grand que celui que nous venons de rapporter, quoiqu'il ne soit qu'imaginaire, est que la charrue à une roue est d'une forme très-différente des charrues ordinaires. C'est principalement pour nous rapprocher le plus qu'il nous a été possible de la routine des Laboureurs, que nous avons essayé de rendre les charrues ordinaires propres à faire les labours entre les rangées, en portant l'age sur un des côtés de la sellette, en diminuant la voie des roues, & la longueur de leurs moyeux. Comme j'en ai parlé dans le *Tom. V*, *Pl.* 11. je me contenterai de dire que chez MM. de la Tour on a su ajuster la charrue du pays pour faire ces cultures; & que plusieurs Laboureurs m'ont assuré qu'ils n'étoient point embarrassés de rendre leurs charrues propres à ce travail. On a même vu que M.

de Saint Mesmin de Lignerolle, prétend faire tous les labours entre les rangées, avec les charrues ordinaires, sans y rien changer

M. DE LA LEVRIE a pensé, ainsi que M. de Villiers, qu'il étoit plus à propos de perfectionner la charrue à une roue, que de faire des changements à la charrue ordinaire, pour la mettre en état de faire les cultures dans les plates-bandes. Voici le détail de la charrue qu'il a imaginée, qu'il a fait exécuter, & qu'il a éprouvée dans un clos situé au bas de Montmartre, que M. le Chevalier DE GARSAULT a sacrifié aux expériences d'Agriculture. Le dessein très-louable de M. de Garseau, a engagé M. de la Levrie à faire usage de ses connoissances en méchanique, & d'un goût particulier qu'il a pour imaginer & exécuter des machines utiles qu'il soumet toujours, avant de les faire exécuter en grand, aux loix de la méchanique, & aux calculs les plus exacts.

Je vais donner la description de cette charrue, telle que M. de la Levrie me l'a envoyée.

§. VI. *Description d'une Charrue légere, imaginée par M.* DE LA LEVRIE. Pl. III. Fig. 1, 2, 3 & 4.

» LES charrues légeres n'ont été imaginées que pour faire les labours de culture, dans les terres semées suivant la nouvelle méthode ; j'ai composé celle que je présente ici dans l'intention d'en étendre l'usage, pour seconder les vues d'un de mes amis, qui entreprenoit de faire l'essai de cette nouvelle méthode dans un terrein d'une trop petite étendue, pour mériter la dépense d'une charrue à deux roues, & de plusieurs chevaux qui seroient devenus nécessaires. J'ai eu dessein qu'elle pût faire les premiers labours comme les labours de culture ; je dirai dans la suite la réussite qu'elle a eue.

» Cette charrue est composée d'un avant-train à une seule roue, fait en chassis comme celui des autres charrues légeres, à quelques différences près. L'arriere-train ressemble à ceux des charrues ordinaires à deux roues : la différence est qu'à ces dernieres, l'angle que le sep & l'age font ensemble, est indéterminé, plus ou moins ouvert, & pris au hazard par les Charrons de Campagne qui les font sans y prendre gar-

» de, & que le verſoir eſt fort ouvert; ce » qui les rend fort peſantes aux chevaux: » au lieu qu'à celle-ci l'angle du ſep & de » l'age eſt déterminé, & doit être fait ſur » l'ouverture donnée auſſi exactement » que peuvent le faire des ouvriers ordi- » nairement peu précis, & que le verſoir, » peu ouvert du derriere, ſe réunit par- » devant fort près de la pointe du ſoc à » une joue qui eſt à gauche, avec laquelle » il fait un angle fort aigu, garni d'une » bande de fer mince qui ſert de coutre.

» Je commencerai par l'arriere-train, » parce que l'angle du ſep & de l'age dé- » termine la façon de placer les traverſes » qui l'uniſſent à l'avant-train.

» Le ſep *a Pl. III*, *fig.* 1 & 2, a 4 pouces » de large, 3 pouces d'épaiſſeur, 2 pieds 7 » ou 8 pouces de longueur, enſorte qu'il » y ait, du talon du ſep à la pointe du ſoc » en place, 3 pieds, ou 3 pieds un pouce: » on aura ſoin que le deſſous du ſep ſoit » creux dans ſa longueur, depuis le talon » juſqu'à la pointe du ſoc, d'environ » $\frac{1}{2}$ pouce dans ſon milieu; on ne l'a point » exprimé dans la *fig.* 1, parce qu'on voit » le côté du verſoir; mais en poſant la » regle ſur la *fig.* 2, on l'apperçoit aiſé- » ment.

» Le ſoc eſt fait comme celui des autres

» charrues de même espece ; il a 12 ou 13 » pouces de longueur, 8 pouces de largeur de la pointe de l'aile au côté gauche, » & n'a gueres plus de 2 pouces de hauteur de ce côté à l'entrée de la douille » *b*, *fig*. 1 *, où l'on voit qu'il est un » peu creux par-dessus.

» Le côté gauche du sep, depuis le soc » jusqu'au talon, est garni d'une bande » de fer de 15 lignes de largeur, & de 2 lignes d'épaisseur *a a*, *fig*. 2, encastrée de » son épaisseur dans le bord inférieur, & » arrêtée avec des clouds à tête rasée.

» L'age *c*, *fig*. 1 & 2, de 5 pieds de » longueur, & de 2 pouces ½ d'équarrissage, est assemblé avec le sep, & la fouche des manches comme à l'ordinaire; » mais l'angle du sep & de l'age doit être » de 30 degrés justes, si cela se peut. S'il » s'y trouve quelque erreur, il vaut mieux » qu'elle soit en plus qu'en moins. Un » grand nombre d'ouvriers ne sachant » point ce que c'est qu'un angle de tant de » degrés, voici la façon dont ils s'y prendront pour le faire juste.

» On prendra deux fois l'épaisseur du » sep, qui est 3 pouces; ce sera 6 pouces; » on portera cette mesure de 6 pouces depuis l'angle inférieur du sep *a*, *fig*. 2, jusqu'au bord supérieur *d*; de *a* à *d*, on ti-

» rera un trait ſur le côté, ſur la pente duquel on fera la mortaiſe ; il ne ſera pas » difficile de tracer le tenon de l'age ſur » ce trait ; mais comme il n'a pas de longueur, peu de choſe pourroit faire » de l'erreur : voici comment on la corrigera.

» On mettra l'age en place ; on tirera » un trait à l'angle inférieur d'un de ſes » côtés à une diſtance connue de l'angle » du talon ; de l'extrémité inférieure de » ce trait, on prendra la longueur d'une » ligne qui ſoit d'équerre avec le deſſous » du ſep ſuppoſé n'être pas encore creuſé ; » cette longueur doit être la moitié de la » premiere priſe ſur l'age. La longueur » priſe ſur l'age de *a* en *e*, *fig.* 2, eſt de » 2 pieds, & la ligne ponctuée d'équerre » avec le deſſous du ſep *e f*, a un pied. » Ces deux pieces étant ajuſtées dans cette » ſituation, on marquera la place, l'inclinaiſon, & la longueur de la ſcie *g*, *fig.* 2, » dont le côté droit ſera arraſé au même » côté de l'age pour ſoutenir la joue.

» On tracera de même l'aſſemblage des » manches qu'on fera ſuivant le deſſein, » ou autrement ſi l'on veut ; je ne preſcris » rien là-deſſus ; mais je détermine à 2 » pieds au moins la diſtance *a h* du talon » du ſep à la perpendiculaire de l'extrémité des poignées, & la hauteur au-deſſus

» du terrein *h i*, *fig.* 1, à 28 pouces; ayant » remarqué qu'un grand homme a moins » de peine à ſe plier pour appuyer ſur les » manches quand ils ſont bas, qu'un petit » homme n'en a à porter la charrue, lorſ- » qu'il faut tourner, quand ils ſont trop » hauts pour ſa taille.

» A gauche, on applique une planche » de 9 lignes d'épaiſſeur, qui couvre tout » l'aſſemblage du ſep & de l'age; je la » nomme *la joue;* elle porte ſur le bord » du ſep & d'une partie du ſoc, auxquels » elle eſt arraſée, & eſt arrêtée contre l'a- » ge & la ſcie avec des clouds. Sa forme » eſt compriſe entre les angles cotés 1, 2, » *3*, 4 & *5*, *fig.* 2.

» A gauche, eſt le verſoir *k*, *fig.* 1, 2 & » *3*, qui ſe termine derriere à la longueur » du ſep, où il a 10 pouces d'ouverture » de *l* en *m*, *fig.* 3, & ſe termine devant » à 3 pouces de la pointe du ſoc, en ſui- » vant le bord de l'aile à peu-près à même » diſtance d'où il remonte en gorge creuſe. » A 2 ou 3 pouces de l'aile du ſoc, il re- » prend l'aplomb juſqu'à ſon extrémité » poſtérieure, & eſt ſeulement arrondi vers » le haut. Par-devant il fait un angle fort » aigu avec la joue, juſqu'à quelques pou- » ces près de l'age, autour duquel il tour- » ne pour ſe joindre à la joue; ce qui rend » à cet endroit l'angle moins aigu; mais

» on y aide un peu, en encastrant l'angle » de l'age dans son épaisseur.

» L'angle que le versoir fait avec la » joue, est recouvert avec une bande de » fer mince, pliée à angle vif de 2 pou- » ces de largeur de chaque côté, arrêtée » avec des clouds à tête rasée 3, 4, *fig.* » 1, 2 & 3. Pour le mieux, cet angle de- » vroit être acéré; mais cela deviendroit » une piece de forge, qui pourroit être » coûteuse : je crois qu'à la campagne il en » coûtera moins de la faire de fer, & de » la renouveller lorsqu'elle sera usée.

» Lorsque la charrue est droite, le ver- » soir doit porter de toute sa longueur sur » le terrein; j'y ai fait mettre une bande » de fer dessous, pour empêcher que le » frottement ne l'use. On peut, si l'on » veut, la mettre à côté comme au sep; » le versoir a 11 pouces de hauteur per- » pendiculaire par devant, & 12 pouces » par derriere.

» Dans l'angle intérieur du versoir & » de la joue, on passe une tringle de fer » de 6 ou 7 lignes de diametre *n n*, *fig.* 2, » qui traverse le sep, le soc & l'age; elle » a une tête encastrée sous le bout du sep, » & à l'autre bout un écrou sur platine, » serrée sur l'age, pour empêcher l'écar- » tement de ces deux pieces; ce qui en fait

» la solidité. On la voit *fig.* 2, *n n*, en lignes » ponctuées, ainsi que toutes les parties » des pieces qui sont couvertes par la joue.

» L'avant-train est composé de deux » brancards *o o*, *fig.* 1 & 3, de 4 pieds 4 pou- » ces de longueur, 2 pouces ½ de hauteur sur » champ, & de 1 ½ pouce d'épaisseur, ils » sont allongés & relevés du devant par » les deux pieces *p*, *fig.* 1 & 3, soutenues » par la jambette *q*, *fig.* 1, & ont une pom- » mette sur le bout pour attacher les traits. » On peut encore les relever, comme l'in- » diquent les lignes ponctuées *o p q*, *fig.* 1. » On choisira des deux façons, quand on » ne voudra pas les faire avec des bois » courbes.

» Ces brancards sont assemblés à 18 » pouces de distance intérieurement par » une traverse au devant, à 3 ou 4 pouces » de la roue ; derriere par une traverse, » dont la face postérieure est à 6 pouces » du bout : la face supérieure inclinée, & » faisant avec la ligne de dessous des bran- » cards, le même angle que l'age avec le » sep. Comme les brancards doivent tou- » jours être paralleles à la terre quand » on laboure, il n'est pas plus difficile de » tracer l'inclinaison de cette traverse, que » celle de l'age.

» Sur chaque bout de derriere des

» brancards, on assemble solidement, avec » des clefs & une cheville à écrou *r*, *fig.* » 1, un tasseau *s*, *fig.* 1 & 3, dont je » ne donne ni la figure, ni les dimensions » qu'on prendra sur les desseins; on y as- » semble la traverse *t*, *fig.* 3, paralléle- » ment à l'inclinaison de celle de dessous, » & à telle distance que l'age puisse couler » librement entre deux.

» A un pied en avant, on met un au- » tre tasseau *v*, *fig.* 1 & 3, de bois de- » bout, mortaisé & chevillé dans les bran- » cards, au haut duquel on assemble une » autre traverse *z*, *fig.* 3, dont la face » supérieure doit être sur la ligne prolon- » gée du plan incliné de la premiere; ces » traverses ont 2 $\frac{1}{2}$ pouces de largeur, & 20 » lignes d'épaisseur. Il y a un pied du bord » supérieur de devant de la premiere tra- » verse au bord supérieur de devant de » cette derniere, qui par conséquent est » à 6 pouces de distance perpendiculaire » du dessus des brancards.

» Ces traverses servent à unir l'arriere- » train à l'avant-train, par le moyen des » deux trempoirs *u*, *fig.* 1 & 3. Celle de » devant tient lieu de la sellette; la supé- » rieure de derriere fait l'office du collet » des charrues ordinaires.

» Ces trois traverses sont percées dans

» le milieu de leur largeur, de 7 trous » d'un demi-pouce, dont un précisément » dans le milieu de leur longueur, les au- » tres à droite & à gauche, & à distances » égales l'un de l'autre, pour pouvoir » mettre l'age à droite quand on veut, ce » qui est fort rare, ou à gauche, ce qui » est bien plus ordinaire. Comme il faut » que les trous de l'age répondent à ceux » des traverses de devant & de derriere, » il faut mettre l'age en place, la roue » & le sep portant sur un terrein supposé » uni, comme on le voit, *fig.* 1 : on en- » tretiendra les brancards paralleles à la » terre; dans cette situation, on marquera » la place d'un trou par-dessus la traver- » se de derriere, & une autre par-dessous » celle de devant, où l'on fera un trait » qu'on tournera pour l'avoir dessus : il » doit y avoir un pied entre ces deux » marques; on divisera cet intervalle en » six, pour avoir les trous à 2 pouces l'un » de l'autre; il suffira d'en faire 5 ou 6 au- » dessus de la traverse de devant, & deux » au-dessous de celle de derriere : en met- » tant les trempoirs, ces deux trains n'en » feront plus qu'un tout d'une piece.

» On trouvera sans doute assez singu- » lier, qu'une seule roue soit placée de cô- » té, plutôt que dans le milieu : elle sera

» dans le milieu quand on voudra ; il eſt mê-
» me à propos qu'elle y ſoit quelquefois,
» comme lorſque l'age y eſt auſſi ; mais
» on ſe ſert plus ſouvent de cette charrue,
» l'age placé plus ou moins à gauche ; alors
» la charrue eſt plus ſolide ; elle s'entretient
» plus aiſément droite, & eſt plus facile à
» gouverner, la roue étant à droit : il eſt
» vrai qu'elle eſt plus difficile à ſoutenir
» levée lorſqu'on veut tourner ; mais un
» Laboureur adroit, en levant le manche
» de la main gauche plus que celui de la
» droite, la met ſur ſon aplomb, & en
» fait tout ce qu'il veut.

» Cette roue a 2 pieds de diametre, le
» moyeu, les jantes & les rayons des
» mêmes dimenſions que celle du Va-&-
» vient, dont il ſera parlé dans l'Article
» des Semoirs, & un bandage tout ſem-
» blable. Je la fais écouer par deux rai-
» ſons : 1°, parce que les Charrons trou-
» vent plus de difficulté à faire les roues
» droites, & les vendent plus cher ; 2°,
» parce que le bout du moyeu à droite,
» étant fort court, il lui reſte plus de force
» en faiſant la roue écouée ; le moyeu
» doit avoir 13 pouces de longueur, dont
» il y a $3 \frac{1}{4}$ pouces, ou $3 \frac{1}{2}$ pouces à droite
» du plan de la roue au petit bout.

» Du côté gauche, où l'on voit une

» partie de l'essieu à découvert, on met la » flote *x*, *fig.* 3, qui est de deux pieces » creusées en gouttiere ronde, unies en- » semble par une courroie à boucle, qui » y est clouée pour la retenir sur l'essieu; » si l'on veut mettre la roue dans le mi- » lieu, on la fait couler le long de l'essieu, » & l'on met la flote de l'autre côté.

» L'essieu passe tout au travers du » moyeu; ce n'est qu'une broche ronde » sans tête de 8 ou 9 lignes de diametre » tout au plus; il a 20 pouces de long; » on fait la place de ses bouts sous les » brancards dans le petit tasseau *y*, *fig.* 1, » qu'on a épargné en les faisant de la mê- » me épaisseur que le diametre de l'essieu; » on l'arrête dessous de la même façon qui » sera expliquée dans la description du Va- » &-vient; il faut en creusant la place de » l'essieu, laisser une joue du côté de de- » hors de chaque brancard pour l'empê- » cher de sortir.

» Si l'on veut avoir un Cultivateur, » on fera faire un arriere-train tout sem- » blable à celui de la charrue à versoir, » dont on supprimera la joue & le versoir; » on y ajustera le soc à deux ailes, que » tout le monde connoît à présent, & les » deux oreilles, sur la jonction desquelles » on mettra la bande de fer pliée à vive-ar- rête,

» rête, comme à la charrue à versoir, & le
» même avant-train servira.

» Toutes les charrues ont cela de commun, qu'à quelque profondeur qu'elles
» entrent en terre; le sep doit porter de
» toute sa longueur dans le fond de la raie,
» & être, par conséquent, parallele à la
» superficie de la terre; il en est de même
» de celle-ci; mais on doit s'appercevoir
» que, dans la situation où on la voit dans
» le dessein, *fig.* 1, elle ne pourroit faire
» aucun effet dans un terrein qui ne seroit
» pas encore entamé; il faut donc, pour
» l'entamer, faire couler l'age en arriere;
» ce qui fera descendre l'arriere-train du
» nombre de pouces dont on voudra que
» le sillon soit profond.

» Ce nombre est toujours connu par le
» nombre de trous dont on recule l'age:
» car la perpendiculaire de l'angle, que
» l'age fait avec le sep, est la moitié de la
» diagonale. De même, l'intervalle qui est
» entre deux trous de l'age, étant de deux
» pouces, on ne peut le reculer de cette
» distance, que tout l'arriere-train ne descende d'un pouce, ou de plus, à pro-
» portion du nombre de trous dont on le
» tirera en arriere.

» Il n'est donc question que d'ajuster la
» charrue suivant l'ouvrage qu'on veut

» faire ; ce n'eſt pas une nouveauté, puiſ-» qu'on en uſe de même avec les autres » charrues.

» Je ſuppoſe, par exemple, qu'on » veuille commencer un labour à plat, on » mettra la roue & l'age dans le milieu du » chaſſis ; on tirera l'age en arriere de 3 » trous, qui feront 6 pouces, pour faire » un ſillon de 3 pouces de profondeur; ce » peut être aſſez, ſi la charrue n'eſt attelée » que d'un cheval ; & ſi la terre eſt un peu » dure, on fera quelques premiers traits » dans la largeur de la piece, à quelque » diſtance l'un de l'autre, ſur leſquels on » repaſſera une ſeconde fois, ſi l'on veut » que les autres ſoient plus profonds.

» Ces premiers traits faits, on mettra » la roue à droite, & l'age à gauche, plus » ou moins loin du milieu, à proportion » de la dureté du terrein, & de la lar-» geur de la bande de terre qu'on veut » prendre, ce qui dépend de la profon-» deur dont on veut faire le labour, & de » la force qu'on applique à la charrue. Car » on comprend bien qu'un ſeul cheval » n'enlevera pas une quantité de terre auſſi » peſante que le feroient deux chevaux.

» Tout le reſte du labour ſe fera, le » cheval & la roue étant dans le fond du » ſillon dernier fait ; mais ſi on laiſſe l'ar-

» riere-train dans la ſituation où il étoit » pour les premiers traits, on aura une » plus grande épaiſſeur de terre qui augmentera toujours à chaque trait; ce qui » deviendroit bien-tôt impoſſible, il faut » donc relever l'arriere-train, & le remettre dans la ſituation où on le voit » *fig.* 7, pour avoir tous les ſillons de » même profondeur; c'eſt celle où il ſera » le plus ſouvent: il n'y aura plus qu'à ſuivre ce que M. Duhamel enſeigne pour » labourer avec la charrue à verſoir.

» Si l'on veut former des planches, on » en uſera de même: en les commençant » à la place où doit être leur ſommet, on » aura une enrayure entre deux planches, » ou un large ſillon qu'on approfondira, » tant qu'on voudra, par la ſuite.

» Si l'on forme des planches ſur un labour à plat, le Laboureur ſe conduira » par le nombre de raies qu'il lui faudra » pour la largeur de ſes planches; ce qui » lui donnera une grande facilité: mais je » crois que pour les avoir bien relevées, ce » qui eſt un avantage, il convient de les » faire par deux labours, en les reprenant au ſecond par le ſommet, principalement quand on les fera à la même place » où étoit auparavant une plate-bande.

» Pour les labours de culture, il n'y a

» point de difficulté ; on a toujours, pour » commencer ces labours, ou le grand sillon du milieu, ou un de chaque côté » le long des bords des planches : c'est au » Laboureur intelligent à s'arranger suivant les circonstances.

» J'ai mis cette charrue à toutes sortes » d'usages dans un Clos situé dans un » des fauxbourgs de Paris, où un de mes » amis a commencé cette année 1759, » un essai de la nouvelle culture. Après » un défrichement fait à bras, on a formé » des planches avec la nouvelle charrue, » sur lesquelles on a semé de l'avoine; » on a fait les labours de culture, & après » la recolte, on a formé de nouvelles » planches, pour semer du bled à la place » où étoient les plates-bandes.

» On a encore défriché à bras 180 » perches de luzerne. Ce terrein qui avoit » eu le temps de se raffermir un peu, tant » par la sécheresse, que par le piétinement, en étendant & retournant les racines pour les faire sécher, les mettre » en tas, les faire brûler, & en répandre » la cendre, a été labouré d'abord à plat, » ce qui a été très-bien exécuté : 100 perches ont été mises en planches de 3 » pieds de largeur pour planter de la luzerne ; les 80 perches restantes ont été

» labourées en planches de 5 pieds de large, très-bien relevées, pour planter de la vigne : tous ces labours ont été l'ouvrage d'un ſeul cheval.

» Deux arpents deſtinés à faire des mars l'année prochaine, n'avoient pas été labourés depuis le mois d'Avril; la terre avoit eu tout le temps de ſe durcir; on les a labourés à plat à la fin d'Octobre, avec deux chevaux attelés l'un devant l'autre; & l'on a fini par 4 traits de charrues, le long d'une rangée d'arbres dans une friche aſſez dure; les ſillons avoient 9 à 10 pouces de profondeur. Je doute que quatre chevaux avec les charrues des environs de Paris, dont le verſoir a 18 pouces d'ouverture, euſſent fait un labour auſſi profond.

§. VII. *Des Cultivateurs.*

LES charrues, dont nous venons de parler, ſont deſtinées à faire des cultures en regle, puiſqu'elles tranſportent la terre que le coutre & le ſoc ont coupée, & qu'elles la renverſent dans le ſillon voiſin. Souvent il ſuffit de donner des labours légers, de remuer la terre ſans la changer de place, pour détruire les mauvaiſes herbes, & rendre la terre plus diſpoſée à recevoir les influences des pluies & des rosées. C'est pour exécuter commodément & promptement ces petits labours, que M. de Châteauvieux a imaginé les cultivateurs, dont nous avons donné la description dans le Tome II, Planche IX. Comme ces charrues que M. de Châteauvieux a nommées *Cultivateurs*, n'ont point de versoir, elles ne font que remuer la terre, & à cela près qu'elles piquent plus avant que ces ratissoires que les Jardiniers traînent avec des chevaux, elles produisent à peu-près le même effet. On peut néanmoins leur reprocher que, comme les socs, *Tom. II, Pl. IX*, *fig.* 23, sont difficiles à forger, ils coûtent assez cher; & qu'étant étroits, ils ne remuent la terre que dans une petite largeur. M. de Villiers-en-Lieu a remédié à ces inconvénients par le cultivateur, dont nous avons donné la description dans notre Tome IV, Planche II; & nous employons maintenant pour ces cultures, les charrues à tourne-oreille dont se servent nos Fermiers, auxquelles nous ôtons le coutre & l'oreille qui sert de versoir. Comme le soc a une figure symmétrique, & comme il est plus large que celui des cultivateurs de M. de Châteauvieux, il avance davantage le travail, quoiqu'il puisse être tiré par un ſeul cheval dans les terres qui ne ſont pas extrêmement fortes, & qui ont été entretenues en bon état de labour. Le deſſein d'avancer l'opération de ce labour, a engagé M. de Châteauvieux à imaginer ce qu'il nomme *des pattes-d'oies*, qui ſont des cultivateurs auxquels il a ajuſté deux ſocs à côté l'un de l'autre. *Tom. II, Pl. IX, fig.* 31.

Un zélé Cultivateur qui n'a en vue que le bien public, & qui a ſes domaines dans le Comtat d'Avignon, a fait conſtruire une charrue à peu-près pareille, à laquelle il a ajuſté trois ſocs, qui ayant chacun 8 pouces de largeur, ſont aſſez larges pour que le guéret remué par un ſoc, ſoit un peu entamé par le ſoc voiſin; ainſi les deux ſocs de côté ſont attachés comme ceux de la patte-d'oie de M. de Châteauvieux; & le ſoc du milieu qui tient au brancard, eſt plus reculé. L'inventeur eſt fort content de cet inſtrument, même pour les cultures ordinaires. Je le crois, parce que la plupart des terres du Comtat ſont aiſées à travailler. Il ſe plaint néanmoins de ce qu'on a peine à le mener droit; & j'attribue ce défaut à ce que l'arriere-train & l'avant-train ſont tout d'une piece. Il eſpere remédier à cet inconvénient, & l'on doit applaudir au deſir qu'il a de mettre les labours en état d'exécuter promptement leurs travaux. Je crains ſeulement que la facilité que trouvent deux bœufs à tirer cette charrue à trois ſocs, ne provienne de ce qu'elle pique peu, & de ce que n'ayant point d'oreille, elle ne fait que remuer la terre ſans la renverſer. Si cela étoit, elle auroit les défauts que nous avons reprochés à l'araire de Provence, dont nous avons parlé en commençant cet Article.

Quelques-uns ſe ſont propoſé de faire conſtruire des cultivateurs très-étroits, pour donner un petit labour entre les rangées de froment ſemées à raies perdues, & qu'on laboure au printemps avec la houe. Je n'ai pas été informé ſi ces tentatives avoient eu quelques ſuccès.

§. VIII. *Charrues à Coutres ſans Socs.* Pl. III. Fig. 4, 5 & 6.

On peut voir, *Tom. IV*, *Pl. IV*, une charrue que M. de Châteauvieux a imaginée pour défricher les prés : elle n'a point de ſocs, mais trois coutres qui coupent la terre par bandes ; de ſorte que quand enſuite on fait paſſer la charrue ordinaire qui a un ſoc & un verſoir, la terre, au lieu de ſe lever par grands gazons,

zons, ne forme que de petites mottes.

M. DE VILLESAVIN, qui a ses terres en Anjou, se proposant de détricher de fortes bruyeres, communiqua à M. de la Levrie le dessein qu'il avoit d'employer cette charrue. M. de la Levrie jugea que, pour couper ou arracher les racines de fortes bruyeres, il étoit nécessaire d'employer un instrument beaucoup plus fort que celui de M. de Châteauvieux; & il lui en fit faire un modele. Avec cette charrue à trois socs, *Pl. III. fig. 6*, attelée de six paires de bœufs, M. de Villesavin est parvenu à couper & arracher de très-grosses racines de bruyeres que des femmes ramassoient ensuite; de sorte qu'après le premier labour, on a pu donner les autres avec les charrues ordinaires.

a a, *fig.* 4, 5 & 6, table qui supporte tout l'équipage.

b b b, mortaises qui reçoivent les tenons des coutres.

c c, mortaises pour recevoir les manches.

d, grande mortaise pour recevoir le bout de l'age.

e e, ouvertures pour les boulons qui assujettissent l'age.

f f, ouvertures pour les étriers qui fortifient l'assemblage des manches.

g, manches.

h h, *fig.* 6, coutres qui doivent être de fer ; il y en a trois.

i i i, age.

Il feroit bien mieux de peler les terres à bras, & de brûler les gazons : c'eſt au Propriétaire à examiner laquelle de ces deux méthodes eſt la plus économique.

ARTICLE II.

Des Semoirs. Pl. IV. Fig. 1, 2, 3, 4, & 5.

IL Y A deux façons d'enſemencer les terres qu'on laboure à plat. Quand ces terres ont été labourées à demeure, leur ſurface forme de fort petits ſillons, dont *A B*, *Pl. IV. fig.* 1, repréſente la coupe.

Dans les terres douces, & qui ne ſont point ſujettes à déchauſſer, le Semeur prend une certaine quantité de ſemence, qu'il porte avec lui dans une eſpece de tablier qu'on nomme *ſemoir* ; & prenant des poignées de cette maſſe de grain, il les jette autour de lui, de façon que le grain ſe répand également par-tout ; ce qui exige de ſa part beaucoup d'habitude & d'adreſſe : car en même temps qu'il imprime à ſon bras un mouvement circulaire pour jetter la ſe-

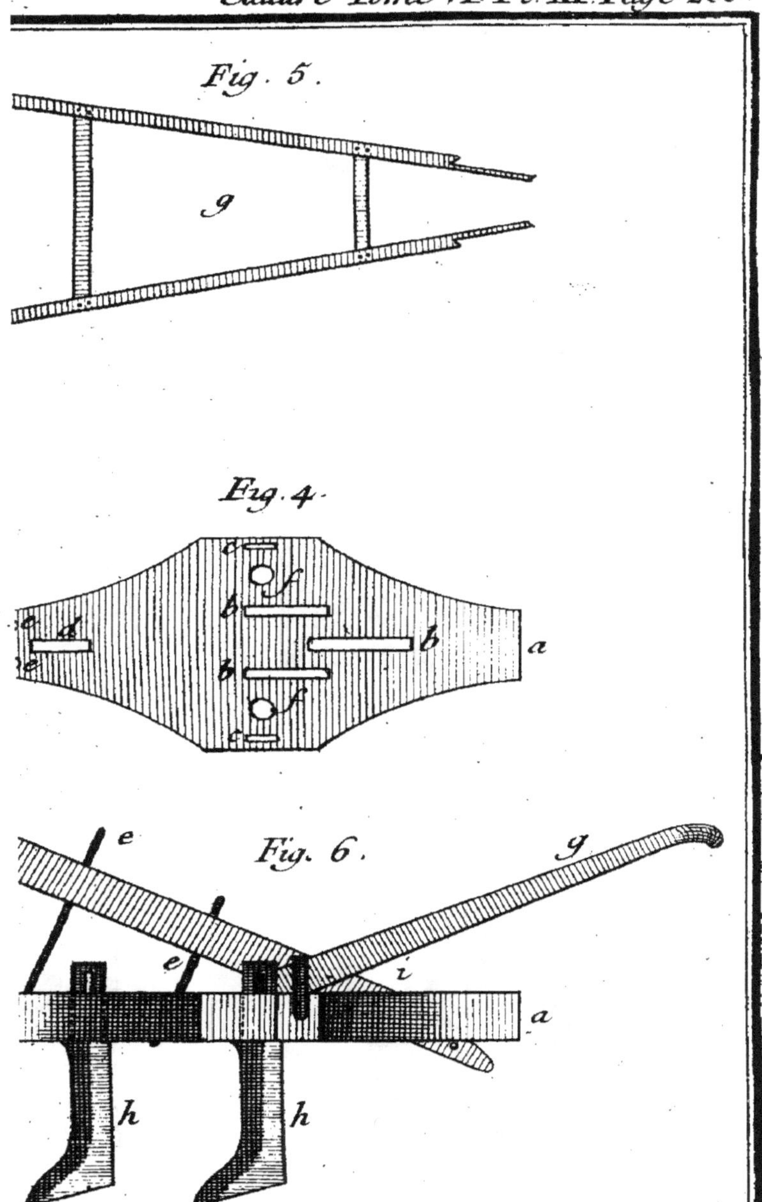
Fig. 5.
g
Fig. 4.
c
f
b
d
b
a
e
e
b
f
c
Fig. 6.
e
g
e
i
a
h
h

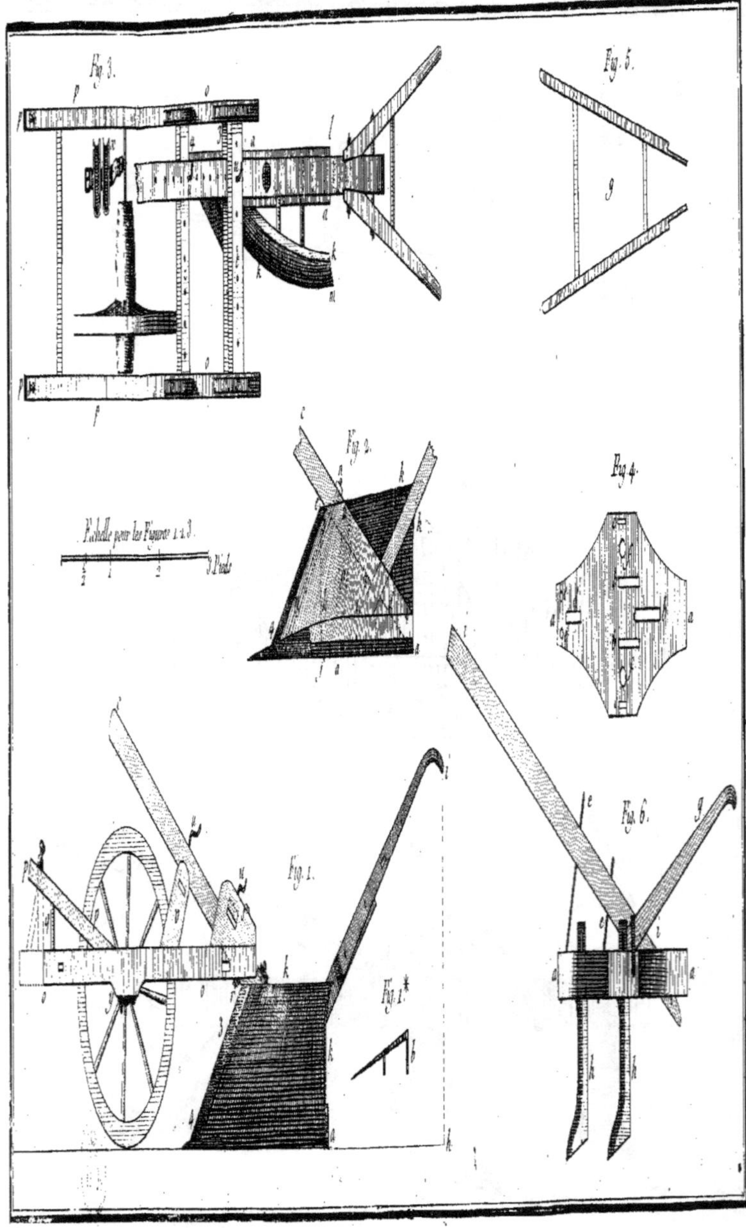
Fig. 3.
Fig. 5.
Fig. 2.
Fig. 4.
Echelle pour les Figures 1. 2. 3.
3 Pieds
Fig. 1.
Fig. 1.*
Fig. 6.

mence avec force, il doit ouvrir peu-à-peu la main où eſt la ſemence, afin qu'elle ne tombe pas toute en un tas, mais qu'elle s'éparpille, & qu'elle ſe répande comme une eſpece de pluie. Il eſt ſingulier que les bons Semeurs aient contracté l'habitude de prendre leurs poignées de grain aſſez précisément les mêmes, pour répandre dans un arpent aſſez exactement 8, 9 ou 10 boiſſeaux, ſuivant qu'ils jugent devoir ſemer plus ou moins épais. Quoi qu'il en ſoit, ce grain répandu à pleine-main & avec force, rejaillit ſur le terrein; il tombe dans les parties les plus baſſes, & la plus grande partie s'amaſſe au fond des raies *c c c c*. Quand le champ eſt enſemencé; pour couvrir de terre cette ſemence, on fait paſſer des herſes de *A* en *B*, & de *B* en *A*, juſqu'à ce que le champ ſoit uni, & qu'on n'apperçoive plus les ſillons *c c c*. La terre des éminences *d d*, *&c*, étant rabattue dans les ſillons *c c*, le terrein ſe met à plat comme *B E*, & la ſemence ſe trouve en terre comme on le voit au-deſſous des lettres *f f f f*; ce qui fait qu'à la levée on voit l'herbe des grains par rangées, comme en *g g g* dans la coupe du champ *E H*. Cette maniere d'enſemencer les terres eſt une des meilleures: auſſi la ſuit-on quand on laboure à plat, & même lorsqu'on a pratiqué des planches fort larges, pourvu que les terres soient assez douces pour permettre l'usage de la herse. Néanmoins quand on examine de près un champ nouvellement hersé, on apperçoit beaucoup de grains à la surface qui deviennent la pâture des oiseaux.

Dans les terres trop fortes, trop remplies de mottes ou de pierres pour permettre l'usage de la herse, on répand le grain comme je viens de l'expliquer; mais on l'enterre à la binette, c'est-à-dire, qu'on refend avec une charrue qui pique peu, les éminences *d d d*, pour recouvrir la semence qui est dans les sillons *c c c*. On imagine bien qu'il n'est pas possible de refendre réguliérement toutes les éminences; ainsi on fait un labour général & léger; mais il arrive qu'une partie de la semence se trouve couverte d'une trop grande épaisseur de terre, pendant que l'autre n'est point enterrée.

On employe encore cette façon de semer, qu'on nomme *sous raies*, dans les terres qui déchaussent, & dans les terreins fort légers, où l'on craint que le vent ne découvre la semence, ou que le soleil ne desseche les racines des grains qui auroient germé trop près de la superficie.

M. DELU a remarqué que le bled de miracle ne drageonne point des racines, mais du collet ; de ſorte que quand il a produit beaucoup de tuyaux & de gros épis, le moindre vent le met ſur le côté. Quand ce grain a été enterré plus avant en terre, les drageons ſortent de la terre, & ils produiſent des racines qui l'affermiſſent, & l'empêchent de verſer.

Dans les endroits où l'on enterre le grain avec la charrue, on ne répand quelquefois que la moitié ou le tiers de la ſemence, comme nous l'avons expliqué, & on jette l'autre derriere la charrue dans les ſillons qu'elle vient de former. Cette méthode conſomme beaucoup de grain ; & celui qu'on répand dans les ſillons eſt ſouvent trop enterré, pendant que la portion qu'on a jettée ſur le champ ne l'eſt pas aſſez.

En Auvergne, on ſeme aſſez communément comme je viens de l'expliquer : mais M. NONAND m'a encore informé qu'on ſeme quelquefois *à toutes raies*, & d'autres fois *à raies perdues*.

On appelle *ſemer à toutes raies*, quand en faiſant le labour des ſemailles, on répand la ſemence dans toutes les raies que le ſoc forme ; & cette ſemence eſt recouverte par la même charrue, lorſqu'elle fait la raie voisine : au lieu que pour semer *à raies perdues*, on répand la semence dans une raie ; on en forme une sans y mettre de semence ; on en répand ensuite dans la raie suivante, de sorte que dans toute l'étendue du champ, il y a alternativement une raie semée, & une qui ne l'est pas ; ce qui donne plus d'espace au grain pour étendre ses racines, rassembler de la nourriture, & former de grosses talles. Et comme dans le mois d'Avril on donne à la houe un labour léger entre les rangées de froment, cette culture est très-approchante de la nôtre.

La nouvelle culture exigeoit qu'on répandît la semence avec un instrument qui la plaçât assez réguliérement, suivant l'idée du Propriétaire, par deux, trois, ou un plus grand nombre de rangées. D'un autre côté, il est évident que par les méthodes dont nous venons de parler, la semence se trouve distribuée assez irréguliérement : s'il se trouve une cavité, quinze & vingt grains s'y rassemblent, pendant qu'à d'autres endroits la semence manque absolument : celle qui se trouve recouverte d'une trop grande épaisseur de terre, ne peut en sortir, pendant que beaucoup de grains qui restent sur le champ, ou trop près de la surface, sont dévorés par les oiseaux, ou desséchés par le soleil : d'où il résulte une consommation considérable de semence qui est en pure perte. Ces raisons ont fait desirer à quantité de Cultivateurs qu'on imaginât quelque instrument propre à répandre la semence avec la précision qu'on desire. M. le Marquis DE CHAULIEU m'a adressé un ouvrier pour prendre l'idée de mes modeles. M. le Chevalier d'ARMOLIS & M. le Baron DE SOURNIA m'ont écrit pour avoir à ce sujet des éclaircissements, & plusieurs gros Fermiers sont venus me voir, accompagnés d'ouvriers pour examiner mes semoirs, & se mettre en état d'en faire exécuter de pareils. Enfin tous ceux qui ne se laissent point entraîner par la routine, desirent un semoir.

§. I. *Idée sommaire des différents Semoirs, dont nous avons parlé jusqu'ici, ou qui sont venus depuis à notre connoissance.*

J'EN ai imaginé un, dont on trouve la description dans le Tom. II, Pl. III & IV de la Culture des Terres : il a été adopté par plusieurs Cultivateurs qui s'en servent encore présentement. Néanmoins l'usage que j'en ai fait, m'a mis à portée d'appercevoir qu'il pouvoit être ſimplifié & perfectionné : j'en parlerai dans la ſuite.

On trouve dans le Tome III, Chap. II, une exacte deſcription d'un ſemoir inventé par M. DE CHATEAUVIEUX. Cet inſtrument étoit ſorti des mains de ſon auteur preſque dans un état de perfection. Cependant M. de Châteauvieux ayant jugé à propos d'y faire quelques changements, nous en avons rendu compte dans le Tome IV, Chap. III. On peut dire que ſi cet inſtrument avoit été moins diſpendieux, on auroit été diſpenſé d'en imaginer d'autres, puiſqu'il répand la ſemence en telle quantité qu'on deſire, & qu'il peut la dépoſer à différente profondeur. On m'a aſſuré que M. de Châteauvieux s'occupoit d'en faire conſtruire qui ſeront d'un plus bas prix.

Feu M. DE MONTESUI s'étant propoſé de ſimplifier mon ſemoir, en ſupprimant l'avant-train & les lanternes, & adoptant l'avant-train de nos charrues à une roue, j'ai donné la deſcription de ce ſemoir dans le Tome III, Pl. X. Mais en rapprochant cet inſtrument de la charrue à une roue, M. de Monteſui eſt tombé dans l'inconvénient d'avoir beaucoup de peine à le conduire bien droit.

D'ailleurs la roue, trop voiſine des ſocs, leur imprimoit un ſautillement incommode. Enfin on ne pouvoit ſemer à la fois que deux rangées, & les palettes fort longues avoient un reſſort & un ſautillement qui interrompoit l'opération. Ces défauts que l'uſage en grand a fait reconnoître, m'ont attiré quelques reproches de la part de pluſieurs Cultivateurs, qui ont jugé que j'en avois parlé trop avantageuſement, & ils en ſont revenus à faire uſage de celui que j'avois imaginé en premier lieu. Néanmoins M. le Baron D'OGILVI & M. DE VILLIERS-EN-LIEU, ont ſû le corriger, & le mettre en état de leur être utile. M. TULLE, d'Avignon, qui vient de mourir, & dont je regrette fort la perte, y ayant ajouté la herſe de M. de Châteauvieux, employé les ſocs de bois que j'ai propoſés, & ajuſté une eſpece d'avant-train avec un palonnier qui le rend plus aiſé à conduire, a ſemé très-réguliérement avec 146 liv. de froment, poids de marc, 19063 toiſes quarrées de terre.

On voit dans le Tome IV, Chap. I, les tentatives que feu M. DIANCOURT a faites pour tirer parti du ſemoir Eſpagnol, dont il eſt parlé à la fin du Tome I, en prenant la ſemence avec des cuillers qui la verſoient derriere le ſoc : mais cet inſtrument a eu peu de ſuccès.

On trouve encore dans le Tome IV, Pl. II, les petits changements que j'ai faits aux ſocs de mon ſemoir : je remets à en parler lorſqu'il s'agira d'expoſer l'état où eſt actuellement cet inſtrument.

M. DE GRENNEVILLE m'ayant fait voir une boule creuſe, dont l'équateur étoit percé de pluſieurs trous, par leſquels la ſemence qu'on mettoit dans cette ſphere, ſe répandoit à meſure qu'on la faiſoit tourner ſur ſon axe, mouvement qu'elle exécutoit au moyen d'un eſſieu que deux petites roues faiſoient tourner; j'ai eſſayé de tirer parti de cette idée, comme on peut le voir dans le Tome V, pag. 276, où j'ai donné la deſcription d'un ſemoir à tambour. Mais j'ai eu ſoin d'avertir que l'uſage que j'avois fait de cet inſtrument, m'avoit mis dans le cas de remarquer que ce ſemoir ne pouvoit ſervir que pour des ſemences qui étoient préciſément d'une même groſſeur.

Dom EDOUARD PROVANCHERE, alors Procureur de la Chartreuſe de Liget, ayant fait conſtruire un de ces ſemoirs à tambour, remarqua de plus, que quand la boîte cylindrique étoit pleine ou preſque pleine, il en ſortoit trop peu de ſemence ; qu'il en ſortoit en ſuffiſante quantité quand la boîte cylindrique étoit à moitié vuide, & qu'enſuite il en ſortoit trop peu quand cette boîte étoit preſque vuide; cet inconvénient avoit engagé Dom Edouard à reprendre mon ſemoir décrit dans le Tome II, avec cette différence qu'il avoit ſubſtitué des reſſorts à la corde tortillée qui remet les cuillers dans leur poſition : mais la ſemence fut répandue trop claire. Je donnerai dans la ſuite de ce Chapitre un moyen bien ſimple de répandre, avec ce ſemoir, peu ou beaucoup de ſemence.

M. FRANCE, d'après qui j'aurai bien des fois occaſion de parler, me marque que ſur 100 arpents, il en a ſemé 12 avec le ſemoir à tambour, & 30 à la main ſuivant l'uſage ordinaire; que les Semeurs ont employé plus de 7 boiſſeaux de froment par arpent, & que le ſemoir n'en a conſommé qu'un peu plus de 4 boiſſeaux; ce qui fait trois ſeptiemes d'économie. Il ajoute que d'abord le ſemoir à tambour répandoit trop peu de ſemence ; mais qu'ayant fait aggrandir les trous avec un fer rougi au feu, ce tambour avoit bien fait ſon devoir.

M. France dit dans une autre lettre, que les avoines & les froments qu'il a ſemés avec le ſemoir à tambour, font l'admiration de tout le monde; que chaque pied paroît planté à la main; que les gelées de l'hyver ne les ont point déchauſſés comme il le craignoit. » Les Payſans, ajou» te-t-il, qui croyoient que je ne recueille» rois rien, ſont étonnés de voir les plantes » couvrir tout le terrein. On compte juſ» qu'à 40 tuyaux ſur un même pied, & » les planches qui ont été ſemées depuis » que j'ai élargi les trous du ſemoir, ſont » bien fournies, & n'ont pas laiſſé aux » mauvaiſes herbes la facilité de ſe mul» tiplier comme dans celles qui avoient » d'abord été ſemées trop claires ».

Pour parvenir à ſemer l'avoine avec cet inſtrument, il a fallu donner aux trous un demi-pouce de diametre.

M. France, ſatisfait de ces premiers eſſais, s'eſt appliqué à perfectionner cet inſtrument. Dans la vue de mettre ce ſemoir en état de répandre réguliérement des ſemences de différente groſſeur, il fit faire les trous du cylindre plus grands qu'il n'étoit beſoin; mais il les fit couvrir par une bande de tôle, qui portoit des trous de pluſieurs grandeurs, & ſuivant qu'il mettoit vis-à-vis les trous du cylindre, les grands ou les petits trous du cercle de tôle, il répandoit plus ou moins de ſemences, ou des ſemences de différente groſſeur.

Ayant d'abord fait tourner ce cylindre ſur des draps, les ſemences ſe diſtribuoient fort bien : mais il n'en fut pas de même quand on fit travailler ce ſemoir en grand. Les cercles mobiles qui enveloppoient le tambour, étoient diſpoſés de façon que la porte ſe fermoit par-deſſus. Or cette porte ne s'appliquant pas exactement contre les cercles, la ſemence s'amaſſoit entre l'un & l'autre, & il n'en ſortoit point ou peu par les trous de la porte ; ce qui n'étoit pas arrivé dans la premiere expérience, apparemment, dit M. France, parce que la porte étoit mieux ajuſtée contre les cercles. Quoi qu'il en ſoit, on ne reconnut ce défaut qu'à la levée, où le grain ſe trouva diſtribué très-inégalement ; mais le froment répandu avec un pareil ſemoir qui n'avoit point de cercles, diſtribua à merveille la ſemence, de ſorte qu'en 1758 un champ de l'étendue d'un arpent trois quarts, dans lequel M. France n'avoit mis que 3 boiſſeaux $\frac{1}{2}$ de froment, en a rendu 90.

Feu M. Tulle, d'Avignon, qui avoit déja perfectionné le ſemoir de M. de Monteſui, s'attacha à rectifier le ſemoir à tambour. D'abord il ſupprima les grandes roues du train de derriere, comme je l'avois proposé, Tome V, pag. 282, & pour y suppléer, il adapta à l'axe du tambour des poulies de 6 pouces $\frac{1}{2}$ de diametre, & il attacha aux roues de l'avant-train d'autres poulies de 13 pouces de diametre. De plus il fit ensorte que la voie des roues ne fût que de 21 pouces, afin qu'on pût semer en plein, sans craindre que la quatrieme rangée se confondît avec la troisieme, ou qu'elle en fût plus éloignée. Car en faisant passer la roue dans la même ligne qu'elle avoit déja tracée, toutes les rangées de froment se trouvoient à des distances égales.

Il fit de plus attacher au tambour des clefs semblables à celles des flûtes, qui bouchoient exactement tous les trous. Mais quand les clefs se trouvoient sous le tambour, leur manche rencontroit un chevalet de fer, qui faisoit lever les clefs; & les trous étant ouverts, la semence tomboit dans la tremie; comme le chevalet étoit à vis, on pouvoit, en l'élevant ou en l'abaissant, donner plus ou moins de jeu aux clefs, & semer plus ou moins épais. Enfin en donnant trois tours de vis au chevalet, il ne rencontroit plus la queue des clefs; elles restoient fermées, & la semence ne se répandoit plus : tout cela eſt bien imaginé ; je craindrois ſeulement que ces clefs en ſi grand nombre ne couruſſent le riſque d'être fréquemment dérangées entre les mains des Charretiers, qui ſont ſouvent mal adroits ou peu intelligents.

On a encore imaginé de répandre la ſemence avec un tambour de fer blanc de 10 à 11 pieds de longueur, & de 1 pied $\frac{1}{2}$ de diametre, percé d'une grande quantité de trous ronds pour le froment, & ovales pour l'avoine, partagé dans ſa longueur par des cloiſons, pour empêcher la ſemence de ſe porter plus d'un côté que d'un autre, & ayant de petites portes pour mettre la ſemence dans le tambour, qu'on peut comparer à un bluteau : l'eſſieu qui le traverſe eſt aſſujetti dans des roues ſemblables à celles des charrues. Ce tambour eſt entouré d'un chaſſis de bois qui eſt traverſé par l'eſſieu : on attele un cheval à ce chaſſis, & les roues font tourner le tambour qui répand la ſemence ſur le terrein, de ſorte qu'il faut enſuite l'enterrer, ou avec la herſe, ou avec la binette.

Je n'ai eu qu'un deſſein de ce ſemoir : je ne ſais s'il a été exécuté ; mais je juge que ce n'eſt qu'un projet encore mal digéré, qui, bien qu'il fût corrigé, auroit encore les défauts que nous avons reprochés au ſemoir à tambour.

M. le Chevalier DE VOUSSI, dont la terre eſt peu éloignée de celle de M. France, a auſſi imaginé deux ſemoirs: voici l'idée que m'en a donné M. France.

L'un eſt à tambour, dans le goût de celui dont on trouve la deſcription dans le Tome V. Mais il eſt ajuſté à l'avant-train d'une charrue ordinaire, avec cette différence que la roue droite qui doit ſe trouver dans le ſillon ouvert, doit avoir 24 pouces de diametre.

La partie du moyeu de cette roue qui eſt du côté de la ſellette, au lieu d'être ronde, doit former un quarré de 2 pouces ½ ſur chaque face, ayant 7 pouces de longueur, à commencer à 3 pouces près des raies. On équarrit cette partie des moyeux, afin qu'elle puiſſe entrer dans le tambour dont nous allons parler.

Ce tambour eſt ſemblable à un baril à vinaigre, qu'on accroche à plat le long de la muraille d'une cuiſine; il porte par le bout le plus large 13 pouces de diametre hors d'œuvre, & 11 pouces par le petit bout: il eſt enfoncé comme les barils ordinaires, & cerclé de fer: le milieu de chaque fond eſt percé d'un trou quarré, pour recevoir la partie du moyeu qui a été équarrie.

On introduit la ſemence dans le tambour par

par une ouverture qui eſt fermée d'un petit volet : enfin le tambour eſt percé auprès de ſon fond le plus large, qui eſt du côté des raies, de 18 trous qui ſont à peu-près à 20 lignes les uns des autres, & qui ont 6 à 7 lignes de diametre; on peut retrécir tous ces trous au moyen de 18 petites plaques de tôle battue à froid, qui forment des eſpeces de petits tourniquets.

Ce tambour eſt embraſſé dans toute ſa circonférence par un cercle de cuir large de trois doigts, qui couvre exactement tous les trous & les plaques de tôle, quand on veut que la ſemence ne ſe renverſe pas; & en le retirant vers le petit bout, les trous ſont ouverts, & la ſemence tombe.

Il eſt évident que la roue, en tournant, emporte le tambour, & que la ſemence ſe répand dans la raie qui va inceſſamment être remplie.

Ce ſemoir eſt ſimple; mais il a les mêmes inconvénients que nous avons reprochés à notre ſemoir à tambour.

L'autre ſemoir de M. le Chevalier de Vouſſi s'attache à la ſellette : il eſt formé par une trémie *a b c d*, *Pl. IV. fig.* 2, dans laquelle on met la ſemence qui tombe dans le tuyau *e* : ce tuyau eſt échancré vers *g*, pour recevoir une petite planche *g h* : cette planche eſt arrêtée du côté de *g* par une cheville de fer, qui eſt le centre de ſon mouvement ; & le côté *h* peut ſe mouvoir horizontalement, parcourant la ligne courbe *h m* : lorſque l'extrémité *h* de cette planche *g h*, s'engage dans les raies des rouelles *d*, *fig.* 3, qui la pouſſent vers *m*, le tuyau *e f* s'ouvre, & la ſemence tombe. Quand le bout de la planche *g h*, *fig.* 2, a échappé le rayon de la roue, elle eſt remiſe à ſa place par la cheville *i*, qui eſt engagée dans le reſſort de corde *l*. Ainſi le mouvement de cette planche eſt préciſément la même choſe que la plaque de cuivre qui eſt au bout des fourniments; les raies des roues font l'effet du pouce qui ouvre le fourniment, & la cheville *i*, avec la corde tortillée *l*, fait l'effet du reſſort qui ferme le fourniment.

Si l'on veut que la charrue marche ſans répandre de ſemence, au moyen d'une briſure qui eſt en *k*, on empêche l'extrémité *h* de la planche de prendre dans les raies.

Il y a au bout *f* du tuyau *e f* une planche *f n* un peu inclinée, pour déterminer la ſemence à tomber dans le ſillon qui eſt ſur la droite.

Immédiatement au-deſſus de la planche

g *h*, il y a deux plaques de tôle, *fig.* 4, qui forment des regiſtres pour diminuer plus ou moins l'ouverture intérieure du tuyau *e f*, afin de répandre plus ou moins de ſemence.

Par cette petite machine, dont je n'ai prétendu donner qu'une légere idée, la ſemence ſort par pincées, & elle tombe de la trémie dans le ſillon que la charrue doit combler un inſtant après.

M. FRANCE s'eſt ſervi de ce ſemoir avec tout l'avantage poſſible, lorſqu'il l'a fait travailler en ſa préſence pour enſemencer, avec une ſeule charrue, un petit champ. Mais il n'a pas eu le même ſuccès lorſqu'il a fait ſemer de grandes pieces avec cinq charrues qui portoient chacune un ſemoir. Pour qu'un champ ſoit bien ſemé avec cet inſtrument, il faut que les raies ſoient près-à-près, & il y avoit des Charretiers qui les faiſoient fort larges : il en a même ſurpris qui labouroient ſans avoir rétabli la briſure de la planche *g h*; ainſi il ne ſe répandoit point de ſemence. Après bien des épreuves, M. France juge que ce ſemoir peut être bon pour de petites exploitations, lorſque toutes les terres ſeroient labourées & ſemées par un même Charretier, qui au lieu de ſe prévenir contre ce ſemoir, eſſayeroit d'en tirer parti.

La Fig. 2 fait voir la trémie ſéparée de la charrue. Dans la Fig. 3, elle eſt placée ſur la ſellette, qui doit être échancrée comme on le voit en *n c*, pour placer la trémie; cette trémie eſt attachée ſolidement à un morceau de bois, *fig.* 5, qui porte un tenon à enfourchement, afin qu'il puiſſe embraſſer l'eſſieu. La Fig. 4 ſert à donner une idée des regiſtres qui doivent diminuer ou augmenter le diametre du tuyau *e f*, *fig.* 2 & 3.

M. PONTIS-VERNETTE, Négociant, m'écrivit l'année derniere, qu'ayant été obligé de s'arrêter pour affaires de ſon négoce à Tulin, près de Grenoble, il y avoit vu faire l'épreuve d'un nouveau ſemoir très-ſimple, très-précis dans ſes effets, & ſi ſolide qu'on pouvoit le mettre entre les mains du Laboureur le plus groſſier, qui de prime abord étoit en état de s'en ſervir avec la même facilité que l'inventeur; qu'après avoir ſemé du bled, on ſema des pois du pays qui ont 10 à 11 lignes de longueur, ſur 2 à 3 d'épaiſſeur; qu'enſuite on ſema de l'orge, des feves de marais, du maïs, des navets, toujours avec la même facilité & la même préciſion.

M. Vernette repréſenta à l'Inventeur, qui eſt M. GAUTHERON, Préſident de la

Chambre des Comptes de cette Province, qu'il rendroit ſervice au Public en me faiſant connoître ce ſemoir : M. Gautheron répondit qu'il le feroit volontiers, s'il croyoit que le Public pût en tirer quelque avantage ; mais qu'il ne penſoit pas que cette invention méritât d'être connue. Inſtruit de ce que je viens de rapporter, je crus ne pouvoir rien faire de mieux que de prier Monſieur le Sous-Inſpecteur des Ponts & Chauſſées de cette Province, de me procurer un plan & une deſcription de ce ſemoir. Ce Monſieur, après s'être donné la peine d'aller chez M. Gautheron, s'excuſa de ſatisfaire à ce que je deſirois, prétextant ſes grandes occupations. Ainſi je n'ai pu obtenir qu'une courte deſcription que M. Gautheron a bien voulu m'adreſſer, en attendant le deſſein qu'il comptoit que le Sous-Inſpecteur m'enverroit ; parce que, pour le mettre en état de ſatisfaire ma curioſité, il lui avoit donné la piece principale, qui eſt le modérateur.

Ce ſemoir, dit M. Gautheron, eſt ajuſté à la charrue du pays, & conſiſte en une trémie d'un pied en tout ſens, qui eſt ſolidement attachée à la ſellette : l'ouverture qui eſt au fond de la trémie, fournit le grain au modérateur, qui eſt

mille, qu'on peut néanmoins très-bien ajuster à nos charrues. On en jugera par le détail où nous allons entrer.

La charrue qu'on emploie le plus ordinairement en Languedoc, en Provence, dans le Comtat Venaissin, *A C*, *Pl. IV. fig. 6*, n'a ni coutre, ni avant-train ; elle n'a qu'un manche ou levier *A*, qui sert à faire piquer plus ou moins le soc, & à diriger sa marche vers la droite, ou vers la gauche. En *C*, est un crochet de fer dans lequel entre un anneau qui est au bout du timon *N L*, à l'extrémité duquel on attele les bêtes de trait ; ou si dans les terres fort légeres on n'emploie qu'un animal, on termine le timon par un brancard *M*. Voilà en gros quelle est la forme des charrues où il s'agissoit d'ajuster un semoir. Pour cela M. l'Abbé Soumille y a ajouté un avant-train *B N P D*, qui consiste en deux roues. (M. l'Abbé Soumille les a faites pleines, apparemment pour se conformer à l'usage du pays). Le moyeu d'une des deux roues est percé d'un trou quarré, dans lequel entre un des bras de l'essieu de fer, dont ce bras est aussi quarré : car cette roue doit faire tourner l'essieu qui porte un chassis de bois, entre lequel est établie la caisse Q *R S* ; dans cette caisse est le cylindre qui doit

miné à m'envoyer ſon modérateur, & la deſcription que je viens de rapporter, que pour qu'on ne ſoupçonnât pas qu'il voulût faire myſtere d'une invention qu'on l'aſſuroit pouvoir être utile au public.

§. II. *Deſcription du Semoir de M. l'Abbé* SOUMILLE *: idée de quelques autres Semoirs.* Fig. 6, 7, 8, 9 & 10.

ON a vu au commencement de ce Chapitre, qu'il y a des différences aſſez conſidérables entre les charrues qu'on emploie pour cultiver les terres dans différentes Provinces : cette raiſon a dû engager ceux qui s'intéreſſent au progrès de l'agriculture, à imaginer des ſemoirs qui puſſent s'ajuſter les uns à une ſorte de charrue, & les autres à une autre.

C'eſt ce qui a donné lieu à M. l'Abbé SOUMILLE d'imaginer un ſemoir qu'on pût ajuſter aux charrues du Languedoc, qui n'ont point d'avant-train. Il me paroît qu'il a rempli ſon objet; & je crois que les Laboureurs du Languedoc, accoutumés à manier leurs charrues, adopteront plus volontiers le ſemoir de M. l'Abbé Soumille que les nôtres, auxquels nos Laboureurs donneront peut-être la préférence ſur celui de M. l'Abbé Soumis en mouvement par une baſcule que les rayons d'une des roues font mouvoir. Le grain tombe ſur la terre, ou ſi l'on veut, dans le ſillon, par une gouttiere qui eſt pratiquée dans la ſellette : en ce cas la ſemence eſt enterrée ſur le champ par la terre que le ſoc remue, & que l'oreille renverſe dans le ſillon.

Une des roues a 10 rayons, & l'autre 12, de ſorte qu'en mettant tantôt une roue, & tantôt l'autre du côté droit, on ſeme plus ou moins épais.

Ce modérateur, ajoute M. Gautheron, eſt à peu-près le même que celui des pompes, dont on ſe ſervoit autrefois pour garnir les petites calebaſſes où l'on mettoit du tabac grainé. Cette comparaiſon me fait ſoupçonner que ce modérateur reſſemble à peu-près à celui de M. le Chevalier de Vouſſi. Mais ſi M. le Sous-Inſpecteur avoit bien voulu m'envoyer le modérateur que M. Gautheron lui avoit remis pour moi, je ſerois en état de décrire avec plus d'exactitude un ſemoir dont M. Vernette a admiré les effets : car il eſt ſingulier de pouvoir répandre avec une égale préciſion des ſemences de groſſeur ſi différente. Néanmoins M. Gautheron m'aſſure dans une lettre très-polie qu'il m'a adreſſée à ce ſujet, qu'il ne s'eſt déter-

doit répandre la ſemence à la quantité qu'on juge convenable, & au-deſſus eſt la boîte *E F G H*, dans laquelle on met le grain.

La Figure 7 repréſente le chaſſis qui porte le ſemoir dont je viens de parler; *A A*, l'eſſieu qui doit être de fer: *D D*, *EE*, les deux demi-roues; *B B C C*, le chaſſis qui eſt ſupporté par l'eſſieu, & auquel eſt attaché le ſemoir *FG HE*, *O S Q R* de la fig. *6 & 7*; *G H K* repréſente la piece où s'aſſemble le timon *K L*. *G H* eſt un boulon qui tourne ſur une tête qu'on voit dans l'étrier qui eſt auprès de *H*: l'anneau *G* de ce boulon qui eſt marqué *B* dans la fig. *6*, reçoit le crochet *C*, *même fig.* qui termine l'age: en *H K* eſt une crémaillere repréſentée *K*, *figures* 7 & 8, elle ſert à élever ou à baiſſer le timon, ſuivant la grandeur des bêtes de trait, afin que la boîte *E F G H*, *fig. 6*, du ſemoir, ſoit à peu-près à plomb: elle contribue auſſi à faire que le ſoc pique plus ou moins. *O Q R S*, *fig.* 7, repréſente une partie de la boîte du ſemoir, dans laquelle eſt renfermé le cylindre qui eſt traverſé par l'eſſieu *A A*, qui le fait tourner. Ainſi cette partie du ſemoir eſt ſous la piece *G H*, à laquelle ſont aſſemblés le timon & l'age.

Q eſt une ouverture par laquelle le grain paſſe de la boîte *E F G H*, *fig.* 6, où l'on met la ſemence, dans la boîte O Q *R S* où eſt le cylindre.

La Fig. 9 repréſente la coupe du ſemoir pour en faire appercevoir toutes les parties, tant intérieures qu'extérieures. Ainſi on ſuppoſe dans cette Figure qu'on ait enlevé les planches *G F Q R*, *fig.* 6, du côté droit de la boîte : ces planches étant levées, on apperçoit *A A B B C C C C*, un des bouts du cylindre : *A A*, ouverture quarrée de 14 lignes du côté qui reçoit l'eſſieu *A A* de fer, *fig.* 7. *B B*, eſt une partie du cylindre qui fait une ſaillie de 18 lignes ſur le reſte : il y en a une pareille de l'autre côté : ces parties ſaillantes entrent exactement dans des ouvertures qui ſont faites à la boîte pour les recevoir.

G G eſt l'épaiſſeur de la planche qui ferme la boîte par-devant ; *D D*, l'épaiſſeur de celle qui la ferme par-derriere : *I Q S* eſt une partie de la planche qui ferme la boîte du côté gauche.

O O eſt une planche ajuſtée tout contre celle qui eſt déſignée par *D D* : elle ſert à former un des côtés d'un tuyau de communication de la boîte où eſt la ſemence, avec celle qui renferme le cylindre.

EE forme un autre côté de ce même tuyau ; la planche qu'on voit en *X*, fait le troisieme côté ; à l'égard du quatrieme côté, il est enlevé pour faire appercevoir les parties intérieures dont nous allons parler.

On voit au-dessous de *X* une partie du grain qui a coulé de la boîte où est la semence, & tout le tuyau *X* devroit en être rempli. *D C* est une planche dont le bord du côté de *C*, doit être tout près du cylindre, afin que le grain ne tombe pas dans la partie *K*. Ainsi le grain porte contre la partie *CV* du cylindre. Or sur la circonférence du cylindre sont creusées de petites cavités *CC* en forme de poires, dans lesquelles il s'engage 3 ou 4 grains de froment, qui par le mouvement circulaire que les roues impriment au cylindre, sont portées du côté de *Q*, & de-là dans le sillon, par un tuyau de décharge qui y est ajusté entre *T* & *G* ; & aucun grain ne s'écrase, parce que les petites loges ne se remplissent qu'à mesure qu'elles passent dans le petit tas de grain.

La boîte dont je viens de donner la description, est divisée intérieurement par cinq cloisons qui font quatre chambres distinctes, dont chacune a 9 lignes de largeur dans œuvre, & chaque cloison a

4 lignes d'épaiſſeur. On en voit une *K K* dans les fig. 9 & 10, de ſorte qu'il n'y a de grain que dans les quatre chambres fermées par les cinq cloiſons. Les languettes *I H L* ſervent à les aſſembler dans le fond *L L*, ainſi que dans les montants *D D*, *fig.* 9.

Il y a ſur le cylindre quatre rangées de cellules, dont chacune répond à une de ces chambres.

L'uſage de cette conſtruction eſt de pouvoir augmenter ou diminuer, à ſon gré, la quantité de ſemence : car comme chaque chambre peut être fermée par une couliſſe de fer ſemblable à *M N*, *fig.* 9, il eſt évident qu'on répandra d'autant moins de ſemence, qu'on aura fermé un plus grand nombre de ces couliſſes.

Comme il eſt à propos que le grain ne ſe répande pas, quand on eſt arrivé au bout du champ, & qu'on eſt obligé de tranſporter la charrue pour faire une nouvelle raie, on a mis au dehors de la caiſſe la poulie *P*, qui répond à un petit rouleau qui traverſe tout l'intérieur de la caiſſe : à ce rouleau eſt attachée une planche mince, dont on voit l'épaiſſeur auprès de la lettre Q. Quand cette planche eſt dans la ſituation qui eſt repréſentée par la fig. 9, & qu'elle repoſe ſur le taſſeau *W*, tout le grain paſſant du côté de Q, la ſemence ſe rend par un tuyau dans la raie : mais ſi le Charretier tire à lui la corde *Y T*, le tranchant de la planche Q ſe portera en *R*, le grain tombera du côté de *W*, & ſera reçu dans un ſac qu'on mettra entre *T* & *S*, de ſorte qu'il ne ſera pas perdu. Quand le Charretier voudra recommencer à ſemer, il n'aura qu'à lâcher la corde *Y T*, la planche ſera remiſe dans ſa premiere poſition par un petit reſſort ; & auſſi-tôt la ſemence tombant du côté de Q, elle ſe rendra dans la raie.

Il eſt évident que ſi l'on avoit à tranſporter aſſez loin le ſemoir, il ſeroit mieux que le cylindre ne tournât pas : car il ſera toujours important de ne point fatiguer des pieces, qui dans le cas d'un ſimple tranſport, ſont inutiles. Pour cela on fera les deux bras de l'eſſieu *A A fig.* 7, ronds, afin que les roues tournant librement, n'emportent point le tambour. Mais lorſqu'on voudra ſemer, on fixera une des roues à l'eſſieu par une eſpece de verrouil *B*, *fig.* 7, & alors emportant avec elle l'eſſieu & le tambour, elle donnera lieu au ſemoir de faire ſon devoir.

Il ſera maintenant aiſé d'expliquer la façon de ſe ſervir de cet inſtrument. 1°,

On ſuppoſe que le champ eſt labouré & diviſé par planches ſuivant l'uſage ordinaire. 2°, On ouvrira une raie au milieu de la planche, ayant eu ſoin d'accrocher la corde *T Y*, *fig.* 9, au manche de la charrue, afin que le ſemoir ne donne point de grain. 3°, Quand la charrue ſera arrivée au bout du champ, on tournera afin d'ouvrir une ſeconde raie à une diſtance convenable, pour que la terre rempliſſe la premiere raie, & on détachera la corde *T Y* pour que le grain tombe dans le ſillon formé en premier lieu; & cette ſemence ſera enterrée tout de ſuite par la terre qui ſortira de la ſeconde raie qu'on formera actuellement. 4°, Quand on ſera arrivé au bout du champ d'où l'on étoit parti, il faut, pour une ſeconde fois ſeulement, accrocher encore la corde *T Y* au manche de la charrue, pour ouvrir un troiſieme ſillon à côté de celui qu'on a ouvert en premier lieu ſans répandre de ſemence: mais ce troiſieme ſillon étant fini, le Laboureur décroche le cordon, & ne l'accroche plus qu'il n'ait entiérement ſemé la planche ou même le champ, ſi on labouroit à plat.

L'intention de M. l'Abbé de Soumille étant uniquement de ſe rendre utile à ſes Concitoyens, il a fait des marchés, au meilleur compte possible, avec des ouvriers d'Avignon qu'il a dressés à exécuter ce semoir; & il veut bien avoir l'œil sur eux pour qu'ils ne se négligent point.

Comme l'Auteur a fait imprimer à Avignon, chez Jacques Garrigan, une Description de ce semoir, ainsi que des Instructions pour ceux qui voudront en faire usage, je ne m'étendrai pas davantage sur ce qui le regarde: ce que j'en ai dit étant suffisant pour le faire connoître.

Je me contenterai d'avertir que si l'on vouloit ajuster cet avant-train avec l'arriere-train de nos charrues ordinaires, il faudroit élever sur la traverse *C C*, *fig.* 7, une sellette sur laquelle reposeroit l'age, qu'on joindroit avec l'avant-train par un anneau de fer & une chaîne, au bout de laquelle seroit un crochet qu'on attacheroit à l'anneau *G*.

M. DE LA TASSE, qui a une terre près de la route de Fontainebleau, a aussi imaginé un semoir qui, à plusieurs égards, ne ressemble point aux autres. Pour s'en former une idée, il faut se représenter celui de M. DE CHATEAUVIEUX, Tome III. Mais au lieu d'un cylindre, M. de la Tasse a mis dans la caisse *A*, *fig.* 11, une espece de meule de bois, qui est exactement environnée de planches de toutes parts. Le grain se rassemble comme on le voit à la fig. 9 du semoir de M. l'Abbé Soumille. Cette espece de meule, ou cette tranche de cylindre, n'est point creusée de cellules dans le plan de sa circonférence, mais les cellules sont seulement creusées sur les bords ou aux angles du cylindre comme *C C* de la fig. 9 du semoir de M. l'Abbé Soumille. Ces cellules prennent le grain, & le versent par le côté lorsqu'elles passent vis-à-vis une petite fenêtre marquée *Z* sur la même fig. & comme la meule dont on voit l'épaisseur *fig.* 11, a des cellules des deux côtés, la semence se verse par les deux fenêtres *Z Z*; & au moyen des tuyaux *B B*, elle se rend derriere les socs. Comme M. de la Tasse est très-adroit, & très-précis dans tout ce qu'il fait, son semoir qui a été exécuté sous ses yeux, & en partie par lui-même, répand très-exactement la semence. Mais probablement il n'en seroit pas de même si cet instrument étoit fait par des ouvriers ordinaires. Car pour peu qu'il y eût de jour entre les planches & la meule, les grains qui s'y engageroient, formeroient autant de petits coins qui empêcheroient la meule de tourner. M. de la Tasse a ajouté bien d'autres perfections à son semoir : elles font honneur à l'Inventeur ; mais l'instrument en devient plus difficile à exécuter, par conséquent plus coûteux, & trop compliqué pour être confié à des Charretiers peu attentifs ; ces gens auroient peine à se mettre dans la tête les différentes manœuvres qui en font la perfection ; & agissant sans discernement, ils ne tarderoient pas à tout déranger : c'est ainsi qu'un instrument plus parfait, mais fort composé, est souvent moins utile qu'un instrument peu exact, mais qui a plus de simplicité.

Le Seigneur DE LA COCHETIERE, près Brou au Perche, a fait ensemencer avec tout le succès possible en 1759, environ 25 arpents avec le semoir de M. de la Tasse en froment & méteil. L'économie de la semence a passé moitié. La récolte a été de près d'un tiers plus forte qu'elle ne l'avoit été dans les mêmes terres la saison antécédente. On pourroit attribuer cette augmentation à une meilleure année ; mais ce qui prouve qu'elle est réellement due à la plus grande perfection de la distribution de la semence, c'est que les 25 arpents en question étoient coupés dans des pieces semées moitié à la main, & moitié au semoir, & que la derniere de ces moitiés étoit au moins aussi belle que l'autre dans plusieurs pieces, & très-supérieure dans d'autres.

M. BLANCHET, qui a ſon bien à Meſſac, près Rennes, & qui pratique depuis cinq ans la nouvelle culture, a fait lui-même un ſemoir à cylindre, qui eſt entiérement de bois, exécuté avec la plus grande ſimplicité, & dont il aſſure être très-ſatisfait.

Le nommé JOUVET, Maître Menuiſier, qui exécute très-bien les modeles de machines, & qui depuis long-temps travaille pour moi, * a imaginé de mettre le cylindre en dehors de la boîte qui contient le grain, de ſorte qu'il n'entre dans cette boîte à ſemence qu'une portion du cylindre *K C* de la fig. 9 du ſemoir de M. l'Abbé *Soumille*; & la ſemence ſe répand du côté de Q, même figure, où elle eſt reçue dans des trémies qui la rendent derriere les ſocs. Lorſqu'on ne veut point répandre de ſemence, on penche en devant la boîte à ſemence; & comme les cordes qui communiquent le mouvement des roues de devant au cylindre, deviennent lâches, le cylindre ne tourne plus. Ce ſemoir à cylindre eſt fort ſimple.

Le ſieur TERRIER, Laboureur de Bourgogne, Election de Châlons, ayant eu connoiſſance de mes ouvrages, a ima-

* Il demeure rue Sainte Genevieve, au-deſſus des Carmes.

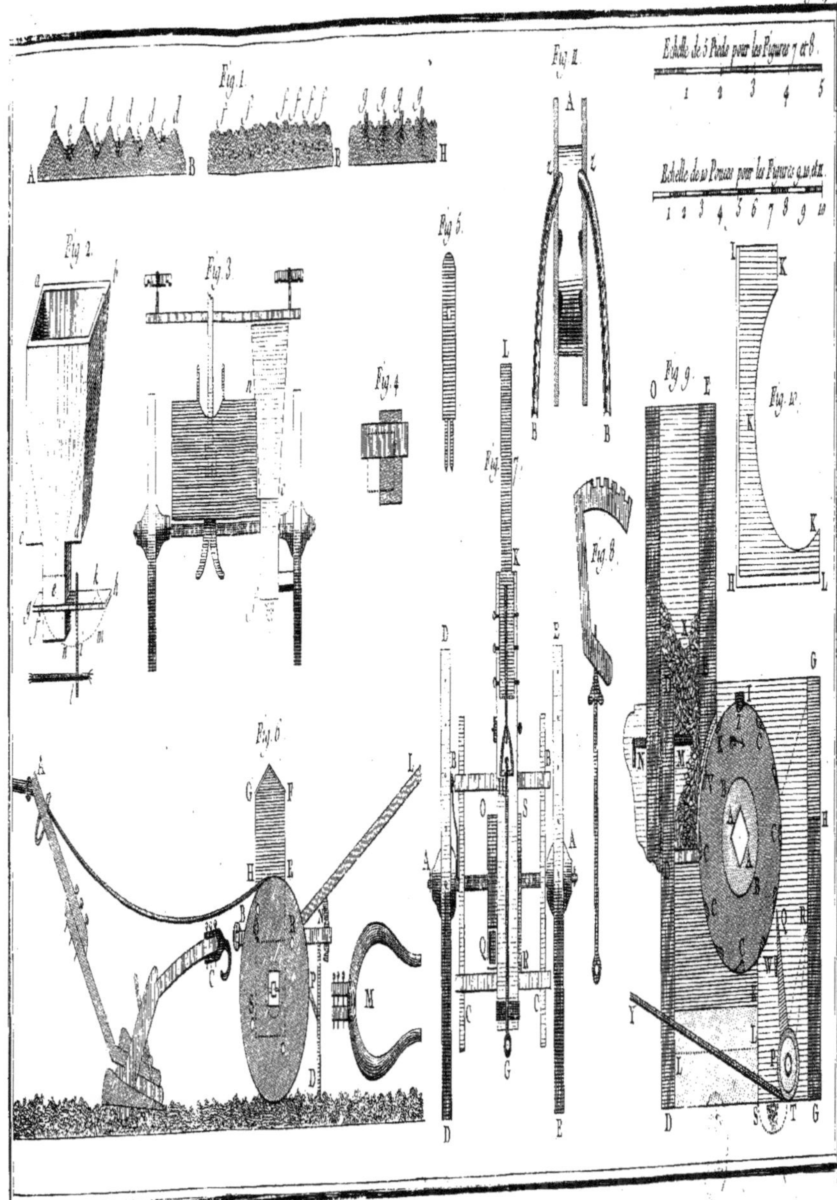
Echelle de 5 Pieds pour les Figures 7 et 8.
Echelle de 10 Pouces pour les Figures 9, 10 et 11.
Fig. 1.
Fig. 2.
Fig. 3.
Fig. 4.
Fig. 5.
Fig. 6.
Fig. 7.
Fig. 8.
Fig. 9.
Fig. 10.
Fig. 11.

giné & conſtruit lui-même un ſemoir qu'on m'a aſſuré être fort ſimple, & avec lequel il a ſemé très-réguliérement pluſieurs de ſes pieces de terre. Je voudrois pouvoir faire mention de pluſieurs autres Laboureurs également zélés & intelligents : quoique le nombre en ſoit rare, il y en a néanmoins quelques-uns : mais ce qu'on m'en a rapporté eſt trop vague pour que je puiſſe avoir la ſatisfaction de les citer.

§. III. *Deſcription de deux Semoirs, inventés par M. DE LA LEVRIE.* Pl. V, fig. 1, 2, 3, 4, 5 & 6.

JE VAIS inſérer ici le Mémoire même que M. DE LA LEVRIE m'a envoyé : c'eſt lui-même qui va décrire les inſtruments qu'il a inventés.

Deſcription d'un Semoir à Cylindre.

» C'EST par complaiſance, & ſans y » avoir aſſez réfléchi, que j'ai donné un » ſemoir à cylindre monté ſur deux roues : » il a été fait d'abord à une roue & à trois » ſocs : quelques perſonnes s'en ſont très- » bien accommodées ainſi ; il n'a pu ſer- » vir à une roue, par pluſieurs raiſons, » quand on a voulu y mettre cinq ſocs, » avec leſquels on a encore de la peine,

» quoiqu'on y ait mis deux roues. Je » dirai dans la ſuite les inconvénients que » je trouve à lui donner deux roues, & à » mettre les ſocs ſur deux alignements; je » le donne ici à deux roues, & à trois ſocs » ſur la même ligne.

» Dans la *fig.* 1, *Pl. V* qui le repréſente, les » ſocs ſont enfoncés en terre de deux pou- » ces, pour le faire voir dans la ſituation » où il eſt quand il travaille.

» Ce ſemoir eſt compoſé d'un avant- » train & d'un arriere-train. L'*avant-* » *train*, aſſez reſſemblant à celui des char- » rues ordinaires, mais bien plus léger, » eſt compoſé d'un liſoir *a*, *fig.* 1 & » 2, qui a 14 pouces de longueur, 3 » pouces d'épaiſſeur, & 5 pouces de hau- » teur, diminué aux deux bouts dans la » longueur de 3 pouces, & réduit à 2 » pouces aux extrémités pour y mettre des » frettes fort légeres, qui ſervent à rete- » nir l'eſſieu dans ſon encaſtrure, comme » on le pratique aux carroſſes.

» Sur les 8 pouces où il reſte dans ſon » milieu de toute ſa hauteur, on aſſemble » par deux tenons, une planche *b*, *fig.* 1 » & 2, haute d'environ 8 pouces, épaiſſe » de 15 ou 18 lignes, de 6 pouces de » largeur en bas, réduite à 4 pouces en » haut; c'eſt la ſellette; elle eſt échancrée

» par le haut dans ſon milieu de la hauteur » de 4 à 5 pouces ; cette échancrure eſt » arrondie dans le fond pour recevoir » l'age.

» Au milieu du liſoir eſt une mortaiſe » de 2 pouces de largeur, & 3 pouces de » hauteur à jour pour aſſembler le teſtard » & le forceau, qui ne font qu'un.

» Le teſtard *c* & le forceau *d*, ne ſont » que la même piece de 2 pieds 8 à 9 » pouces de longueur, 3 pouces de hau- » teur, & 2 pouces d'épaiſſeur. Sa par- » tie prolongée derriere le liſoir d'environ » 8 pouces, fait le forceau ; de-là en avant » on y fait une encaſtrure par-deſſous, » de 3 pouces de longueur, & d'un pou- » ce de profondeur, où doit ſe placer la » joue inférieure de la mortaiſe du liſoir : » il reſtera au-deſſus une ouverture d'un » pouce, qu'on remplira avec une clef » forcée deux fois auſſi longue devant que » derriere, qu'on arrêtera avec une che- » ville raſée.

» L'épar *e*, *fig*, 2, eſt à l'ordinaire.

» Les roues ont 2 pieds 4 pouces de » diametre ; on les fera les plus légeres » qu'il ſera poſſible ; on peut prendre ſur » les deſſeins les proportions que je leur » ai données ; j'y mets un petit bandage » d'une ligne & demi d'épaiſſeur qui eſt

» néceſſaire pour les entretenir rondes ; je
» n'ai point marqué les rayons au profil,
» pour éviter la confuſion, il y en a ſix, &
» ſix jantes.

» Les moyeux ont 4 à 5 pouces de
» diametre dans le milieu de leur lon-
» gueur, qui eſt de 11 pouces; ils ſont di-
» minués vers les bouts à l'ordinaire : à 2
» pouces du gros bout, on fera une aſ-
» ſiette pour y placer les poulies *s*, qui
» ont 18 lignes d'épaiſſeur; il reſtera un
» demi-pouce pour les arrêter avec trois
» petites chevilles encaſtrées dans leur
» épaiſſeur; leur milieu, les roues étant
» en place, doit être à 16 pouces ½ de diſ-
» tance l'un de l'autre.

» Ces poulies ont 8 pouces de dia-
» metre dans le fond de leur gorge, qui
» a 10 lignes de largeur ; ſoit qu'on les
» faſſe rondes pour y mettre des cordes,
» ſoit qu'on les faſſe quarrées pour y
» mettre des courroies, elles doivent être
» bien égales.

» L'eſſieu eſt fait d'une barre de fer
» d'un pouce quarré, arrondie par les
» deux bouts ; il eſt encaſtré ſous le liſoir,
» & retenu par deux frettes, comme il a
» été dit.

» L'*arriere-train* eſt compoſé de deux
» brancards *g g*, *fig.* 1 & 2, de 3 pieds de

» longueur, 2 pouces de hauteur ſur champ, » & d'un pouce & demi d'épaiſſeur; ils ſont » aſſemblés à un pouce du devant par une » traverſe *h*, poſée ſur les brancards avec un » épaulement d'un demi-pouce en dedans » *i*, *fig.* 1, & arrêtés avec deux petites » chevilles à écrou : cette traverſe a un » pouce & demi d'équarriſſage; elle eſt » ceintrée dans ſon milieu pour recevoir » l'age qui doit repoſer deſſus.

» A 10 pouces du bout de devant, les » brancards ſont aſſemblés avec deux te- » nons & une languette, par une table de » 10 pouces de largeur, & de 15 lignes » d'épaiſſeur *k*, *fig.* 1 & 2.

» A un pied du bout de derriere, les » brancards ſont encore unis par une tra- » verſe *l* de 18 lignes de largeur & de 15 » lignes d'épaiſſeur, qui ſert à aſſeoir le » derriere de la boîte, & à porter le cro- » chet qui la tient aſſujettie quand on ſeme, » & à la tenir levée quand on ne ſeme » pas; cette traverſe & la table ſont arra- » ſés au-deſſous des brancards.

» Derriere cette traverſe, & auſſi près » que le permet l'obliquité des mortaiſes, » ſont aſſemblés les manches *m* de la lon- » gueur & de la pente qu'on prendra ſur » la fig. 1 : ils ſont ſoutenus aux bouts » des brancards par la jambette *n*, & » joints par la traverſe *o* *fig.* 2.

» L'intervalle entre chaque brancard est » de 21 pouces; ainsi l'arriere-train a 2 » pieds de large extérieurement.

» Vers le devant sont assemblées deux » poupées *p fig.* 2, qui servent à porter les » poulies de renvoi; leur milieu est à 8 pou- » ces du bout des brancards. Elles ont 4 » pouces de largeur à leur baze, & environ » 2 ½ à 3 pouces en haut; elles ont 5 pouces » ½ de hauteur, & 12 ou 15 lignes d'é- » paisseur.

» Ces poupées ont en haut une fente *q*, » d'un pouce de profondeur de 4 à 5 li- » gnes de largeur, dans laquelle tournent » les tourillons de fer de même grosseur » d'un arbre de bois *r*, tourné de 2 pou- » ces de diametre, aux deux bouts du- » quel sont ajustées & arrêtées les poulies » de renvoi.

» Ces poulies de renvoi *s* sont doubles; » c'est-à-dire, que les deux de chaque » bout sont de la même piece, séparées » par une joue qui leur est commune. Les » deux intérieures répondent à celles qui » sont sur les moyeux des roues; ainsi les » gorges doivent en être faites de même: » les extérieures qui répondent à celles du » cylindre, doivent avoir la gorge quar- » rée; elles ont 4 pouces de diametre dans » le fond de la gorge, qui a 10 lignes de largeur,

» largeur, les joues de toutes ces poulies » ont 8 lignes de profondeur : on sent » bien qu'elles doivent être à même dis- » tance que celles auxquelles elles ré- » pondent.

» Les socs *t, fig* 1 ont 2 pouces d'épaisseur, » 5 pouces ½ de largeur à l'arrasement du » dessous de la table, y compris 10 ou 11 » lignes pour la profondeur de la rainure, » qui en fait le canal marqué par la ligne » ponctuée *u*, & l'épaisseur de la planche » qui le recouvre de 5 lignes d'épaisseur; » ils sont inclinés la pointe en arriere; si » on éleve une perpendiculaire de leur » pointe au-dessous de la table, il faut » qu'elle soit de 12 pouces; & de cette » perpendiculaire au point où la ligne pon- » ctuée *u* touche la table, il y a 4 pouces.

» Le devant des socs est coupé en chan- » frein des deux côtés, prenant naissance » à 3 ou 4 pouces au-dessous de la table, » & fait une arrête à angle droit, garnie » depuis la pointe jusqu'à 6 pouces de » hauteur de fer battu ou de tôle d'une » ligne d'épaisseur, dont les bords, amin- » cis à la lime, sont rivés l'un sur l'au- » tre; cette garniture est arrêtée de cha- » que côté avec quatre vis en bois à tête » fraisée.

» Le canal est ouvert & échancré par-

» derriere juſqu'à la pointe de 3 ½ ou 4 » pouces de hauteur, comme on le voit » *fig.* 1.

» Les tenons *x*, *fig.* 1 & 2, qui tiennent » les ſocs à la table, ſont pris à un demi-» pouce du devant des ſocs; ce qui fait de » ce côté-là, où il n'y a point d'effort, un » épaulement ſuffiſant; ces tenons ont 3 » pouces ½ de longueur, dont 2 ¼ paſſent » au-deſſus de la table; ils ont 18 lignes de » groſſeur en quarré, & ſont retenus par-» deſſus avec des clefs de fer, ſur des plati-» nes de fer de 2 lignes d'épaiſſeur; le ſoc » du milieu a ſa clef du ſens de la longueur » de la table, les autres l'ont en travers.

» Les deux lignes ponctuées *u*, *fig.* 1 & 6, » repréſentent la largeur du canal qui eſt de » 10 lignes de tout ſens; ce canal doit ſe » rapporter ſous la table aux ouvertures » qu'on y fera pour communiquer aux tré-» mies qui ſont ſous le cylindre.

» Comme il eſt néceſſaire que les ſocs de » droit & de gauche puiſſent changer de » place, en s'écartant ou s'approchant plus » ou moins, ſelon qu'on voudra que les » rangées ſoient plus ou moins écartées, » on leur fera une élargiſſure en haut, à » droit à l'un, à gauche à l'autre, de 2 » pouces de ſaillie, & de 3 pouces de » hauteur *y*, *figure* 6, qui repréſente un

» de ces ſocs vu par-derriere, les lignes » ponctuées *u* marquent l'intérieur du ca- » nal ; le ſoc du milieu ne changeant point » de place, n'a pas beſoin d'élargiſſure.

» Pour placer les ſocs, on tirera une » ligne parallele au bout de devant de la » table à 3 pouces de diſtance ; on en tirera » une autre de 18 lignes plus éloignée. » C'eſt entre ces deux lignes qu'on ou- » vrira les mortaiſes, celle du milieu de » 18 lignes en quarré, celles des côtés » commenceront à 4 pouces $\frac{1}{2}$ du point » milieu de la table, & auront 6 pouces » à droit & à gauche.

» A 6 pouces $\frac{1}{2}$ du devant de la table » deſſus & deſſous, on tirera une parallele » le long de laquelle on percera des ou- » vertures dont la largeur ſera priſe en » arriere ; elles auront deſſous 10 lignes » en quarré, celle du milieu préciſément » au milieu de la longueur de la table ; le » côté le plus éloigné des deux autres, » ſera à 8 pouces du milieu de la table : » par-deſſus elles formeront toutes trois en » arriere des plans inclinés égaux, pour ſe » rapporter à ceux des trémies, *voy.* ʒ, » *fig.* 4 ; de côté elles en formeront d'au- » tres ; ſavoir, celle du milieu à droit & à » gauche, *fig.* 3, celles des côtés ſeu- » lement un, l'un à droit, l'autre à gau- » che, *fig.* 3.

» L'arriere-train eſt terminé par-devant » par l'age, *figures* 1 & 2, fait d'une » piece de bois de 3 pieds 3 ou 4 pouces » de longueur, de 2 pouces ½ dans la lon- » gueur de 14 pouces du bas, de là juſ- » qu'au bout d'en haut, arrondi & réduit » à 2 pouces de diametre.

» L'age eſt attaché au-devant de la » table avec une cheville à écrou; il re- » poſe ſur la traverſe *h*, où il eſt encore » retenu par une cheville à écrou; il eſt » lié avec l'avant-train par le collet *ff*, *fig.* 1, » de fer ou de bois, mais ſans trempoir, par- » ce que le tirage ne ſe fait pas par l'age, » mais par les cordes ou les courroies qui » vont des poulies de l'avant-train aux » poulies de renvoi; le devant de l'age » eſt ſoutenu par la ſellette.

» La *boîte à ſemences* eſt faite de plan- » ches épaiſſes de 5 lignes; elle eſt ſépa- » rée en trois compartiments dans ſa lon- » gueur, par deux cloiſons de 4 lignes » d'épaiſſeur : elle eſt diviſée, dans ſa hau- » teur, en deux parties, qui ſont comme » deux boîtes l'une ſur l'autre, dont la » ſupérieure poſée ſur l'inférieure, y eſt » retenue par des feuillures, & unie par- » devant avec des charnieres d'un pouce » de large, attachées avec des vis en bois, » par-derriere avec deux crochets.

» Cette boîte a 17 pouces de longueur, » 8 pouces d'épaiſſeur, & 14 pouces de » hauteur, le tout extérieurement; la hau» teur de la partie inférieure de 4 pouces » ½ eſt marquée, *figures* 1, 3 & 4, par » le trait *v*, qui marque auſſi au milieu de » l'épaiſſeur de la boîte, la hauteur du cen» tre d'une ouverture circulaire de 4 pou» ces de diametre, qui traverſe toute la » longueur de la boîte; c'eſt la place du » cylindre, *voy. fig.* 4.

» Les trois compartiments de cette par» tie de la boîte ſont garnis de plans in» clinés de différents ſens, faits de plan» ches de 3 lignes, pour conduire la ſe» mence au canal des ſocs: les fig. 3 & » 4 les déſignent aſſez clairement, pour » qu'il ne ſoit pas néceſſaire d'en dire » davantage.

» Il faut partager chaque compartiment » de la partie ſupérieure de la boîte en » deux parties égales dans le ſens de la » longueur de la boîte; de ce point il faut » porter 13 lignes, il n'importe de quel » côté; ici c'eſt à gauche en regardant » la boîte par le derriere, qu'on a ôté » pour voir l'intérieur, *fig.* 3, depuis le » point de ces 13 lignes, il faut porter » encore du même côté 10 lignes qui fe» ront l'intervalle entre deux petites cloi-

» ſons de 4 lignes d'épaiſſeur, qui ſeront » mortaiſées dans le devant & le derriere » de la boîte, dont le haut ſera à 2 pou» ces 9 lignes au-deſſus du joint, le bas » un peu au-deſſus de la feuillure. Dans » la fig. 3, 1, on voit ces petites cloi» ſons par le bout; on en voit une en face » 2, *fig.* 4, dans laquelle on remarquera » une échancrure circulaire qui indique la » place du cylindre.

» Les deux côtés de ces cloiſons, qui » reſteroient vuides, ſont couverts de pe» tites planches de 3 lignes d'épaiſſeur, *fig.* » 3, 3, collées ſur leur bord d'un côté, & » de l'autre appuyées & arrêtées contre les » grandes cloiſons, 3 pouces $\frac{1}{2}$ au-deſſus » du joint.

» On garnit l'intervalle entre les petites » cloiſons avec une languette 4, de 4 li» gnes d'épaiſſeur, & de 10 lignes de lar» geur, qui puiſſe y jouer ſans être lâche; » à l'un de ſes bouts, eſt un tenon qui » entre dans une mortaiſe faite dans le » devant de la boîte, dont le haut eſt à 2 » pouces 10 ou 11 lignes, mais pas plus » au-deſſus du joint; on la fera un peu » plus longue du bas par dehors que par » dedans; le tenon ſera retenu au-dehors » par une goupille juſte dans ſon trou, » ſans toucher à la boîte.

» A l'autre bout de la languette, & à 2 » lignes de son extrémité, on mettra » dessous une petite piece, que j'ai faite de » cuivre, ce qui vaudroit mieux, mais » qu'on fera de fer si l'on veut ; cette » piece, tout au plus de demi-ligne d'é- » paisseur, de la largeur de la languette, » & de 9 ou 10 lignes de longueur, est » pliée de 2 lignes en-dessous un peu plus » qu'à l'équerre ; c'est cette partie qui fait » le rateau qui frotte légérement contre le » cylindre pour raser les cellules ; le reste » fait une patte pour l'attacher sous la lan- » guette avec quatre pointes rivées ; le » bord, qui frotte contre le cylindre, sera » arrondi & adouci le plus qu'on pourra.

» Ce rateau sera éloigné de l'épaule- » ment du tenon de 4 pouces 4 lignes, » afin qu'il touche le cylindre au bout du » rayon, dont la languette seroit tan- » gente.

» Pour tenir le rateau aussi près qu'on » veut du cylindre, il y a, à 2 pouces $\frac{1}{2}$ de » l'épaulement du tenon, un piton quarré, » dont la queue taraudée est vissée par- » dessous ; il reçoit le bout d'un ressort, » dont la patte coudée est attachée au-de- » vant de la boîte avec une vis en bois.

» A 3 pouces du devant de la boîte, » on place, en travers de l'intervalle des

» petites cloisons, une bride de fer d'une » ligne d'épaisseur, & de 9 lignes de lar» geur dont les bouts sont un peu re» pliés, suivant la pente des fonds sur les» quels elle est arrêtée au bord des petites » cloisons avec deux vis en bois; cette » bride est percée dans le milieu de l'in» tervalle d'un trou un peu alongé du » derriere vers le devant : on passe dans ce » trou une vis à tête platte, large de 9 ou » 10 lignes. Entre cette tête & le collet, » on réservera un bouton qui appuyera sur » les bords du trou, & l'on fera entrer la » vis dans la languette à fleur du dessous, » quand le rateau touchera le cylindre.

» On sent bien que si l'on tourne la vis » de gauche à droit, comme pour la faire » entrer, elle éleve la languette; si on la » tourne au contraire, le ressort la fait » baisser; par ce moyen on peut semer » plus ou moins de grain; car si on laisse » frotter le rateau contre le cylindre, il ne » passe de grain que ce que les cellules » peuvent en contenir; si on l'éleve, il en » passe davantage, sur-tout si le rateau » est un peu creux dans son milieu; mais » il faut qu'il le soit presque imperceptì» blement; un quart de ligne est trop.

» On voit, *fig.* 3, la languette par le » bout 444, la bride & la vis; *fig.* 4, la

» la languette dans sa longueur, la bride, » la vis, le ressort & le piton; mais on en » distingue mieux les parties, *fig.* 5, où » sa grandeur est doublée.

» Voilà le fond de chaque comparti» ment fermé par la languette d'une part, » par la partie du cylindre qui y est à dé» couvert d'autre; le reste l'est par une » petite planche 5, *fig.* 4, appuyée con» tre le derriere de la boîte à la hauteur » des petites cloisons, en bas contre le cy» lindre: elle sera de l'épaisseur qu'on vou» dra; mais il faut que sa partie circulaire, » proche le cylindre, ait au moins 9 lignes, » qui est la longueur des plus longues cel» lules; autrement il passeroit du grain par » dessous, & l'on ne seroit pas sûr de ce » qu'on semeroit.

» A chaque bout de la boîte en bas & » par dehors, on arrêtera fortement, com» me on voudra, un tasseau de 18 lignes » de saillie, de 15 lignes d'épaisseur, long » de 4 pouces 9 lignes du derriere vers le » devant, contre lequel on arrêtera soli» dement avec de fortes vis, la branche » horizontale d'une équerre de fer 6, *fig.* » 1 & 3, de 15 lignes de largeur, de » 2 à 3 lignes d'épaisseur, aussi longue » que le tasseau; la branche perpendicu» laire aura 5 pouces & $\frac{1}{2}$; on y fera une

» fente en haut de 4 lignes de largeur, & » d'un pouce de longueur jusqu'au centre » d'un demi-cercle qui la terminera en-bas, » & qui se trouvera à même hauteur que » celui de l'ouverture de la boîte.

» Ces équerres sont les supports du cy- » lindre qui sera ajusté dans la partie qui » en est visible au-dessous des rateaux, » au plus près des échancrures des petites » cloisons, de façon qu'il tourne sans y » frotter.

» Je n'ai point dessiné de couvercle: » les uns en veulent, d'autres n'en veu- » lent point; on en mettra, ou l'on n'en » mettra pas : pour moi j'en mettrois un; » mais je voudrois qu'il fût en toit à deux » pentes, soutenu aux deux bouts, & sur » les cloisons par quatre planchettes cou- » pées en pignon de maison, mais fort » bas; les couvercles plats se tourmentent » trop à l'air.

» Pour assujettir la boîte sur la table, » vers les deux coins du bas par-devant, » on attachera, avec des vis en bois, les » pattes de deux charnieres à trois char- » nons dont deux appartiennent à la patte, » de façon que les charnons soient arrasés » au-dessous de la boîte; le charnon du » milieu, au lieu d'être à patte, sera une » fiche ronde de 14 lignes de longueur,

»& de 4 lignes de diametre, 7, *fig.* 4, »qui entrera dans les trous qu'on fera à la »table, un peu aisés sans être lâches, pla»cés de sorte que la boîte étant dans le »milieu, sa face postérieure soit arrasée à »la traverse de derriere.

»Dans le milieu de la longueur & de »la largeur de la traverse, on posera, »avec une vis en bois, un crochet de 4 »pouces & ½ de longueur qui reposera, »quand il sera abattu, sur un clou à cro»chet qui sera à côté; lorsqu'on voudra »assurer la boîte sur la table contre le ti»rage des courroies, on appuiera sur la »boîte pour forcer ce crochet sur un clou »à crochet 8, placé à hauteur convena»ble, un peu à droit de la ligne du mi»lieu; pour la soutenir panchée en avant, »on mettra un piton à vis, 9, *fig.* 4, un »peu à gauche de la même ligne du milieu »à un pouce du bas, enfoncé jusqu'à ce »que le crochet puisse y entrer, mais un »peu difficilement, afin que la boîte ne »retombe pas; par ce moyen la boîte se»ra élevée du derriere d'environ 3 pou»ces, & les courroies du cylindre seront »lâches.

»Le cylindre 10, *figure* 3, devroit être »fait d'un bois dur, uni & bien sec; mais »malheureusement les bois durs sont ceux

» qui se tourmentent le plus ; je n'en sais » qu'un, fait de Cormier, qui s'est assez » bien maintenu : mais il est difficile d'en » trouver de bien sec ; le Noyer ou le Hê- » tre y sont très-propres ; mon avis est » qu'on les fasse de deux pieces collées à » plat joint, après y avoir encastré un » petit carrillon de 6 lignes, sur les bouts » duquel on prendra les tourillons de 4 » lignes de diametre.

» Il faut commencer par déterminer la » longueur du cylindre entre les deux » poulies, qui est de 17 pouces 2 lignes ; » on ajoutera à chaque bout 17 lignes » pour aller jusqu'aux supports : ainsi les » poulies ayant 16 lignes d'épaisseur, au- » ront une ligne de jeu de chaque côté, » ce qui suffit.

» Je distingue ce cylindre en trois pe- » tits cylindres, un dans chaque compar- » timent de la boîte, que je sépare en » creusant leurs intervalles en gorge pour » rendre la piece plus légere ; pour trouver » leur place, il faut prendre le milieu de » la longueur totale entre les poulies, por- » ter à droit & à gauche 5 pouces & $\frac{1}{2}$; cha- » cun de ces trois points sera le milieu de » chaque petit cylindre, qui se trouvera » au milieu de chaque compartiment, à » droit & à gauche desquels on portera 18

» ou 20 lignes pour marquer leur lon-
» gueur par un trait, d'où l'on commen-
» cera la gorge de séparation.

» A droit & à gauche des points du » milieu, on fera un point à 9 lignes, » par lequel on fera sur le tour un trait fin ; » c'est sur chacune de ces zônes que se » trouvera le milieu des cellules, qui sur » l'une seront plus grandes, & en sens » contraires de l'autre, de façon que l'une » se trouvant en place pour recevoir la » semence & la distribuer, l'autre sera à » couvert, & se trouvera en place utile à » son tour quand on en aura besoin, en » retournant le cylindre bout pour bout, » au moyen de quoi deux cylindres suffi» ront pour semer quatre sortes de grains ; » au lieu qu'autrement il en faudroit qua» tre.

» Le nombre des cellules sur le pour» tour du cylindre, doit varier ainsi que » leur grandeur ; l'expérience m'a appris » que pour le bled il faut 12 cellules de » 4 lignes de largeur du côté du bout plat, » de 2 lignes & $\frac{1}{2}$ de profondeur au même » endroit, cintrées dans leur creux, & re» montant en glacis jusqu'à la circonfé» rence, d'où elles auront 7 lignes de lon» gueur, ce qui leur donne la figure de la » section d'un cône coupé parallélement à

» ſon axe : on les diſpoſera de façon que » la pointe paſſe la premiere ſous le ra- » teau.

» La diſtribution ſe fait aſſez bien avec » ces meſures ; mais je ſuis fondé à croire » qu'on pourroit faire mieux ; car j'ai re- » marqué que lorſqu'un grain ſe trouve » debout, ne pouvant s'enfoncer dans la » cellule trop peu profonde, il contraint » le rateau de s'élever ſouvent aſſez pour » laiſſer paſſer un ou deux grains de plus ; » ce qui interrompt l'égalité, & peut faire » un mécompte conſidérable. Sans ſe piquer » d'une exactitude ſcrupuleuſe, inutile » pour l'objet, je penſe qu'on doit en appro- » cher le plus qu'on peut ; ce qui arrivera » ſi l'on fait les cellules plus profondes de 4 » lignes, par exemple, & quarrées dans le » fond : elles contiendront 7 ou 8 grains, » mais on n'en fera que 6 ſur chaque zô- » ne ; elles ſeront mieux raſées, & s'il » paſſe un grain de plus, la différence ſera » moins ſenſible ſur 8 que ſur 3. On verra » par les cellules deſtinées à l'avoine, que » j'ai raiſon de croire que cela doit bien » réuſſir.

» Les cellules, telles que je les ai dé- » crites, ne laiſſent paſſer que trois grains, » quelquefois 4, ſous le rateau, lorſqu'il » touche le cylindre ; ce qui donne envi-

»ron 12 grains par pied, & un boiſſeau »& demi, meſure de Paris, par arpent »de 100 perches de 22 pieds, ſemé en »planches de 5 pieds de large; elles peu»vent ſervir pour l'orge & pour le ſeigle.

»Si l'on veut ſemer plus épais, on éle»ve le rateau; un quart de ligne ſuffit »pour donner un ou deux grains de plus »par cellule, ce qui fait un objet conſi»dérable.

»L'avoine eſt le grain le plus difficile »à paſſer dans les autres ſemoirs; elle a »très-bien réuſſi dans celui-ci en faiſant »les cellules de 7 lignes de largeur, de 2 »lignes de profondeur & de 9 lignes de »longueur, & ſeulement 6 cellules dans »le pourtour du cylindre.

»Si l'on vouloit ſemer quelques grai»nes fines, comme quelques perſonnes »me l'ont propoſé, de la luzerne, des »navets, &c, il faudroit, ſur un autre »cylindre, faire des cellules proportion»nées; par exemple, de 3 lignes ou même »4 de longueur, de 2 lignes de largeur »& de profondeur; en les faiſant quarrées, »je ne les voudrois que d'une ligne & de»mie de largeur, & à proportion pour de »plus groſſes.

»Aux deux bouts du cylindre, on fera »la place 11 des poulies 12, *figure* 3, de

» 18 lignes de diametre ; on les chaussera » dessus le plus juste qu'il sera possible ; & » pour les empêcher de tourner, on les » arrêtera par-derriere avec une cheville » de fer saillante de l'épaulement, ou un » petit tenon collé.

» Ces poulies auront 16 lignes d'épaisseur, 4 pouces de diametre au fond de » la gorge qui aura 10 lignes de largeur, » & les joues 8 lignes de profondeur.

» Le jeu de cette machine est aisé à » concevoir. En ouvrant la boîte, on placera les tourillons du cylindre à la place déja indiquée sur les supports, en » mettant les cellules, dont on voudra se » servir, du côté des languettes : on fermera la boîte qu'on arrêtera avec les » crochets ; on passera les cordes ou les » courroies ajustées à la même longueur » des poulies des roues, sur les poulies de » renvoi intérieures ; on mettra de même » les courroies des poulies de renvoi extérieures aux poulies du cylindre, & » l'on assujettira la boîte sur la table ; par-là les deux trains étant liés ensemble, » les roues ne pourront rouler que le cylindre ne tourne ; les cellules se chargeront du grain qu'on aura mis dans la » boîte ; & après avoir passé sous le rateau, il sera distribué par le canal des

»socs dans les petits sillons qu'ils auront »faits.

»Lorsqu'on voudra empêcher le semoir »de répandre du grain, comme quand on »a fini un trait, & qu'on veut tourner »pour en recommencer un autre, on lâ»chera le crochet qui tient la boîte assu»jettie, on la poussera en avant d'une »main, de l'autre on mettra le crochet »dans l'œil du piton; la boîte ainsi pen»chée en avant, les courroies du cylin»dre deviendront lâches, & l'on pourra »aller où l'on voudra sans perdre de se»mence.

»Toutes les dimensions que je viens »de donner, ne sont pas si absolument »décidées qu'on ne puisse y changer; ces »changements peuvent s'étendre à plu»sieurs objets; je ne parlerai que des »principaux sur lesquels ils peuvent tom»ber; il faut les faire avec jugement, & »une connoissance étudiée de la propor»tion qui doit toujours subsister entre les »parties qu'on y soumettra, relativement »au chemin que les roues parcourent »dans un tour.

»J'ai dit que je croyois que 6 cellules »quarrées & profondes feroient mieux, »& l'expérience le confirme. L'avoine a »bien réussi avec ce nombre de cellules;

» la diſtribution en a été bien égale &
» ſans interruption ; il pourroit bien ce-
» pendant n'en être pas de même des
» grains plus coulants, comme le froment
» & le ſeigle.

» Suivant la conſtruction que j'ai don-
» née, ce cylindre fait deux tours contre
» un des roues, que je ſuppoſe de ſept
» pieds ſur terre ; à ce compte les cellules
» au nombre de 6, font 12 jets dans cet
» eſpace, dont chacun doit garnir 7 pou-
» ces de terrein ; mais les cellules étant
» éloignées ſur le cylindre d'environ 2
» pouces, il pourroit arriver que le der-
» nier grain tombé d'une cellule, ne ſe-
» roit pas ſuivi immédiatement du pre-
» mier qui tomberoit de la ſuivante, ce
» qui feroit un eſpace vuide ; il faut donc
» faire un autre arrangement.

» On ne peut gueres augmenter ni dimi-
» nuer les poulies du cylindre ; il ne peut
» être qu'avantageux au contraire de di-
» minuer celles de l'avant-train, en les
» réduiſant, par exemple, à 6 pouces, &
» mettant 8 cellules ſur le tour du cylin-
» dre, qui ne feroit plus qu'un tour &
» demi contre une des roues : on auroit
» de même 12 jets dans un tour des roues ;
» & les cellules étant plus près l'une de
» l'autre, leurs jets ſe ſuccéderoient ſans

Cut

ig. 1.

lle de trois Pieds pour les

1 2

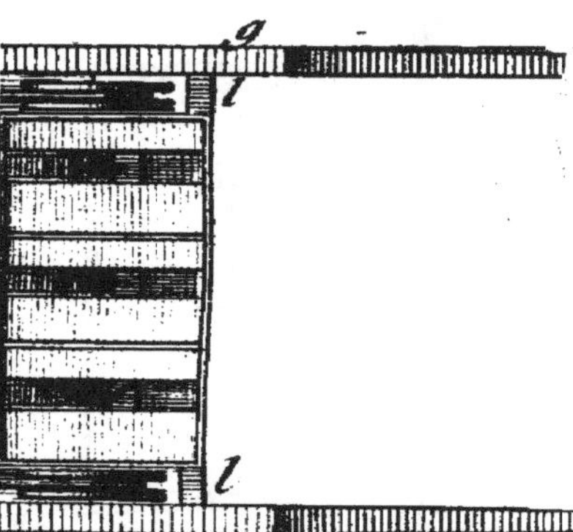

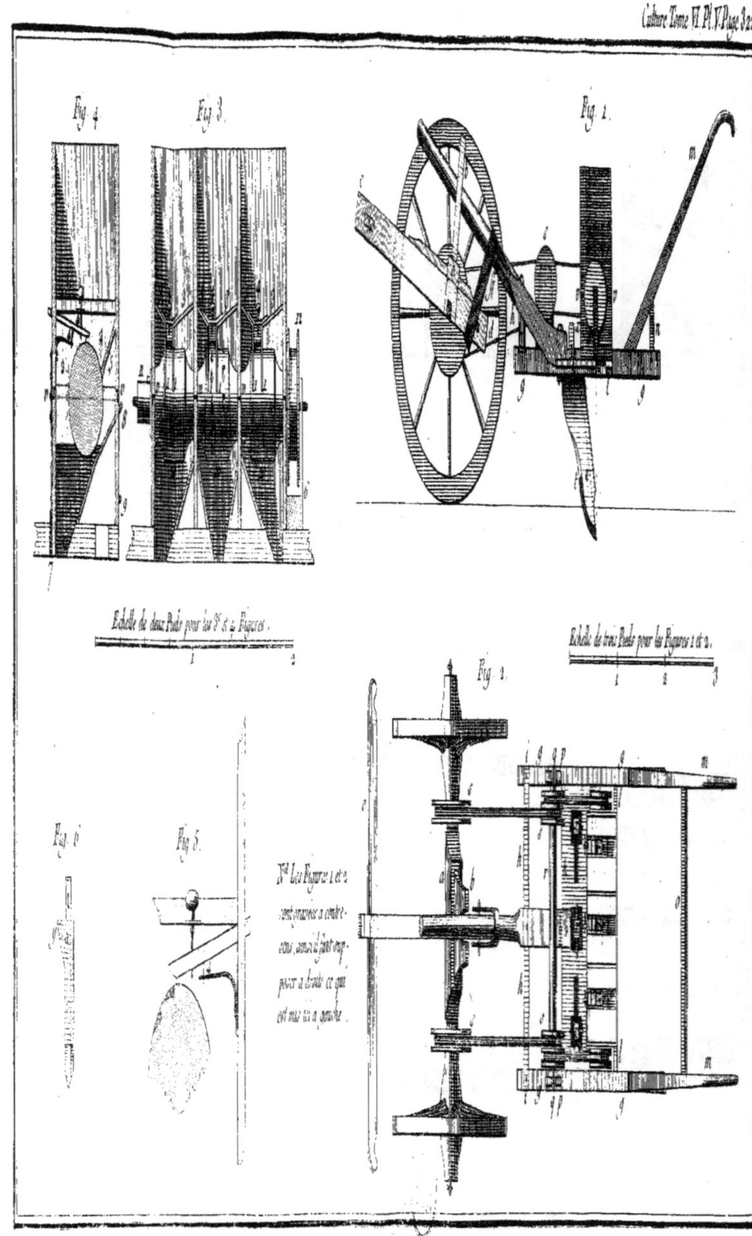
Fig. 4.
Fig. 3.
Fig. 1.
Echelle de deux Pieds pour les 3e et 4e Figures.
1
2
Echelle de trois Pieds pour les Figures 1 et 2.
1
2
3
Fig. 2.
Fig. 6.
Fig. 5.
Nª Les Figures 1 et 2 sont gravées à contre-sens, ainsi il faut compter à droite ce qui est mis ici à gauche.

»interruption ; c'eſt ce que les perſonnes »qui réflechiſſent, ſe donneront la peine »d'examiner.

»Il faut faire attention, que lorſque le »rateau raſera les cellules au plus près, »le ſemoir ne doit fournir que la moindre »quantité qu'on puiſſe ſemer, puiſqu'il »eſt facile d'en fournir davantage en éle»vant le rateau de très-peu de choſe ; un »Laboureur doit connoître ſa terre, & »ſavoir de quelle façon il veut ſemer ; »c'eſt à lui d'eſſayer & d'arranger ſon in»ſtrument à la maiſon, avant d'aller aux »champs.

»Je laiſſe aux perſonnes intelligentes, »qui voudront ſe donner la peine de con»duire les ouvriers dans la conſtruction, »& d'inſtruire leurs Laboureurs, le ſoin »de faire uſage de ce que j'en ai dit, & de »l'appliquer, ſuivant leurs lumieres, à ce »qu'ils trouveront de plus convenable.

Deſcription d'un Semoir à Va-&-vient. Pl. VI, fig. 1, 2, 3, 4, 5 & 6.

»LA premiere idée qui m'eſt venue, »en réfléchiſſant ſur les ſemoirs qui »avoient paru juſqu'alors, eſt celle du »*Va-&-vient* ; je nomme ainſi une piece »eſſentielle qui communique le mouve-

» ment de la roue à celle qui fait la dis» tribution.

» Quelques personnes m'ayant fait con» noître qu'elles desireroient qu'un semoir » pût semer depuis la plus petite graine » jusqu'à la plus grosse, j'ai tâché de lui » donner cette propriété en me bornant » néanmoins, pour les plus grosses, aux » pois & aux haricots. Avec un modele » qui a été fait de celui que je donne ici, » *Pl. VI, fig.* 1, muni d'un seul soc, on » a semé des navets, des radix, de l'avoi» ne, du bled, des lentilles à la Reine, de » la vesce & des haricots : tout a bien le» vé, & fait des productions.

» Dans la Figure qui représente cet ins» trument, comme dans celle du semoir à » cylindre, les socs sont représentés en» foncés de deux pouces en terre pour faire » voir que la partie du brancard, depuis » le coude jusqu'au derriere, doit être pa» rallele à la terre lorsque cet instrument » travaille.

» Ce semoir est d'autant plus simple » qu'il est à une roue; ce n'est pas qu'on » ne puisse le mettre sur deux roues quand » on voudra ; mais il en sera plus compo» sé, par conséquent plus cher, ce qu'il » faut éviter autant qu'on pourra.

» La roue a 2 pieds de diametre, 6 rais

» d'un pouce en quarré les angles abattus, » 6 jantes de 2 pouces de hauteur, & » d'un pouce & demi d'épaisseur. J'y » mets un petit bandage de 15 lignes de » largeur, & d'une ligne & demie d'é- » paisseur.

» Le moyeu a 20 pouces de longueur; » c'est la distance que j'établis entre cha- » que brancard; 4 pouces de diametre » au milieu; à 20 lignes près des bouts, » il est réduit à 3 pouces; cette longueur » de 20 lignes est encore réduite à 2 pou- » ces & ½ de diametre pour chausser dessus » des roues à chevilles dont je vais parler: » le moyeu n'est point percé; on met dans » les deux bouts des chevilles de fer à 8 » pans de 7 lignes de diametre, enfoncées » à force d'environ 3 pouces; on en laisse » sortir la longueur de 15 lignes, dont » on fait des tourillons de 6 à 7 lignes de » diametre.

» Les roues à chevilles sont prises dans » une planche de bois sec & bien ferme, » comme du noyer, mise à l'épaisseur d'un » pouce; quand elles sont arrondies à la » scie, on les perce de la grosseur de » l'assiette qui a été faite sur les bouts du » moyeu, où on les chausse un peu à » force; on les arrête avec 3 chevilles » percées dans les 8 lignes passantes du

» moyeu, & encastrées dans le devant des » roues, qui les empêchent de tourner, & » les serrent contre les épaulements.

» En cet état on les tournera de 7 pouces » juste de diametre, & on les réduira à » 8 lignes d'épaisseur, en en ôtant 4 li- » gnes du côté qui regarde la roue jus- » qu'à un cercle de 4 pouces de diame- » tre où elles resteront de leur épaisseur *a*, » *Pl. VI*, *fig.* 2, après quoi on tracera des » deux côtés un cercle de 6 pouces de dia- » metre, sur lequel on place des chevilles de » 2 lignes de grosseur; je les ai fait de cui- » vre & je les ai mises à vis, ce qui seroit le » mieux, car elles en seroient plus solides; » on les mettra comme on voudra, pourvu » qu'elles tiennent bien; mais il ne faut pas » qu'elles traversent.

» A la roue droite, sur sa face exté- » rieure, il y a 7 chevilles de 6 lignes de » longueur; de l'autre côté de la même » roue, il n'y en a que 5 de 4 lignes & ½ de » longueur; ces chevilles étant posées, on » les ajuste toutes de la même longueur » en penchant la lime vers le centre de la » roue, pour les faire un peu plus courtes » en dedans du cercle qu'en dehors; en- » suite on en lime le bout en pente des » deux côtés, pour leur faire une pointe » camuse & émoussée. L'autre roue porte

» sur sa face extérieure 6 chevilles de 4 li-
» gnes & ½, & à l'envers 4 de même lon-
» gueur ajustées comme les précédentes.

» Je commence l'explication des brancards en venant du derriere au devant : ils ont en tout 5 pieds de longueur du derriere à la perpendiculaire tombant du devant, 2 pouces de hauteur sur champ, & un pouce & demi d'épaisseur : la partie horizontale a 2 pieds 8 pouces de longueur ; là ils font un coude en remontant ; ce coude met le bout de devant par-dessous à 20 pouces de terre ; c'est une hauteur nécessaire pour que le tirage appuyant un peu, la roue roule toujours ; si j'avois fait les brancards droits, on auroit pu relever le tirage de plusieurs façons ; mais j'aurois trouvé des inconvénients. Il auroit fallu augmenter la hauteur des socs, ou la boîte se seroit trouvée trop penchée en arriere, ce qu'il faut éviter ; de plus, le Va-&-vient doit être parallele à la partie horizontale du brancard, & son élévation au-dessus est réglée par le rayon des roues à chevilles qui n'est que de 3 pouces ; alors le dessous de la boîte auroit été trop bas, les plans inclinés, sur lesquels la semence tombe pour aller aux socs, l'auroient été trop ; le grain au-

» roit pû s'y entasser, & engorger le semoir.

» On pourroit faire les brancards de bois » coudé naturellement ; de quelque façon » qu'on les fasse, il faut, en supposant la ligne » horizontale de dessous prolongée, que le » centre de la roue soit à 18 ou 20 lignes au-» dessus : je l'ai mis à 20 lignes, & toutes les » autres mesures s'ensuivent : mais n'ayant » pas trouvé de bois coudé qui me con-» vînt, j'ai pris dans une piece de 4 pou-» ces & ½ de largeur, une partie du coude » de 13 à 14 pouces de longueur, que j'ai » enté au moyen d'une clef de bois & de » deux petites chevilles de fer à écrou, ce » qui est plus solide que n'auroit été une » piece chantournée dans une table de fil » de 14 ou 15 pouces de large; j'ai même » pris le coude d'un angle plus ouvert, ce » qui fait que le bout du Va-&-vient n'est » point gêné; & j'ai fait à l'enture un se-» cond coude qui m'a donné la hauteur » que je voulois avoir devant. Voy. les li-» gnes ponctuées, *fig*. 1.

» Du derriere des brancards à la table » il y a un pied ; la table a 10 pouces de » largeur ; du bout de derriere des bran-» cards à la perpendiculaire sur laquelle est » le centre de la roue, il y a 3 pieds ; la » traverse du devant est à 4 ou 5 pouces » de la roue.

» Les

» Les manches sont en tout semblables, » & assemblés de la même façon qu'au semoir à cylindre; la table est assemblée » de même.

» Il n'y a de différence aux socs que » leur largeur à leur arrasement sous la ta- » ble, qui est ici de 6 pouces au lieu de 5 $\frac{1}{2}$.

» Pour placer la roue, on fera à la place » marquée sous chaque brancard, une en- » castrure terminée en demi-cercle, de la » profondeur du diametre des tourillons: » pour les empêcher d'en sortir, on aura » pour chaque côté une bande de fer de » 3 pouces de longueur; un pouce de lar- » ge & 2 lignes d'épaisseur, percée d'un » trou rond près de chaque bout; on en » arrêtera un derriere le tourillon avec » une vis taraudée d'un pouce de long à » tête fendue, qu'on serrera de façon ce- » pendant que la bande puisse tourner au- » tour quand on voudra ôter la roue, ou » la changer de côté; l'autre bout de la » bande sera fixé avec une cheville Ro- » maine aussi taraudée d'un pouce de » longueur; de cette façon les tourillons » restent en place, & on peut leur donner » le jeu qu'on veut sans balotter. On pour- » roit faire la même chose avec des trin- » gles de bois un peu plus longues & plus » épaisses.

» J'ai mis des pommettes de bois aux » bouts de devant des brancards, pour y » attacher les traits au lieu de crochets.

» Pour placer les ſocs, il faut tirer un trait » d'équerre par le milieu de la longueur » de la table ; on tirera avec le truſquin » une parallele à 17 lignes du bord de de- » vant, & une autre à 18 lignes plus » loin : entre ces deux lignes on ouvrira » les mortaiſes, ſavoir, celle du milieu de » 18 lignes en quarré ; les deux autres » commençant à 3 pouces & ½ de la ligne du » milieu, ſeront de 5 pouces & ½ de lon- » gueur chacune ; les ſocs ſont attachés à » la table comme au ſemoir à cylindre.

» A 6 pouces du devant de la table, on » tirera un trait de truſquin deſſus & » deſſous, qui ſera le milieu de la largeur » des ouvertures qui répondent deſſus aux » conduits de la boîte, deſſous au canal » des ſocs.

» Ces ouvertures ſeront toutes trois de » 10 lignes en quarré par-deſſous, celle » du milieu ſera évaſée par-deſſus, ſuivant » la pente des plans inclinés qui doivent » s'y rapporter 1, *fig.* 3.

» L'extrémité des deux autres ouvertures, » la plus éloignée de la ligne du milieu de la » table, ſera percée à plomb pour ſe rap- » porter à l'intérieur des bouts de la boîte,

» dont on ſuppoſe les planches épaiſſes de » 5 lignes ; ces ouvertures ſeront à 6 pouces » 7 lignes de la ligne du milieu ; elles ſe- » ront évaſées par-deſſus du côté du mi- » lieu de la table ſuivant le plan incliné 2, » *figure* 3 : on n'a deſſiné dans cette figure » que deux compartiments de la boîte, le » troiſieme étant ſemblable à celui de » l'autre bout.

» La boîte a 14 pouces de longueur, » 14 de hauteur, & 8 pouces d'épaiſſeur, » le tout en dehors ; elle eſt faite avec des » planches de 5 lignes d'épaiſſeur ; elle eſt » ſéparée en trois compartiments par deux » cloiſons de 4 lignes d'épaiſſeur.

» Le devant & le derriere de la boîte » ont 11 pouces 3 lignes de hauteur ; les » cloiſons ont 4 lignes de moins qui eſt » l'épaiſſeur du fond de deſſous qui doit » y être appliqué par ſes bords ; la hauteur » des bouts eſt de 14 pouces 4 lignes pour » y prendre deux tenons de 4 lignes qui » entrent dans la table ; on les voit en li- » gnes ponctuées 3, *fig.* 4.

» Il faut partager l'épaiſſeur de la boîte » en deux, par un trait qu'on tracera des » deux côtés des planches qui font les » bouts & les cloiſons. On tirera un trait » d'équerre des deux côtés des bouts de » la boîte par l'endroit où ſe termine le

» devant & le derriere ; on en tirera un » second 16 lignes au-dessus ; & aux cloi- » sons qui sont plus courtes de 4 lignes, » on le tirera des deux côtés de 12 lignes » plus haut que leur extrémité inférieure.

» Des perpendiculaires qui marquent le » milieu de l'épaisseur de la boîte, on ti- » rera une parallele dedans & dehors & » des deux côtés des cloisons, à 18 lignes » vers le devant, une autre à 28 vers le » derriere ; sur ces traits on ouvrira dans » les bouts une mortaise qui aura 46 lignes » de longueur, & 16 lignes de hauteur, » & dans les cloisons une échancrure de » même longueur, & de 12 lignes de » hauteur.

» On préparera deux planches bien » dressées à la varlope à petit fer coupant » bien fin, afin qu'elles soient justes & » unies ; elles auront 4 lignes d'épaisseur, » 4 pouces 8 lignes de largeur, & un peu » plus de 14 pouces de longueur. On les » assemblera par les deux bouts dans les » mortaises, passant de quelque chose au » dehors ; l'une appliquée contre le haut » des mortaises, sera le fond supérieur ; » l'autre appliquée contre le bas, sera le fond » inférieur ; on échancrera le fond supé- » rieur par les bords, pour le placer dans » l'échancrure des cloisons, contre le

» haut de laquelle il ſera collé & arrêté, » ſi l'on veut, avec deux pointes dont les » têtes ſeront enfoncées dans le bois : le » fond inférieur ſe trouvera appliqué par » ſes bords contre l'extrémité des cloi- » ſons.

» Les mortaiſes & les échancrures n'ayant » que 46 lignes de longueur, & les » fonds en ayant 56, il reſtera 5 lignes de » chaque côté, d'une partie deſquelles » on fera un tenon qui entrera de 2 li- » gnes dans les bouts de la boîte, le reſte » demeurera épaulement.

» Il reſtera entre les deux fonds une » couliſſe de toute la longueur de la boîte, » qui aura 46 lignes de large & 8 lignes » d'épaiſſeur, où coulera le diſtributeur » dont je parlerai bientôt.

» On tirera le long des fonds deſſus & » deſſous, à 18 lignes du bord de de- » vant, un trait qui ſe rapportera aux » perpendiculaires qui marquent le milieu » de l'épaiſſeur de la boîte, & l'on tirera » des traits d'équerre pour marquer la » moitié de chaque compartiment du ſens » de la longueur de la boîte.

» Au fond ſupérieur on tirera deux pa- » ralleles à la ligne du milieu, l'une à 5 » lignes vers le devant, l'autre à 15 vers » le derriere ; on tirera auſſi deux lignes à

» l'équerre, à 12 lignes à droit & à gau- » che de la premiere; on fera ſur ces 4 » lignes une ouverture qui aura 24 lignes » de long, & 20 lignes de large; enſuite » on ajuſtera quatre plans inclinés en forme » de trémie, qui ſe termineront en bas ſur » les bords de cette ouverture, & contre » les parois 8 lignes plus haut que ce fond.

» Au fond inferieur on tirera de même » deux paralleles; mais elles ſeront de » chaque côté à cinq lignes de celle du » milieu; on tirera auſſi deux traits d'é- » querre à la diſtance de 13 lignes du pre- » mier. Mais on en tirera deux autres de » 10 lignes plus éloignés, où l'on fera 2 » ouvertures de 10 lignes en quarré, ſé- » parées par un plein de 26 lignes de lon- » gueur. Les fonds étant aſſemblés à de- » meure, on raſera au rabot ce qui en » paſſera au-delà des bouts de la boîte.

» Du deſſous du fond inférieur à la ta- » ble, il reſte 2 pouces 9 lignes pour met- » tre la conduite; on fera deux planches » de 2 pouces 9 lignes de largeur, de 4 » lignes d'épaiſſeur, d'un peu moins de » 14 pouces de longueur, ayant à chaque » bout un tenon de toute l'épaiſſeur, & » d'un pouce de largeur; on fera dans les » bouts intérieurs de la boîte, des mor- » taiſes à mi-bois à 5 lignes à droit & à

» gauche de la ligne du milieu, où l'on
» placera ces tenons; ces deux planches se
» trouveront ainsi paralleles, & éloignées
» l'une de l'autre de 10 lignes qui se rap-
» porteront en haut sous les ouvertures
» du fond inférieur, en bas sur celles de
» la table qui communiquent au canal des
» socs entre ces deux planches, on placera
» les plans inclinés, 1 & 2, comme on le
» voit *fig.* 3. C'est tout cet assemblage
» que j'appelle *la conduite*.

» On placera du côté gauche de la
» boîte un verrouil debout de 3 ou 4 li-
» gnes de largeur, d'une ligne & demie
» d'épaisseur, & d'environ 3 pouces & $\frac{1}{2}$ de
» longueur, qui coulera avec facilité dans
» deux crampons : il sera terminé en bas,
» du côté du distributeur, par une pointe
» ronde de 4 ou 5 lignes de longueur qui
» entrera, quand le distributeur sera sur le
» devant de la boîte, dans un trou fait à
» fleur de la boîte dans un tasseau qui y
» sera attaché dessous le distributeur; &
» dans un trou fait au distributeur même,
» quand il sera sur le derriere de la cou-
» lisse. Ce verrouil sert à tenir le distribu-
» teur en place sans le presser, lorsqu'il
» joue, & à l'arrêter, lorsqu'il ne travaille pas.

» On mettra à droit un pareil tasseau
» sous le distributeur, percé de même à

» fleur de la boîte, & l'on fera un trou au » distributeur pour en arrêter le jeu avec » la cheville qui passera jusqu'à celui du » tasseau ; on marquera ces trous aux dis- » tributeurs, les cloisons des cellules étant » dans le milieu de leurs compartiments. » On voit *fig.* 6, le verrouil en face.

» Les deux côtés de la boîte sont échan- » crés par le devant de 2 pouces 4 lignes » de hauteur au-dessus de la table ; & de » 2 pouces en arriere, de façon qu'il reste » 6 pouces pour l'assiette de la boîte ; on » mettra des deux côtés par dehors, près » des échancrures, deux crochets de deux » pouces de longueur qui s'arrêteront dans » la tête courte de deux autres crochets » vissés dans la table ; on en mettra un troi- » sieme au milieu de l'épaisseur de la table » derriere ; celui-ci prendra dans une tête » de clou à vis, posé à un pouce du bas » dans le milieu de la boîte.

» Les distributeurs (car on doit en avoir » plusieurs) ne sont autre chose que des » tringles de bois de 3 pouces de largeur, » & de 8 lignes d'épaisseur ; ils doivent » être de bois bien sec, doux & uni ; le » Noyer est le meilleur ; le Hêtre, le Char- » me, le Poirier, peuvent être employés » à son défaut ; il faut qu'ils coulent aisé- » ment dans la coulisse sans balotter ; leur longueur

» longueur eſt différente ; ceux qui ſont » deſtinés à ſemer en ligne continue, ſuf- » fiſent de 17 pouces & $\frac{1}{2}$ de long, dont 2 » pouces & $\frac{1}{2}$ ſortent de la boîte du côté » droit, & un à gauche ; ceux qui ſont deſ- » tinés à ſemer par intervalle, ſont de 20 » pouces de long, pour pouvoir les mettre » bout pour bout ſuivant le côté des » roues à chevilles dont on ſe ſervira.

» Les diſtributeurs, pour ſemer en ligne » continue, ont, pour chaque comparti- » ment, deux ouvertures à jour que j'ap- » pelle *les cellules*, de 6 lignes de lon- » gueur, ſéparées par une cloiſon d'une » ligne & demie, ou deux tout au plus. » Par-deſſous, chaque ouverture eſt pro- » longée d'un pouce à droite & à gauche, » de la même largeur que la cellule, ap- » profondie ſuivant l'eſpece des grains, » & cintrée par le bout, comme on le » voit 4, *fig.* 3.

» Pour ſemer par intervalles, les diſtri- » buteurs n'ont qu'une cellule de 9 lignes » de longueur, & une chambre de 15 li- » gnes : la largeur eſt à proportion des » grains. On en voit une 5, *fig.* 3.

» Toutes les cellules pour le même uſa- » ge, & leurs chambres, ſont de même lon- » gueur ; elles different de largeur ſuivant » les grains : pour le bled, par exemple,

» elles doivent être de 4 lignes de large, & » les chambres de 2 lignes & ½ à 3 lignes de » profondeur, l'entrée du haut vers la cel- » lule un peu coupée en bizeau ; elles peu- » vent ſervir auſſi pour le ſeigle, les len- » tilles, la veſce, &c. Pour l'orge, on les » fera de 5 lignes de largeur, & les cham- » bres de près de 4 lignes de profondeur. » Pour l'avoine, elles ſeront de 7 lignes » de largeur, les chambres de 4 à 5 lignes » de profondeur, l'entrée en glacis juſqu'à » une ligne près du haut des cellules.

» Voici la façon de les placer ſur les » diſtributeurs. On fera deſſus & deſſous, » un trait de truſquin, qui ſoit préciſément » au milieu de la largeur des diſtribu- » teurs ; ce trait ſera à tous le milieu de » la largeur des cellules & des chambres ; » on marquera, par deux traits d'équerre, » une longueur de 14 pouces qui eſt celle » de la boîte, en commençant à un pou- » ce près du bout, qu'on mettra à gauche, » & à 30 lignes de l'autre bout, que je » nomme *la patte* ; on partagera cette » longueur en deux par un trait à l'équer- » re, qui ſe trouvera à la moitié du com- » partiment du milieu de la boîte, lorſque » les deux premiers traits ſeront à fleur du » dehors : à 4 pouces ½ à droite & à gau- » che de ce trait, on en tirera un autre ;

» ce sera le milieu des deux autres compartiments, & le milieu de l'épaisseur » des cloisons, qu'on tracera des deux côtés, au-delà desquelles on ouvrira les » deux cellules de 6 lignes de longueur, » & dessous, on creusera les chambres de » la longueur que j'ai dite.

» On observera qu'aux cellules de 7 ou » 8 lignes de large, la cloison épargnée » dans le bois pourroit n'être pas solide; » on la rapportera avec une petite planchette épaisse d'une ligne & demie, arrasée dessus & dessous. Voilà pour semer en » ligne continue.

» Pour semer par intervalles, on marquera de même la longueur de la boîte; » mais on laissera une patte du côté gauche de 42 lignes, & une autre à droite de » 30 lignes; on en verra la raison. La ligne de chaque compartiment étant marquée dans le milieu, on partira de cette » ligne à gauche, pour y ouvrir la cellule » de 9 lignes de longueur, & dessous, du » même côté, la chambre de 15 lignes.

» Le *Va-&-vient* est proprement un levier, dont le point d'appui change suivant la quantité de semence qu'on veut » répandre; il faut en avoir deux pour les » différentes façons de semer.

» Je nomme *tête* le plus gros bout du

» Va-&-vient, qui est du côté du semeur; » elle est fendue horizontalement pour re» cevoir la patte du distributeur, où elle » est unie par une cheville ronde qui lui » laisse la liberté d'agir, & de faire agir » en même-temps le distributeur; c'est du » milieu de cette cheville que je compte » 20 pouces jusqu'à l'autre bout, terminé » par une touche faite pour lui donner son » mouvement par le moyen des roues à » chevilles; c'est aussi du même endroit » que je compte le premier, le second trou, » &c, qui sont les différents centres de » mouvement du Va-&-vient.

» Il faut préparer un morceau de bois » ferme de 24 pouces de long, de 34 li» gnes de largeur, & de 16 lignes d'é» paisseur. On tirera une ligne au trusquin » tout du long à 8 lignes d'un bord; sur » cette ligne on fera un trait d'équerre à » 18 lignes du bout; ce sera le côté de la » tête, & l'intersection des deux lignes » sera la place de la cheville qui unit le » Va-&-vient au distributeur. De ce point » on fera un autre trait d'équerre à 20 » pouces de distance; sur ce trait on fera » un point, 4 lignes au-delà du premier » trait de trusquin; ce point sera le som» met de la touche, dont la base sera tracée » 6 lignes plus loin par un second trait de

» trusquin, qu'on menera jusqu'à 8 ou 9 » pouces de distance : il restera 16 lignes » pour soutenir la touche.

» La touche est un triangle isoscele qui » a 31 lignes de base, & 6 lignes de hau- » teur : on tracera donc ces côtés sur ces » mesures, en portant sur le second trait » de trusquin 15 lignes & ½ de chaque côté » de la perpendiculaire, d'où l'on tirera » des lignes au point qui marque le sommet » de la touche ; on tracera encore un trait » de trusquin à 16 lignes du bord, depuis » l'extrémité de la tête jusqu'aux deux tiers » de la longueur.

» On fera un point sur la premiere li- » gne tirée, où doivent se trouver tous » les centres de mouvement, à 13 pouces » 4 lignes du premier point marqué à la » tête ; il fait les deux tiers justes de la » longueur ; un pouce plus loin on tirera » une diagonale à la ligne sur laquelle est » la base de la touche, à 3 pouces & ½ » ou environ de son milieu ; on lui tirera » une parallele en dehors, mais à 20 li- » gnes de distance, parce que le bois se » trouve tranché : en enlevant tout ce qui » est hors des traits, on donnera la for- » me au Va-&-vient, telle qu'elle est mar- » quée 6, dans la figure 2.

» Il faut présentement diminuer de son

» épaiſſeur où elle eſt inutile : trois pouces » derriere la cheville, on commencera à en » ôter l'épaiſſeur de 3 lignes deſſus & deſ- » ſous, juſqu'à un pouce près de la baſe de la » touche ; il ſera réduit dans cet eſpace à 10 » lignes d'épaiſſeur ; du côté de la touche » on le réduira ſeulement à 13 ou 14 li- » gnes en glacis, de ſorte que le bord, » derriere la touche, ſoit auſſi de 10 li- » gnes.

» On fera la fente de la tête, longue » d'un peu plus de 3 pouces, pour que les » pattes des diſtributeurs, de 6 lignes d'é- » paiſſeur, y jouent librement ; on peut » même les réduire à une moindre épaiſſeur » ſuivant les circonſtances ; on garnira la » touche avec une bande de fer d'une demi- » ligne d'épaiſſeur bien adoucie ; on laiſſera » des pattes aux deux bouts, on l'atta- » chera avec des pointes à têtes fraiſées ; » mais il faudra ôter du bois de l'épaiſſeur » du fer ; car il ne faut pas que la touche, » toute ferrée, ait plus de longueur & plus » de ſaillie que la meſure preſcrite, afin » que lorſqu'une cheville échappe, & » qu'une autre eſt prête à prendre, ſon » ſommet touche le plan de la roue.

» Il faudra retracer la ligne des centres » que l'on marquera aux diſtances que je » donnerai ; on obſervera que le Va-&-

» vient étant en place, le sommet de la » touche appuyant contre le plan de la » roue, la ligne des centres prolongée, » doit tomber sur le milieu de l'épaisseur » de la roue ; c'est ce qui donne la faci- » lité de se servir du même Va-&-vient » pour les deux faces d'une même roue.

» On mettra derriere la touche, à un » pouce de sa base & par-dessous, une » broche de fer de 2 à 3 lignes de diame- » tre, & d'un pouce de saillie, ou moins » si cette longueur gêne : elle sert à ap- » puyer le bout d'un ressort attaché au » support dont je vais parler, pour re- » pousser la touche contre la roue.

» Comme l'autre Va-&-vient doit ser- » vir des deux côtés, la broche doit sor- » tir autant dessus que dessous, pour ren- » contrer, quand il est renversé, un au- » tre ressort tout semblable, destiné au » même usage.

» L'autre Va-&-vient en tout sembla- » ble au premier & des mêmes dimen- » sions, ne differe qu'en ce que la base » de la touche n'a que 21 ou 22 lignes, » & 5 lignes de hauteur ; moins on pourra » lui donner de base, plus les traînées se- » ront courtes, & les intervalles grands.

» Le support est une piece de 11 pouces » de longueur, large de 40 ou 42 lignes,

» épaiſſe de 20 lignes ; elle eſt platte du côté » par où elle tient au brancard, évidée à plat » en haut du même côté de 4 lignes d'épaiſ- » ſeur ſur un pouce de haut ; à un pouce du » haut de l'autre côté, elle eſt élégie par-deſ- » ſous en quart de cercle, & réduite juſqu'en » bas à 10 lignes d'épaiſſeur. On en voit » le profil *figure 5*. On tirera une ligne » tout du long à la moitié de ſa largeur, » qui prolongée, aboutiroit au milieu de » l'épaiſſeur de la roue à chevilles : c'eſt » ſur cette ligne qu'on percera les centres » qui ſe rapporteront à ceux du Va-&- » vient.

» Il faut marquer ſur le brancard droit, » par un trait d'équerre, la moitié de la » diſtance du milieu de l'épaiſſeur de la » boîte au centre de la roue, qui eſt de » 20 pouces.

» Du bout du ſupport qui doit être du » côté de la boîte, on fera un point ſur » la ligne du milieu à la diſtance de 6 pou- » ces ; c'eſt-là que ſe trouvera la moitié du » Va-&-vient : par ce point on tirera un » trait d'équerre, qu'on abaiſſera ſur le » côté droit ; en plaçant le ſupport, ce » trait doit ſe rencontrer avec celui qu'on » a fait ſur le brancard.

» On placera le côté plat du ſupport » contre le côté du brancard droit en-de-

» dans ; on l'arrêtera avec de la colle, & » deux ou trois vis en bois, le dessus éle» vé de 26 lignes, & bien parallele au» dessus du brancard : on voit *figure* 1, » que cette piece porte d'un demi-pouce » sur la table, & qu'elle est échancrée au» dessus pour laisser passer la tête du soc.

» On attachera le Va-&-vient au sup» port avec une vis à tête ouverte, com» me l'anneau d'une clef ; le collet aura » 10 lignes de long, & 3 lignes de dia» metre ; au-dessous du collet elle sera ta» raudée de la longueur d'un pouce d'un » gros filet, & se terminera au bout par » une pointe émoussée de 4 ou 5 lignes » de longueur.

» La cheville de fer, pour unir le Va» &-vient à la patte des distributeurs, » aura 2 lignes de diametre, 3 pouces de » longueur terminée en pointe comme la » vis, & la tête recourbée.

» Les distributeurs donneront plus ou » moins de semence, à proportion du plus » ou moins de jeu qu'on leur donnera ; ce » qui dépend des centres de mouvement » du Va-&-vient plus ou moins près de la » boîte. Le plus petit jeu est d'une ligne » de chaque côté ; le plus grand ne peut » être que de 6 lignes ; tous les autres » mouvements intermédiaires sont de li» gne en ligne.

» Le premier trou de la vis ſera au » quart de la longueur, à commencer de » la cheville, c'eſt pour une ligne de jeu; » le ſecond aux $\frac{2}{5}$, pour 2 lignes; le troi- » ſieme à la moitié, pour 3 lignes; le qua- » trieme aux $\frac{4}{7}$, pour 4 lignes; le cinquie- » me aux $\frac{5}{8}$, pour 5 lignes; & le ſixieme » aux $\frac{2}{3}$, pour 6 lignes. Pour éviter la » peine de faire toutes ces diviſions, à » certains ouvriers qui ne les entendroient » peut-être pas, les voici exprimées en » pouces ou parties de pouce.

» Pour le quart, 5 pouces; pour $\frac{2}{5}$, 8 » pouces; pour la moitié, 10 pouces; » pour $\frac{4}{7}$, 11 pouces 5 lignes un peu for- » tes; pour $\frac{5}{8}$, 12 pouces & $\frac{1}{2}$; pour les $\frac{2}{3}$, » 13 pouces 4 lignes.

» Mais il faut faire attention, que ce » jeu d'un côté, de 3 lignes, par exem- » ple, n'eſt que pour le premier jet; en- » core faut-il ſuppoſer, que les cloiſons » qui ſéparent les cellules étoient dans le » milieu de leurs compartiments au mo- » ment du départ; car ce ſont ces cloiſons » qui pouſſent le grain, & le preſſent de » ſortir par deſſous les chambres; pour » que ces cloiſons qui ont fait 3 lignes de » chemin en s'éloignant du milieu d'un » côté, en faſſent autant en s'éloignant du » milieu de l'autre, il faut qu'elles par-

» courent un eſpace de 6 lignes, ce qui » doublera le jet, & continuera ainſi juſ» qu'à ce qu'on arrête.

» Pour placer le trou de la cheville à la » patte des diſtributeurs à deux cellules, » on les tirera de 6 lignes au-delà du trait » qui eſt à fleur de la boîte à gauche, en » les ſerrant contre le devant de la cou» liſſe; on mettra la vis au dernier trou du » Va-&-vient, & le ſommet de la tou» che contre la pointe d'une cheville de la » roue : dans cette ſituation on marquera » la place du trou des pattes; lorſque le » ſommet appuyera contre le plan de la » roue, c'eſt à droite que le trait ſortira » de 6 lignes, & les diſtributeurs auront » 12 lignes de jeu.

» Pour les diſtributeurs qui n'ont qu'u» ne cellule, on retournera la roue du » ſemoir pour mettre à droite la roue à che» villes qui étoit à gauche; on mettra l'au» tre Va-&-vient, la cheville au dernier » trou, le ſommet de la touche ſur la poin» te d'une cheville à droite de la roue; on » mettra la patte du diſtributeur la plus » courte à droite; on éloignera le trait à » trois lignes de la boîte à gauche, & l'on » marquera le trou de la patte.

» Lorſqu'on voudra ſe ſervir du côté » gauche de la roue à chevilles, on retour-

» nera le Va-&-vient ; on le mettra dans » la même ſituation ; on retournera le diſ» tributeur bout pour bout, la plus lon» gue patte à droite ; on fera ſortir le trait » de 3 lignes à droite, & l'on marquera le » trou.

» On doit s'appercevoir qu'en ſe ſer» vant du côté droit de la roue à chevilles, » le grain tombera à gauche, & au con» traire. Il ſera toujours aiſé de connoître » comment il faudra placer les diſtribu» teurs, par la longueur des pattes & le » côté de la roue qu'on employera, ſui» vant les diſtances qu'on voudra mettre » entre les traînées.

» On ſe ſouviendra que la couliſſe de la » boîte eſt de 10 lignes plus large que les » diſtributeurs, cela ſert à arrêter le ſe» moir quand on ne veut pas ſemer. Pour » cet effet, d'une main on ôtera la che» ville, de l'autre on levera le verrouil, » & on tirera le diſtributeur en arriere ; on » mettra la cheville dans le trou qui eſt au » bord du diſtributeur, juſqu'à ce qu'elle » entre dans celui du taſſeau qui eſt » deſſous ; alors le verrouil tombera de » lui-même dans le trou qui lui eſt deſtiné, » & l'on pourra aller par-tout ſans perdre » un grain, les chambres étant fermées » par le fond inférieur.

» Pour le remettre en état de travailler, » d'une main on ôtera la cheville, de l'au» tre on levera le verrouil; on repoussera » le distributeur en avant; le verrouil re» tombera dans sa premiere place, & l'on » remettra la cheville à la tête du Va-&-» vient; le trou de la patte ne se trouvera » pas toujours dessous; mais le Semeur, » qui pour faire cette manœuvre, est plié » & appuyé de la ceinture contre la tra» verse des manches, la poussera un peu » en avant jusqu'à ce que la cheville ren» contre sa place.

» Lorsqu'on seme en ligne continue, le » semoir allant en avant, les chevilles » poussent la touche en dehors jusqu'à ce » qu'elles arrivent à son sommet, & en » redescendant de l'autre côté, le ressort » la repousse contre le plan de la roue, » le distributeur qui obéit à ces mouve» ments par l'union qu'il a avec la tête du » Va-&-vient, pousse d'abord à gauche, » ensuite à droite, les grains dont les cham» bres sont toujours remplies, & les fait » tomber l'un après l'autre; ce qui les » distribue très-également, & sans dis» continuité.

» Lorsqu'on seme par intervalle, la tou» che de l'autre Va-&-vient, dont la base » est moins longue, feroit le même effet

» s'il y avoit deux cellules aux distribu-
» teurs ; mais n'y en ayant qu'une, ils n'en
» fournissent que quand la touche s'éloigne
» du plan de la roue ; quand ils s'en rap-
» prochent, ils ne font que reprendre la
» place d'où ils sont partis sans fournir de
» grain, & y demeurent jusqu'à ce qu'u-
» ne autre cheville repousse la touche.

» Cette distribution ne se fait pas en
» paquet, comme lorsqu'on met trois ou
» quatre pois dans un trou fait avec un
» plantoir, mais en traînée longue de 3
» pouces à 3 pouces & ½, dans laquelle on
» dépose plus ou moins de grain suivant
» la place où l'on a mis la vis du Va-&-
» vient. Je pense que les grains seront plus
» avantageusement placés de cette façon,
» qu'ils ne le sont 3 ou 4 dans un trou,
» où ils se gênent & se nuisent. Au reste,
» le nombre des chevilles est arbitraire;
» on peut les changer suivant l'intervalle
» qu'on voudra mettre entre chaque traî-
» née ; il y a même beaucoup d'autres
» choses qui dépendent du génie & de
» l'intention des Cultivateurs : je pourrois
» en indiquer quelques-unes qui plairoient
» à quelques personnes ; mais s'il falloit
» dire tout ce que les réflexions produi-
» sent, on ne finiroit pas.

» Je n'ai rien dit de la place des ressorts;

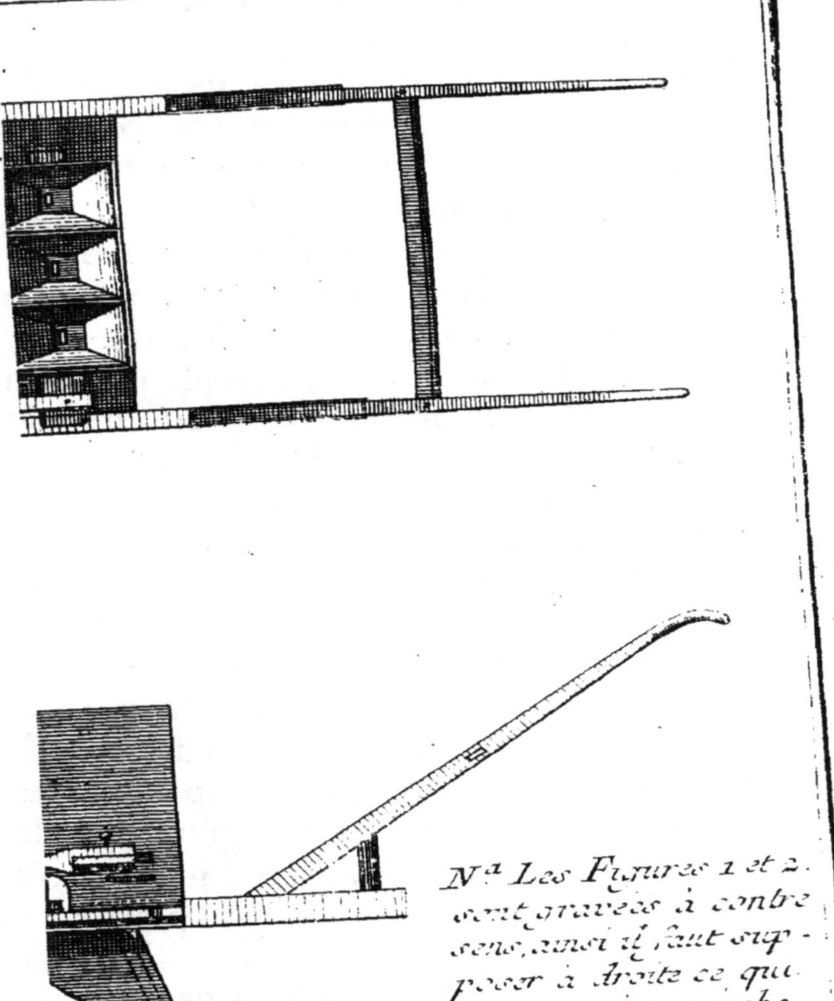

N.a Les Figures 1 et 2. sont gravées à contre sens, ainsi il faut supposer à droite ce qui est mis ici a gauche

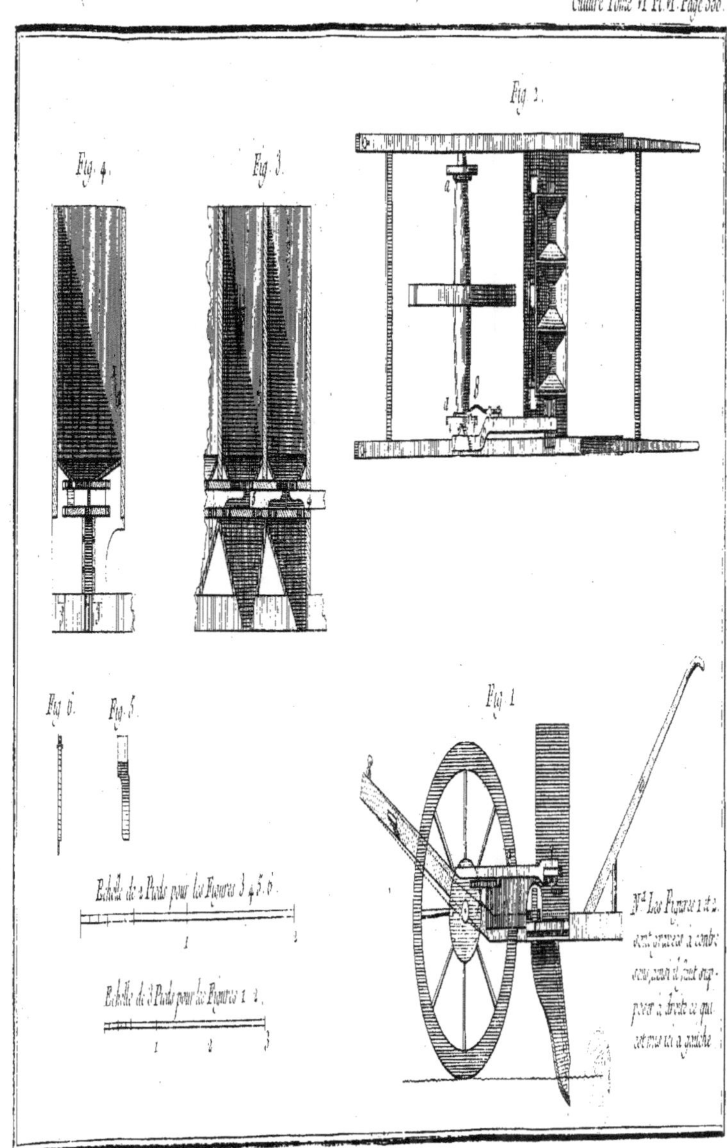
Culture Tome VI. Pl. VI. Page 360.
Fig. 2.
Fig. 4.
Fig. 3.
Fig. 6.
Fig. 5.
Fig. 1.
Echelle de 2 Pieds pour les Figures 3. 4. 5. 6.
Echelle de 3 Pieds pour les Figures 1. 2.
Nª. Les Figures 1 et 2. sont gravées à contre sens, ainsi il faut supposer à droite ce qui est mis ici à gauche

» on en voit un en 7, *fig.* 1, l'autre eſt » dans la même ſituation en 8 de l'autre » côté *fig.* 2. Ils tiennent tous deux avec » une même cheville à écrou, & au bout » de leur patte on met une pointe pour les » empêcher de varier ; il faut faire atten- » tion à les plier de façon qu'ils ſoient à » 3 ou 4 lignes des chevilles quand ils ne » ſervent pas, le bout rabattu proche le » plan de la roue pour leur donner de la » bande ſuffiſamment.

Réflexions ſur les Semoirs.

» Je trouve pluſieurs inconvénients aux » ſemoirs à deux roues & aux ſocs ſur deux » alignements : je m'en étois apperçu avant » d'en faire des modeles ; je les ai bien » mieux ſentis à l'uſage. On peut remé- » dier à celui qui vient proprement des » deux roues, du moins en partie, prin- » cipalement ſur les planches, par la fa- » çon de les former ; mais celui qui vient » de la ſellette eſt le principal ; plus elle » eſt haute, plus il eſt conſidérable.

» Les planches tout-à-fait formées ſont » en pente des deux côtés, depuis leur » ſommet juſqu'au fond des ſillons ; les » roues qui roulent ſur le milieu de ces » plans inclinés, ont de la peine à s'y

» maintenir ; le moindre choc en dé» range la direction ; si une pierre ou » une petite motte en souleve une, » l'autre qui devient plus chargée, des» cend vers le sillon : il faut une atten» tion continuelle à se redresser ; cela ar» rive fréquemment ; la sellette, si peu » haute qu'elle soit, suit ces mouvements, » étant portée alternativement à droite & » à gauche ; il faut que l'age y obéisse; » l'arriere-train les suit, & les socs font » leur trace en serpentant, au lieu de » faire une ligne droite assurée.

» On s'est très-bien trouvé de ne for» mer les planches qu'à moitié ; elles sont » alors de la largeur de la voie du semoir : » on les a finies après avoir semé ; alors les » roues se trouvant dans le fond du sillon, » ne peuvent en sortir ; il n'y a plus que » les pierres ou les mottes qui donnent » quelques secousses : le trait du semoir est » plus ferme ; mais la trace est toujours un » peu ondée.

» Il en sera de même en semant en » plein, même à plat, parce que l'arriere» train se sentira toujours un peu de l'im» pression que les roues reçoivent de l'i» négalité du terrein, tant que la sellette » sera plus haute que l'essieu.

» Je voudrois donc, pour y remédier, supprimer

» ſupprimer totalement la ſellette, & que » ce qui tiendroit lieu de l'age ne fût autre » choſe que le forceau prolongé & arrondi du côté de l'arriere-train, où il entreroit fort à l'aiſe dans le trou d'une » traverſe tournante ſur deux tourillons « dans les côtés de l'arriere-train. J'en ai » fait l'eſſai, qui a bien réuſſi, au modele » d'un ſemoir que j'ai négligé, l'ayant » trouvé trop compoſé d'ailleurs : les plus » mauvaiſes opérations donnent quelquefois de bonnes idées ; je pourrai bien le » refondre.

» Les ſocs ſur deux alignements font » un effet bien plus eſſentiellement mauvais ; on a penſé, en les mettant ainſi, » à laiſſer un plus grand intervalle entr'eux » pour paſſer les groſſes mottes ; mais la » conſtruction en devient plus difficile ; » de plus il faut conſidérer, que la diſtance des raies eſt plus ordinairement de 7 » pouces que de moins ; les ſocs ayant 2 » pouces d'épaiſſeur, il reſte entr'eux un » intervalle de 5 pouces ; or ſi dans une » terre prête à ſemer, il ſe trouve un grand » nombre de mottes aſſez groſſes pour ne » pouvoir paſſer par cet intervalle, je dis » que cette terre eſt fort mal préparée, » & qu'on ne doit pas en eſpérer une récolte abondante ; je ſais bien qu'il y a

» des années où le mauvais temps ne laisse
» pas la facilité de la travailler comme on
» voudroit ; mais il ne faut pas moins
» mettre les Cultivateurs dans l'obliga-
» tion de la mettre dans le meilleur état
» qu'il est possible ; on trouveroit plus de
» profit à en bien préparer une petite quan-
» tité.

» Un défaut essentiel des socs sur deux
» alignements est, que ceux qui ont la
» pointe en avant, ne peuvent déposer la
» semence aussi avant en terre, que ceux
» dont la pointe est en arriere ; dans ceux-
» ci le grain coulant sur la face de devant
» du canal, est soutenu jusqu'à la pointe où
» il est déposé dans le plus profond du
» sillon ; il y est recouvert si promptement
» par la terre qui s'éboule des deux côtés,
» qu'on le perd de vue dans l'instant.

» Les autres au contraire ne soutenant
» la semence qui coule le long de la face
» de derriere, que jusqu'à la hauteur de
» l'échancrure qui est à 3 ou 4 pouces au-
» dessus de la pointe, la déposent à 2 ou
» 3 pouces derriere la pointe sur la terre
» déja éboulée de plus d'un pouce d'é-
» paisseur ; & elle y reste si peu recou-
» verte, qu'on en voit presque tous les
» grains ; il faut de nécessité le secours de
» la herse, dont cependant plusieurs per-

» ſonnes ne ſe ſoucient pas ; mais on ne » corrige point encore l'inégalité de la » profondeur qui eſt un défaut.

» Il y a plus ; ſi les roues ſont dans le » fond des ſillons, & les ſocs ſur un ter- » rein plus élevé, ceux de devant entrent » dans la terre que ceux de derriere ne » font qu'effleurer ; le contraire arriveroit » ſi les roues ſe trouvoient plus élevées ; » il faut donc dans le premier cas pouvoir » rapprocher l'arriere - train de l'avant- » train ; ce qu'on ne peut faire qu'avec » des courroies, & non avec des cordes.

» On n'a point tous ces accidents à » craindre lorſque tous les ſocs ſont ſur la » même ligne leur pointe en arriere, que » le ſemoir ait deux roues ou qu'il n'en » ait qu'une, c'eſt la même choſe ; mais » à une roue, ſi l'on a ſoin de la mettre » toujours dans le fond d'une raie, elle » n'en ſortira pas. Le ſemoir eſt léger & » aiſé à mener droit, ſi la raie eſt droite ; » & c'eſt du labour que cela dépend. On » a ſemé fort droit avec le modele du Va- » &-vient à un ſoc, quand on a ſuivi une » raie, quoiqu'il n'ait pas la même ſolidité » qu'à trois ſocs, puiſqu'il ne porte que » ſur deux points.

» Je n'ai point deſſiné de herſe pour ces » deux ſemoirs ; tout le monde pourra la

» conſtruire ſur la deſcription que je vais
» en donner.

» C'eſt proprement un rateau à deux
» manches, fait d'une piece de bois de
» 3 pouces de largeur, de 2 pouces d'é-
» paiſſeur & d'environ 30 pouces de lon-
» gueur, où l'on aſſemble 4 dents de 7 ou
» 8 pouces de longueur ayant un angle par
» devant; on les rend pointues par le bas,
» en coupant le derriere en portion de
» cercle; elles ſont à 7 pouces $\frac{1}{2}$ l'une de
» l'autre pour ſe rapporter à peu-près vis-
» à-vis le milieu de l'intervalle des ſocs;
» on aſſemble vers les bouts deux manches
» de 2 pieds & $\frac{1}{2}$ à 3 pieds de longueur, de
» 2 pouces ſur champ, & d'un pouce d'é-
» paiſſeur. On les applique aux deux côtés
» des brancards par dehors, où ils tien-
» nent par les bouts de devant avec de
» fortes vis, autour deſquelles ils peuvent
» tourner, à telle diſtance qu'en levant
» la herſe, elle ne touche point aux bouts
» de derriere des brancards; on attache à
» ſon milieu une corde qu'on fait paſſer
» dans un trou fait au milieu de la traverſe
» des manches; on y met un anneau qui
» porte ſur cette traverſe quand les dents
» de la herſe touchent la terre, & qu'on
» arrête à un clou à tête ronde, attaché
» ſur un des manches lorſqu'on veut tenir
» la herſe levée.

» Le ſieur JOUVET, Maître Menuiſier, » qui travaille en machines avec beaucoup » d'intelligence, a très-bien imaginé de » prolonger les manches de la herſe d'un » pied en arriere, les terminant en poi- » gnée; ce qui donne une grande facilité » pour mener le ſemoir au loin ».

§. IV. *Changements que j'ai faits à mon ſemoir pour le perfectionner,* Pl. VII & VIII.

J'AI dit que j'avois beaucoup perfectionné le ſemoir dont j'ai donné la deſcription dans le Tome II, pag. 158, de la Culture des Terres; il convient d'expliquer les changements que j'y ai faits: mais on fera bien de ſe rappeller ce que j'ai dit de ce ſemoir à l'endroit cité.

L'avant-train eſt reſté à peu-près tel qu'il étoit, *Tom. II, Pl. III & IV*, excepté que j'ai augmenté la voie ou la diſtance d'une roue à l'autre, & que j'ai ajuſté des poulies au gros bout des moyeux des rouelles, comme on l'apperçoit en jettant les yeux ſur la fig. 1 *Pl. III* du Tome II, & ſur la *Pl. VII* de celui-ci.

L'avant-train a deux roues ou rouelles *A A*, qui ont 24 pouces de diametre, (*voy. Pl. VII & VIII*). Au gros bout de chaque moyeu, eſt ſolidement attaché une poulie *BB*, de 7 à 8 pouces de diametre, à compter du fond de la gorge, qui a un pouce de largeur.

Les deux roues *AA*, & leurs poulies *BB*, reçoivent les bras d'un eſſieu de fer *CC*, qui a 25 ou 30 pouces de longueur, ſuivant la voie qu'on veut donner à l'avant-train : j'en parlerai dans la ſuite. Les bras de cet eſſieu ſont ronds ; & le corps qui eſt quarré, eſt reçu dans une piece de bois quarrée *D*, qui porte la ſellette *E* : elle s'éleve de 12 ou 13 pouces au-deſſus du centre de l'eſſieu ou de l'axe de la piece de bois quarrée qui enveloppe l'eſſieu.

A cette piece de bois quarrée *D*, eſt aſſemblé le teſtard *F*, & le forceau qui déborde derriere la ſellette vers *G*, d'environ un pied, pour recevoir le collet *G*; & en devant, le teſtard eſt traverſé par l'épar *HH*, auquel on atelle un cheval; ou bien on y attache des palonniers, ſi l'on veut y mettre deux animaux.

On voit, qu'excepté qu'on a augmenté la voie des roues, & qu'on a ajuſté une poulie ſur chaque moyeu, l'avant-train de ce ſemoir reſſemble entiérement à celui de nos charrues, tel que je l'ai fait graver, *Tome V, Pl. II, pag.* 294.

L'arriere-train eſt formé par une planche *I K*, de 19 pouces de longueur, 10 pouces de largeur, & un pouce & ½ d'épaiſſeur : cette planche eſt creuſée, & porte trois trémies *L*, *Pl. VIII*; à ſes deux bouts ſont emboîtées les deux traverſes *M-M*, qui ont 30 ou 32 pouces de longueur, & un pouce & demi de largeur, ſur la même épaiſſeur que la planche ; au milieu eſt ſolidement aſſemblé l'age *N* qui paſſe dans le collet *G*, & repoſe ſur la ſellette *E*. Cet age a environ 3 pieds & ½ de longueur, & 2 pouces ſeulement de diametre.

Au bout antérieur des traverſes ou emboîtures *M*, ſont aſſemblés deux montants ou poupées *O O*, qui ont environ 6 pouces de hauteur, 4 pouces de largeur, & un pouce & ½ d'épaiſſeur ; ils ſervent à ſoutenir l'arbre qui porte les lanternes, ainſi que les petites poulies *TT*, qui ont 4 pouces de diametre à compter du fond de la gorge : les lanternes ont 5 pouces & ½ de diametre, à compter du milieu d'un fuſeau au milieu d'un autre.

L'arbre des lanternes qui eſt de bois, ou mieux de fer, a environ 19 pouces de longueur, & ſes extrémités ſont reçues dans une entaille qu'on a faite au côté poſtérieur des montants ou poupées *O*, où il eſt retenu par une cheville qui l'empêche d'en ſortir.

Sur la planche *I K*, eſt poſée la boîte à ſemences *P P*, *Pl. VII*, *fig.* 1 ; elle a 19 pouces de longueur, 14 pouces de hauteur, & 8 pouces de largeur.

Sur les deux bouts de cette caiſſe ſont fermement attachés les deux liſteaux en équerre Q Q.

La branche verticale de ces équerres eſt attachée par ſon extrémité inférieure à l'emboîture *M*, au moyen d'une cheville de fer *R* ; ce qui permet à la caiſſe un mouvement de charniere qui eſt néceſſaire pour la renverſer en arriere, lorſqu'on ne veut point répandre de ſemence ; comme nous l'expliquerons dans la ſuite.

A l'égard de la branche horizontale de la même équerre Q, elle porte un axe de bois ou de fer auquel ſont fixées les palettes ; & au-deſſus une corde tortillée qui eſt traverſée par de petits morceaux de bois, auxquels elle imprime une force de reſſort afin qu'appuyant ſur les palettes, elles ſoient rappellées contre les trous qui ſont au fond de la caiſſe à ſemence.

Comme les palettes ne traverſent point le faiſceau de corde qui fait reſſort, & comme elles ſont toutes trois aſſemblées ſur un même arbre, il eſt évident qu'une ſeule lanterne ſuffit pour faire jouer les trois palettes.

Il eſt bon de remarquer que chaque trémie *L*, *Pl. VIII*, *fig.* 1, eſt bordée d'un petit chaſſis quarré *a a*, *fig.* 2, d'environ 5 pouces de hauteur, qui forme un entonnoir, ſur lequel le fond de la caiſſe à ſemence repoſe immédiatement, afin que les grains que les cuilliers font rejaillir, retombent néceſſairement dans les trémies : il y a ſeulement au-devant de ces entonnoirs une entaille *b* par laquelle paſſent les palettes afin que leur jeu ſoit libre. Les palettes, *bb*, *cc*, *fig.* 1, plus les queues *cc*, *dd* qui ſont derriere l'arbre qui les porte, & qui engrainent dans les lanternes, ont à peu près 10 à 11 pouces de longueur.

VV, ſont les manches de l'arriere-train : ils ont 30 pouces de longueur, & ſont éloignés l'un de l'autre d'environ 19 pouces. On les ſouleve un peu, ou l'on appuie ſur eux, pour faire entrer les ſocs plus ou moins avant en terre.

Les ſocs *X*, *Pl. VII*, *fig.* 1, ont 12 à 13 pouces de hauteur perpendiculaire, non compris les tenons qui les aſſemblent avec la planche ; leur largeur eſt de 4 pouces & $\frac{1}{2}$ à 5 pouces, & leur épaiſſeur de 2 ou 2 pouces & $\frac{1}{2}$.

Maintenant il eſt aiſé de concevoir que quand on traîne cet inſtrument, les roues *A* de l'avant-train tournent, & entraînent les poulies *B*; celles-ci, au moyen d'un renvoi de cordes, font tourner les petites poulies *T* de l'arriere-train : comme ces poulies sont en-arbrées avec les lanternes *e e*, elles les font tourner ; & les fuseaux faisant lever les queues *dd*, *ff*, *fig.* 2, des palettes *cc*, *bb*, les trous du fond de la caisse se débouchent, de maniere que la semence tombe, & elle se rend par les trémies derriere les socs : ensuite le ressort de corde qui agit sur les palettes, les remet dans leur premiere situation, & les trous sont refermés.

On voit (*Planche VII*, *fig.* 2,) 1°, le jeu des palettes exprimé par des lignes ponctuées de *cb*, en *cg*; 2°, celui des queues, de *fd*, en *fh*; 3°, celui des morceaux de bois qui répondent au ressort de cordes *ik*, de *ld*, en *lm*: il y a des arcs ponctués qui indiquent le mouvement de ces différentes pieces.

Ce semoir est bien plus simple que celui dont nous avons donné la description dans le Tome II, puisque nous avons supprimé les grandes roues de l'arriere-train, les montants à coulisse & les poupées; néanmoins il exécute plus sûrement son service; parce que, 1°, les palettes étant plus longues, leur jeu est plus grand & moins sujet à se déranger; 2°, le ressort de corde, au lieu d'être ſous la caiſſe, ce qui faiſoit qu'on avoit peine à lui donner une tenſion convenable, eſt maintenant fort en avant de la caiſſe, & on peut le tendre ou le lâcher avec beaucoup de facilité. 3°, Comme la caiſſe à ſemence repoſe immédiatement ſur les trémies, tout le grain qui en ſort ſe rend néceſſairement derriere les ſocs, pourvu que dans la conſtruction on ait eu ſoin d'incliner aſſez les parois des trémies pour que le grain n'y reſte pas : ainſi on eſt diſpenſé d'avoir, comme à l'autre ſemoir, un tuyau de cuir ou de tôle pour conduire la ſemence dans les trémies : ce tuyau étoit fort incommode, parce que la boîte à ſemence étoit tantôt fort près, & tantôt trop éloignée des trémies, ſuivant que les roues du train de derriere s'élevoient ou s'abaiſſoient ; d'où il réſultoit que, quelque précaution qu'on prît, il y avoit toujours des grains qui ſe répandoient ſur la planche : maintenant tout entre dans les trémies, & ſe rend derriere les ſocs. Mais il ſe préſentoit deux grands inconvénients qui auroient rendu ce ſemoir inutile, ſi l'on n'avoit pas ſû y remédier.

Si l'on vouloit tranſporter l'ancien ſemoir, ſans répandre de ſemence, il ſuffiſoit de lever les manches, & de porter le train de derriere ; car comme c'étoient les roues de l'arriere-train qui faisoient tourner les lanternes, elles restoient immobiles, si-tôt que les roues ne portoient plus à terre ; mais au semoir dont nous parlons, comme ce sont les roues de l'avant-train qui font tourner les lanternes, on a beau soulever l'arriere-train par les manches, aussi-tôt que le semoir avance, les lanternes tournent, & la semence se répand ; ce qu'il étoit important d'éviter, & voici comment on y a réussi.

Pour concevoir cette manœuvre, il faut être prévenu que le bâton *Y, Pl. VII, fig.* 1, retenu par une cheville dans la grande mortaise *Z*, qui est sur l'age, porte à l'endroit où il pose sur la caisse à semence *P P*, un petit crochet de fer *y*, qui sert à assujettir le fond de la caisse sur les trémies, & à empêcher que les secousses de l'arriere-train ne fassent ballotter la caisse. Quand on ne veut plus répandre de semence, le Charretier qui est aux manches *V V*, souleve le bâton *Y*, & tirant la boîte à lui, il lui fait prendre la situation qu'indique la ligne ponctuée de la figure 1 : il laisse retomber le bâton *Y* ; & le même crochet de fer qui assujettissoit la caisse sur les trémies, empêche qu'elle ne se remette dans sa premiere situation ; alors la queue des palettes étant relevée, elles n'engrainent plus dans les lanternes, qui continuent à tourner ſans déboucher les trous du fond de la caiſſe à ſemence. Veut-on recommencer à ſemer, on leve le bâton *Y*; la caiſſe retombe à ſa premiere place, le bâton *Y* reprend auſſi ſa premiere ſituation, & ſur le champ les lanternes agiſſent ſur les palettes : ainſi un coup de main ſuffit pour mettre cet inſtrument en état de ſemer ou de ne pas répandre de ſemence.

L'autre difficulté étoit de faire en ſorte que les cordes ſans fin qui communiquent le mouvement des poulies *B* de l'avant-train aux poulies *O* de l'arriere-train, ne fuſſent ni trop ni trop peu tendues : car ſi elles l'étoient trop peu, les poulies ne tourneroient pas ; ſi elles l'étoient trop, l'axe des lanternes éprouveroit un frottement trop conſidérable ; or il ne ſuffit pas d'ajuſter ces cordes une fois pour tout ; car on ſait que les cordes & les courroies ſe raccourciſſent dans les temps d'humidité, & qu'elles ſe lâchent dans les temps de ſéchereſſe, en ſorte que par les eſſais que nous avons faits, nous avons reconnu qu'il étoit impraticable d'être continuellement occupé à allonger ou à raccourcir les cordes ou les courroies ; mais nous avons levé cet inconvénient d'une façon bien ſimple : il ſuffit d'ôter le *trempoir* , ou la cheville de fer qui traverſe l'age au-deſſus du collet G, & qui, dans les charrues ordinaires, eſt deſtinée à faire que l'arriere-train ſuive le mouvement de l'avant-train ; par la ſuppreſſion de cette cheville, l'arriere-train n'eſt plus tiré par l'age, qui ne ſert dans notre ſemoir qu'à entretenir la planche de l'arriere-train dans une ſituation à peu-près horizontale, & à lier en quelque façon l'arriere-train avec l'avant-train ; c'eſt pourquoi il eſt bon que l'age ſoit un peu ſerrée par le collet ; mais l'arriere-train étant uniquement tiré par les cordes ſans fin, elles ſont entretenues par la réſiſtance des ſocs dans une tenſion convenable, ſans que l'alongement ou l'accourciſſement des cordes puiſſent produire aucun inconvénient, à moins qu'on ne ſe servît de ſocs pointus qui pourroient piquer trop ou trop peu : mais le remede eſt ſimple, & j'en parlerai dans la ſuite.

D'abord la queue des palettes étoit engagée entre les révolutions de la corde qui fait reſſort ; mais j'ai remarqué que les fuſeaux des lanternes, en ſoulevant les palettes, faiſoient un peu plier la corde tortillée qui les portoit ; ce qui dérangeoit le jeu des palettes : cette remarque m'a déterminé à attacher les palettes à un axe de bois ou de fer *n p*, *fig.* 2, & à transmettre aux palettes le ressort de la corde par de petits bâtons *d q*, qui servent de garots pour tortiller la corde, & qui appuient sur la queue des palettes; par cet ajustement le jeu des trois palettes se fait en même-temps, & il suffit de mettre une ou deux lanternes sur l'arbre *e e*, *Pl. VII*, *fig.* 2, & *Pl. VIII*, *fig.* 1, la machine en devient encore plus simple : mais quand on mettra deux lanternes, il sera nécessaire de prêter attention à ce que les fuseaux des deux lanternes agissent en même-temps sur les deux palettes, sans quoi les lanternes agissant dans des instants différents, il en résulteroit un sautillement qui nuiroit à l'exactitude de l'opération.

Lorsqu'on veut semer en plein avec cet instrument, si dans sa construction on a mis du milieu de la jante d'une roue au milieu de la jante de l'autre roue, 28 pouces, il faut pour que toutes les raies soient à une même distance, mettre au retour de la charrue une roue dans le trait qui a été formé par le dernier soc. Mais on ne peut dissimuler que cette roue, passant sur un trait qui vient d'être semé, peut emporter une partie de la semence, sur-tout si la terre est un peu humectée : nous y avons remédié en ne mettant du milieu d'une jante au milieu d'une autre que 21 pouces au lieu de 28, & en rapprochant proportionnellement les poulies *B*, & les poulies *T*, de sorte qu'il n'y ait que 13 à 14 pouces de la poulie *B* à l'autre poulie *B*, & de la poulie *T* à l'autre poulie *T*. Ce changement ne pourroit pas se faire si l'on mettoit trois lanternes *e e* sur l'arbre; mais il est aisé, quand on n'y met qu'une ou deux lanternes, comme nous l'avons proposé.

La voie étant ainsi retrécie à 21 pouces, quand on veut semer en plein, au lieu de mettre une roue dans le trait du dernier soc, on la met dans le trait qui a été formé par une des roues, ce qui n'est sujet à aucun inconvénient; & avec cette attention les raies se trouvent espacées, à 7 pouces les unes des autres, dans toute l'étendue du champ.

A l'égard des socs, on peut les faire en fer comme ceux que j'ai décrits dans le Tom. II; ce qui peut même devenir nécessaire, lorsque les terres sont fortes & tenaces: ou bien on les fera de bois, se conformant à ce qui est dit dans le Tome IV, *Pl. II*.

Quand on se servira des socs de bois; comme ils sont circulaires, il sera inutile d'étremper, puisque ces socs ne piqueront ni plus ni moins, ſoit que l'age ſoit élevée ou non. Mais quand on ſe ſervira de ſocs pointus, il ſera néceſſaire de fixer l'élevation de l'age : on ne pourra pas le faire en mettant la cheville qui eſt derriere le collet dans différents trous, puiſqu'il ne doit point y avoir de cheville ; mais on réglera l'élévation de l'age en élevant ou en abaiſſant la ſellette au moyen d'un coin qui eſt au milieu de la hauteur de la ſellette, ce qui ſe pratique déja par quelques Charretiers.

Pour que ces ſocs s'engorgent moins, lorſqu'il y a des pierres ou des mottes, il eſt bon de ne les pas placer ſur une même ligne, & que les deux ſocs des côtés ſoient plus avancés que celui du milieu ; ou encore mieux, que le ſoc du milieu précede un peu ceux des côtés : mais il ne faut pas que cette différence ſoit conſidérable ; & s'il s'agiſſoit de terres légeres & ſabloneuſes, il ſeroit à propos de les tenir tous trois ſur une même ligne.

On a fait quelques ſemoirs où les ſocs peuvent ſe rapprocher à ſix pouces les uns des autres, ou s'éloigner à huit pouces : pour cela le tenon qui aſſujettit les ſocs ſous la planche, entre dans une mortaiſe qui a 2 ou 2 pouces & $\frac{1}{2}$ de largeur ; on aſſujettit les ſocs à la diſtance réciproque qu'on juge la meilleure, avec un coin, comme l'on fait pour les poupées d'un tour ; & afin que la ſemence au ſortir des trémies ſe rende toujours derriere les ſocs, la gouttiere qui doit la recevoir s'évaſe par en haut. Ce ſont là de petits ajuſtements ſur leſquels je n'inſiſte pas, parce que chacun peut les imaginer, & les varier à ſa fantaiſie : un article plus important eſt de mettre le ſemoir en état de répandre plus ou moins de ſemence, & des ſemences de différente groſſeur, toujours au gré du Propriétaire.

J'avois ſatisfait à la premiere condition en variant la grandeur des roues, le diametre des poulies de l'avant-train & de l'arriere-train, le nombre des fuſeaux des lanternes ; mais principalement en mettant en *B B* deux gorges de poulie de différent diametre : car quand on vouloit ſemer moins épais, on mettoit la corde ſans fin dans les poulies de moindre diametre : alors les lanternes tournant moins vîte, les palettes ſe levoient moins fréquemment, & la ſemence ſortoit en moindre quantité. Mais j'ai employé un autre moyen auſſi ſimple, qui met en état non-ſeulement de répandre plus ou moins de ſemence, mais encore d'en ſemer de différente groſſeur ; pour cela je fais les trous ponctués *a*, *Pl. VII*, *fig. 3*, du fond de la caiſſe à ſemence, plus grands qu'il ne faut, même pour les groſſes ſemences ; mais j'établis ſur le fond de cette caiſſe, auprès de chaque trou, une plaque de cuivre ronde & mince *b b b*, qui tourne ſur le clou à vis *c* qui la retient comme les plaques d'ivoire qui ſont ſur les boîtes de quadrille : ces plaques de cuivre tournantes, portent à leur circonférence des trous de différent diametre *d d*, &c ; de ſorte que ſi l'on veut ſemer clair, ou des ſemences menues, on tourne la plaque de cuivre de façon que le plus petit trou réponde au grand trou *a* ponctué, qui eſt au fond de la boîte, & il en réſulte le même effet que ſi le fond de la boîte n'étoit percé que d'un petit trou : ſi on s'apperçoit qu'il tombe trop peu de ſemence, on n'a qu'à ſoulever aſſez les palettes pour que leur broche ſorte de la caiſſe, & tourner la plaque de cuivre de façon qu'un plus grand trou réponde à celui du fond de la caiſſe, & ainſi ſucceſſivement juſqu'au plus grand trou qui eſt à la circonférence de la plaque de cuivre.

On peut produire le même effet avec une plaque de cuivre quarrée & longue, qui coule dans une couliſſe, & qui a dans ſon milieu des trous de différente grandeur, & tellement diſpoſés qu'il y ait toujours trois trous de même diametre qui répondent à ceux du fond de la caisse à semence, afin qu'ayant mis un trou de la plaque de cuivre d'une certaine grandeur, vis-à-vis un des trous de la caisse, deux autres trous de même diametre se trouvent vis-à-vis ceux de la caisse : par ce moyen qui est bien simple, on regle à son gré, & très-promptement, la quantité de semence qu'on veut répandre.

On peut encore augmenter ou diminuer la semence par un autre moyen qui seroit fort simple ; il n'y auroit qu'à faire en sorte que les queues des palettes *df*, *Pl. VII, fig.* 2, qui engrainent dans les lanternes *e* pussent rentrer ou sortir de l'arbre qui les porte d'une petite quantité : car si l'on veut semer clair, il n'y aura qu'à les rentrer dans l'arbre ; alors engrainant peu dans les fuseaux, les palettes seront peu soulevées, & il tombera peu de semence ; si on les tire vers le côté *d*, comme elles engraineront davantage, les palettes seront plus soulevées, les trous resteront plus long-temps débouchés, & il sortira plus de semence.

On produiroit encore le même effet en soulevant d'une petite quantité le devant de la boîte à semence.

On doit observer que si l'on fait aller

le ſemoir avec un cheval qui ait un grand pas, il faut diminuer le diametre des poulies *BB*, *fig.* 1, ou augmenter celui des poulies de l'arriere-train *TT*, ou encore mettre un moindre nombre d'aluchons ſur les lanternes, afin que la queue des palettes ait le temps de retomber & de boucher les trous du fond de la caiſſe avant qu'un autre aluchon la releve; ſans quoi les palettes reſtant toujours levées, la ſemence couleroit ſans interruption, au lieu qu'on ne courroit point ce riſque avec un animal qui marcheroit lentement; & comme on peut, par le diametre des poulies, augmenter la vîteſſe des lanternes, je conſeille de ne mettre aux lanternes que 4 ou 5 aluchons, afin d'éviter que les palettes ne reſtent levées quand on arrête; ce qui arrive très-rarement quand il y a peu d'aluchons ſur les lanternes.

Dans les terres qui ſont meubles, & lorſqu'on ſeme par un temps un peu ſec, la terre qui coule d'elle-même derriere les ſocs, recouvre ſur le champ la ſemence; mais quand on s'apperçoit qu'elle reſte découverte, on peut ajuſter très-aiſément, derriere les ſocs, une eſpece de rateau qui n'ait que ſix groſſes dents placées de façon que chaque ſoc ſe trouve entre deux dents; ce qui ſuffit pour enterrer la ſemence : ou bien on fait paſſer à l'ordinaire une herſe ſur toute l'étendue du champ.

Comme pluſieurs Cultivateurs ont fait un grand uſage du ſemoir dont j'ai donné la deſcription dans le Tome II, on a remarqué qu'il ſe répandoit moins de ſemence quand les caiſſes étoient pleines, que quand elles étoient à moitié vuides. On pourroit remédier à ce défaut en mettant un plus grand trou, quand les caiſſes ſont pleines, que quand elles ſont en partie vuides, & régler ainſi la quantité de la ſemence par les plaques de cuivre dont j'ai parlé. Mais M. DE VILLIERS-EN-LIEU a imaginé un autre moyen fort ſimple, qui lui a réuſſi : il ſupporte ſur de petits taſſeaux, au tiers de la hauteur de chaque caiſſe à ſemence, une planche mince qui eſt un peu bombée à ſa face ſupérieure. Il s'en faut un pouce tout autour que cette planche ne touche aux parois intérieures de ces caiſſes : cette eſpece de double fond ſupporte une partie du poids de la ſemence : le grain coule au-deſſous de ce double fond tout autour de la planche, & M. de Villiers-en-Lieu m'a aſſuré, qu'au moyen de ce petit changement, la ſemence ſortoit en égale quantité, ſoit que les caiſſes fuſſent pleines, ou qu'elles fuſſent preſque vuides.

Le ſemoir dont je viens de donner la deſcription eſt ſimple, aiſé à conſtruire : il coûte peu ; il eſt d'un ſervice commode ; il n'eſt point ſujet à ſe détraquer ; il peut être réparé aiſément, & par des ouvriers peu habiles : on le conduit très-droit, avec autant de facilité qu'une charrue ordinaire : deux ânes ou un petit cheval le menent aiſément : c'eſt ce qui m'a engagé à chercher les moyens de le perfectionner, en corrigeant les défauts que l'uſage avoit fait reconnoître.

On conçoit qu'il ſeroit poſſible d'ajuſter une des caiſſes à ſemence & une palette à la ſellette d'une charrue ordinaire : au lieu des lanternes, on feroit jouer les palettes par une roue ondée qu'on ajuſteroit au moyeu d'une des rouelles, & la ſemence ſe répandroit dans la raie que la charrue va combler.

ARTICLE III.

De pluſieurs autres inſtruments qui ſervent à la Culture des Terres.

LA herſe eſt un inſtrument trop connu, pour m'arrêter à en donner la deſcription : je me bornerai donc à dire quelque choſe de ſes uſages.

Un des plus ordinaires eſt d'enterrer la ſemence qu'on a répandue ſur le terrein comme je l'ai expliqué plus haut. On s'en ſert auſſi pour tirer de terre les racines des plantes que la charrue a arrachées, & pour briſer les mottes. Pour ces deux uſages, on les fait très-fortes ; on les charge avec des pierres, & on fait quelquefois les dents avec de fortes chevilles de fer.

Dans des Provinces fort peuplées, où les terres ſont rares, on briſe quelquefois les mottes avec des maillets qui ont de longs manches ; mais le plus ſouvent on emploie pour cela les rouleaux de bois, qu'on fait paſſer ſur les avoines. En Angleterre on fait quelquefois uſage de rouleaux de pierres, *Tom. I, Pl. V*, qui étant fort peſants, écraſent des mottes qui réſiſteroient aux rouleaux de bois ; mais auſſi quand la terre eſt humide, ils la compriment, & ils détruiſent une partie des bons effets des labours. La herſe tournante, ou le rouleau hériſſé de dents de fer, *Tom. I, Pl. II, fig. 26*, me paroît préférable, pourvu que la terre ne ſoit point aſſez argilleuſe pour empâter les dents de cette herſe. Au reſte il faut que chacun emploie les inſtruments qui lui paroîtront les plus convenables pour l'eſpece de terre qu'il cultive.

CHAP.

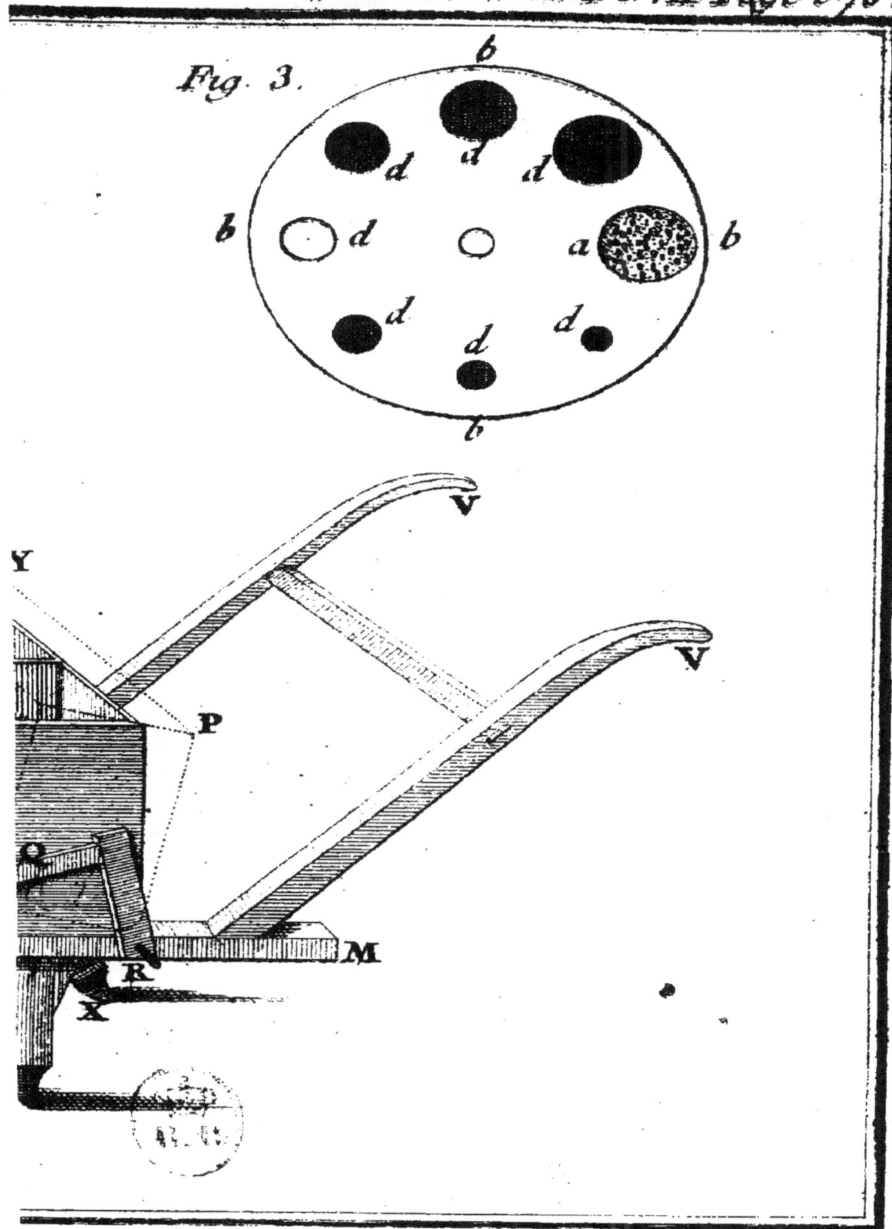
Fig. 3.
b
d
d
d
b
d
a
b
d
d
d
b
V
V
Y
P
Q
R
M
X

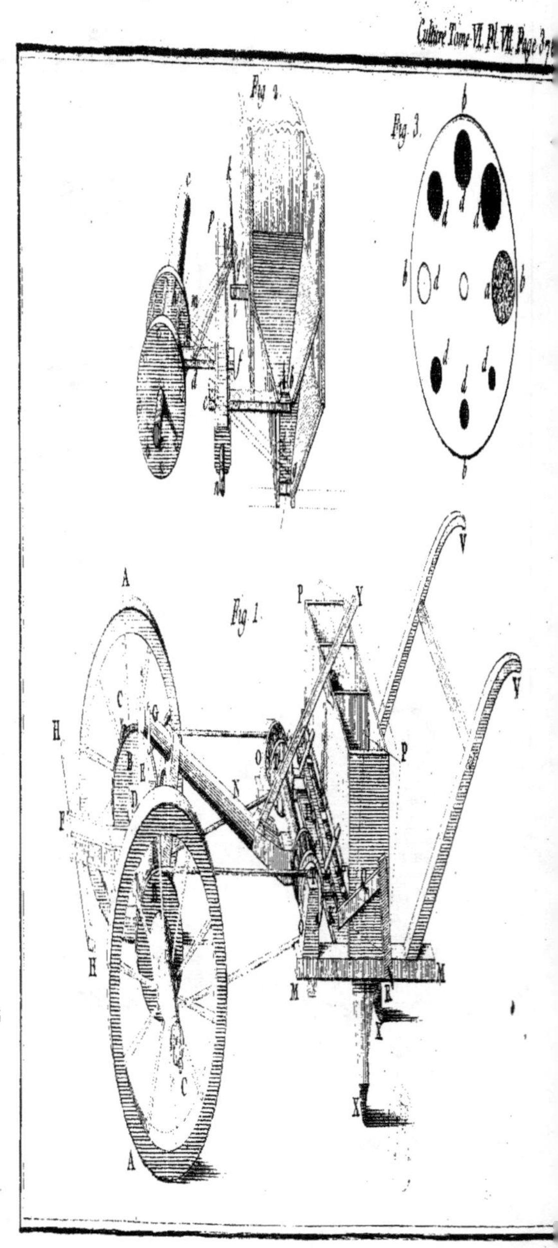
Fig. 2.
Fig. 3.
Fig. 1.

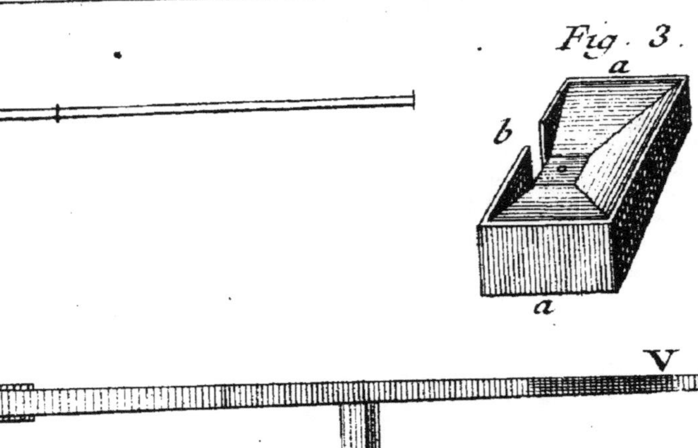

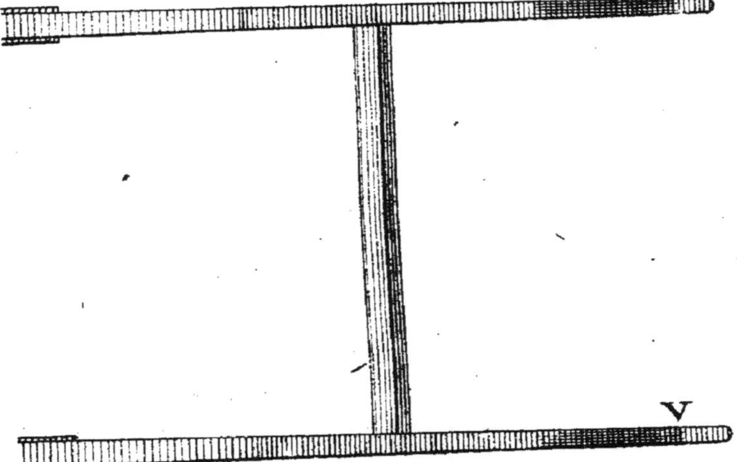

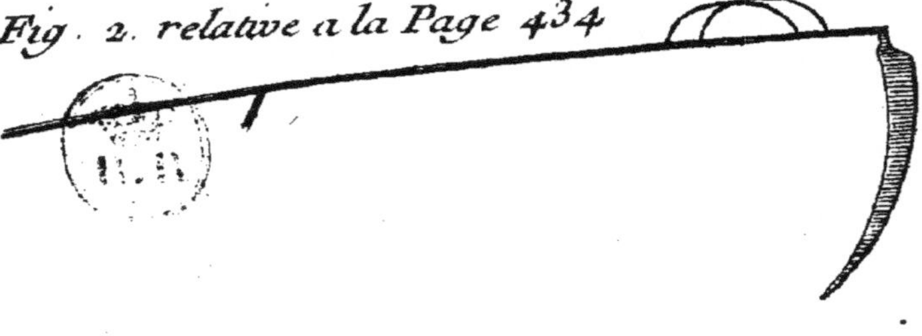

Fig. 2. relative a la Page 434

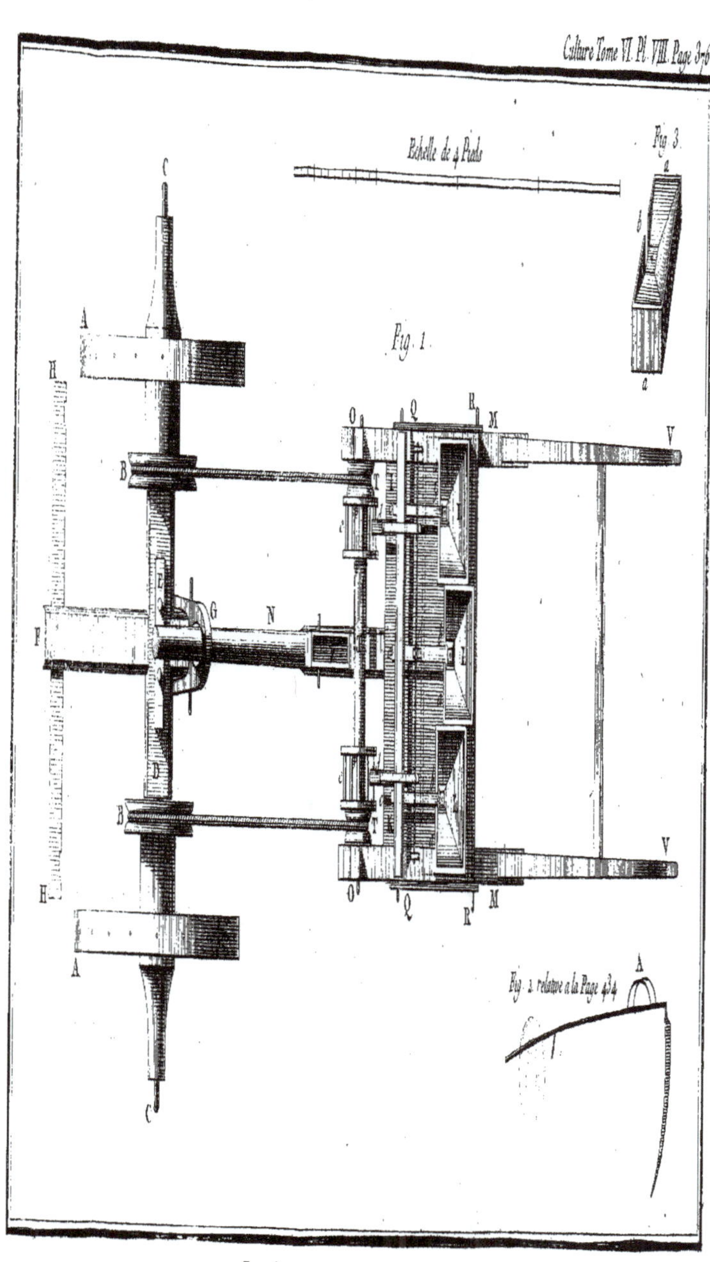
Echelle de 4 Pieds
Fig. 3
Fig. 1
Fig. 2. relative à la Page 434

CHAPITRE V.

Choix & préparation des Semences. Maladies des Grains. Liqueurs prolifiques.

LA GROSSEUR des grains ne dépend pas toujours de celle des épis. Dans des épis fort courts, on trouve quelquefois de gros grains ; & cela arrive quand, par un accident particulier, la pointe des épis eſt morte. Suppoſons, par exemple, que dans le mois d'Avril, quand les épis commencent à ſe dégager des feuilles, il ſurvienne une gelée qui endommage la pointe des épis naiſſants ; cette portion meurt ; mais le reſte continuant à croître, les grains deviennent gros & bien nourris, comme s'il n'étoit point arrivé d'accident à la pointe. Ainſi dans ce cas l'épi eſt court ; il contient peu de grains : mais ces grains ſont beaux.

Il n'en eſt pas de même quand la petiteſſe des épis vient de la foibleſſe de la plante. Dans une année fort ſéche, la plante, faute de ſubſtance, pouſſe avec peu de force ; les feuilles, la paille, l'épi ſont foibles. Dans ce cas, les grains ſont menus, & généralement la même eſpece de froment donnera des grains plus menus dans une terre maigre & mal cultivée, que dans une terre graſſe, & qui a reçu de bonnes cultures.

Il arrive encore que dans de gros & de longs épis il ſe trouve des grains menus ; ce qu'on ne peut attribuer à la ſtérilité de la terre, ni aux mauvaiſes cultures, ni à la langueur de la plante, puiſque la paille, les feuilles & les épis atteſtent le contraire ; mais c'eſt quand, les plantes étant très-vigoureuſes, elles ſont ſaiſies par une chaleur vive, qui précipite leur maturité ; alors les grains ſont retraits & ridés.

N'inſiſtons pas davantage ſur les cauſes qui influent ſur la groſſeur accidentelle des grains ; mais examinons le choix qu'on doit faire de la ſemence, les moyens de prévenir les maladies des grains, & ce que l'on doit penſer des liqueurs deſtinées à augmenter leur fécondité.

ARTICLE I.

Choix des Semences.

IL EST d'une expérience ſouvent répétée qu'en certaines années, la même eſpece de grains eſt plus menue que dans d'autres. Lorſque cela arrive, les Fermiers ne font aucune difficulté d'en faire leurs ſemailles : ils ont ſeulement l'attention de ſemer un peu moins dru, parce que la main du Semeur tient alors une plus grande quantité de grains ; & ſouvent lorſque les années ſont favorables pour les froments, ces grains menus produiſent d'abondantes récoltes.

On voit dans le Tome II, pag. 173, que M. le Chevalier DE LAUMOI ayant fait choiſir à deſſein & un à un, de ces petits grains qui ſe trouvent à la pointe des épis, il les avoit fait ſemer dans une planche de ſon jardin ; & que les ayant fait ſarcler avec ſoin, ces grains qui étoient un peu clair-ſemés, parce qu'une partie n'avoit pas ſorti de terre, avoient pour la plupart produit 12 à 15 tuyaux. Ainſi ces petits grains étant ſemés un peu clair dans une bonne terre, & exactement ſarclés, ont fait de belles productions.

Effectivement quand un grain, gros ou menu, a produit des racines & quelques feuilles, il reſte vuide & tout-à-fait inutile pour les autres productions de la plante. Si les racines produites s'alongent dans une bonne terre, ſi elles en tirent beaucoup de ſubſtance, elles feront de belles productions, comme les menus grains de M. de Laumoi. La grosse semence peut, à la vérité, produire d'abord une forte racine, & c'est une chose avantageuse; mais si cette semence se trouve dans un mauvais fond, ce premier succès ne durera pas long-temps; la plante deviendra bien-tôt plus chétive que celle de la semence menue qui se sera trouvée mieux placée.

Malgré l'expérience de M. de Laumoi, & l'usage où sont nos Fermiers de semer des grains menus quand ils les ont recueillis tels, je pense qu'il faut toujours donner la préférence aux grains bien conditionnés dans leur espece *.

Je dis, dans leur espece : car les Fermiers qui exploitent les terres fortes situées sur le rein de la Forêt d'Orléans, & qui y recueillent de gros froment barbu, préferent de semer les menus grains que produisent les froments de la plaine qui ne sont point barbus. Pour la même raison si un Laboureur de la plaine veut acheter de la semence, il se gardera de donner la préférence aux gros froments barbus du rein de la forêt.

Les Fermiers se trouvent assez fréquem-

* On voit Tom. II, pag. 178, que c'est le sentiment du célebre M. Hales.

ment dans le cas d'acheter une partie de leurs ſemences ; car les bons Fermiers obſervent de ne pas ſemer toujours dans leurs terres des grains de leur récolte : ils changent de temps en temps leurs ſemences, en les tirant des pays où les froments ſont nets d'herbe & bien conditionnés : ils achetent auſſi par préférence le grain des Glaneuſes, parce que les épis étant choiſis un à un, ces grains ſont toujours exempts de mauvaiſes herbes, & ſans aucune touche de noir. On peut conſulter ce que nous avons dit ſur le changement de ſemence dans le Tome I, pag. 147.

Quelques bons Cultivateurs portent bien loin les attentions ſur le choix des ſemences : ils veulent que le froment ait crû ſur les hauteurs, dans un climat ſec, & que l'on préfere les grains qui ſont de la meilleure conſervation : on peut conſulter ſur cela le Tome III, pag. 197 & ſuivantes. Néanmoins du grain de bonne qualité, qui auroit été mouillé, & qui pour cette raiſon ſeroit d'une mauvaiſe conſervation, ſeroit très-bon pour être ſemé, puiſqu'on eſt dans l'uſage de tremper dans l'eau de chaux les grains qu'on veut ſemer, & que les grains les plus ſecs doivent ſe charger d'humidité dans la terre pour germer. L'humidité qu'ils ont contractée, & qui fait qu'ils se gâtent dans les greniers, est donc utile à leur germination. Cependant il faut avouer que dans les années où les récoltes sont fort humides, il y a communément beaucoup de grains qui ne levent pas; & cela dépend de plusieurs causes : les grains sont tendres, & une partie sont écrasés par le fléau ; une partie des grains qui avoient germé, se sont épuisés à faire les productions, & ne donnent qu'une herbe menue & chétive; de plus, comme les grains qu'on serre humides, s'échauffent beaucoup dans le tas, il y en a qui perdent la propriété de germer. Un Fermier de notre voisinage n'ayant pas fait cette attention, s'est vû privé de l'abondante récolte qu'il espéroit : ses froments qu'il avoit semés fort épais, produisirent peu de germes, & se trouverent ainsi fort clairs, parce qu'ayant été serrés humides, ils s'étoient échauffés dans le tas.

Dans tous les cas douteux, le mieux est d'éprouver la semence, en mettant dans une bonne terre un nombre de grains connu ; car par cette petite attention on connoît s'il y a un sixieme, un quart ou un tiers de la semence qui ne leve pas, & le Semeur se regle sur ce déchet pour semer plus ou moins épais.

Je ne m'étendrai pas davantage ſur les attentions qu'on peut apporter pour faire un bon choix de la ſemence : il me ſuffit d'avoir indiqué l'endroit de notre Ouvrage où ce point eſt expreſſément diſcuté.

L'uſage preſque général des Fermiers eſt de ſemer du grain de la derniere récolte ; mais nous avons éprouvé pluſieurs fois, & même fort en grand, que le froment de deux ans leve très-bien : ſeulement, ſi par l'épreuve on s'apperçoit qu'il manque pluſieurs grains, on répand un peu plus de ſemence. M. DE CHATEAUVIEUX qui a reconnu que des grains qui n'avoient pas acquis toute leur maturité, ſoit froment, ſoit avoine, germoient très-bien, prétend néanmoins, Tome II, pag. 358, qu'il faut ſemer du froment de deux ans, plutôt que celui de la derniere récolte, ſur-tout lorſque, par l'intempérie des ſaiſons, le grain nouveau n'eſt pas parvenu à ſa perfection. Quelques-uns ont même prétendu que les froments de deux ans étoient moins ſujets à la nielle, que ceux de la derniere récolte ; mais je ne ſache pas que cela ait été conſtaté par des expériences ſuffiſamment exactes. Dom LE GENDRE, Célérier de l'Abbaye de S. Martin de Seès, craignant un mauvais succès des froments germés, fit en 1754 semer 50 acres de terre avec du froment vieux; & aux mars suivants, la même quantité de terre avec de l'avoine vieille. Ces grains à la récolte suivante faisoient l'admiration de tout le monde, pendant que les terres voisines qui avoient été ensemencées avec des semences nouvelles & germées, produisirent fort peu.

Depuis 1709, qu'on fut obligé, faute de froments nouveaux, d'ensemencer beaucoup de terres avec des bleds vieux, les Fermiers sont revenus de la prévention où ils étoient que les bleds vieux ne levoient pas; mais cette prévention subsiste pour les avoines. Nous avons dit Tome II, pag. 108, que du froment conservé pendant dix ans dans le tiroir d'une commode, avoit levé, & M. PEIROL a semé & vu germer du froment de six ans: néanmoins je conseille à ceux qui seront dans le cas d'employer de la vieille semence, de ne pas manquer d'éprouver si tous les grains levent; car les insectes endommagent quelquefois le germe, & alors des grains qui paroissent fort beaux, ne levent pas.

Nous avons dit, Tom. I, pag. 206, & Tom. V, pag. 238, qu'il y a des froments de différentes especes, & que celle

qu'on

qu'on cultive dans une Province peut, relativement au terrein, n'être pas la plus convenable pour produire d'abondantes récoltes, ou la plus propre à fournir le meilleur pain. Nous avons annoncé que nous étendions nos vues ſur ce point intéreſſant; mais nous avions prévu dès-lors les inconvénients qui ſe préſenteroient. Si on ſeme des grains étrangers à une Province au milieu des pieces qui ſont enſemencées d'une autre eſpece de grain, comme ces grains d'eſpece particuliere ſont expoſés à être fécondés par les grains voiſins, il en réſulte des grains métis, & comme l'on dit, ce grain dégénere; c'eſt ce qui eſt arrivé aux bleds d'Eſpagne que m'avoit apportés feu M. DE LA GALISSONNIERE, (*Tome V, pag.* 237.) Si pour éviter cet inconvénient, on ſeme à part ces grains étrangers, ils deviennent la proie des oiſeaux; il faudroit donc, pour faire ces épreuves, ſemer de grandes pieces de ces différentes eſpeces de grains. Nos Fermiers l'ont fait avec de la ſemence qu'ils avoient tirée de Normandie; c'eſt un gros froment barbu, & qui a une couleur rouſſe: ils ont beaucoup recueilli; néanmoins ils n'en continueront pas la culture, parce que la paille qui eſt groſſe & dure, déplaît à leurs chevaux.

On peut cependant consulter ce que j'ai dit, Tome II, p. 252, sur le bled *Locard*, & sur le bled *Trema*, Tome IV, pag. 30.

Mais la grande fertilité du bled de Smyrne, qu'on nomme aussi *bled de miracle*, mérite qu'on y prête une attention particuliere. Nous en avons parlé dans nos Volumes, Tome I, pag. 206, Tom. II, pag. 346. On voit entr'autres, Tom. III, pag. 39, que 7 livres & ½ de ce froment semé par rangées, ont produit 420 livres. On voit Tome IV, pag. 12, que ce grain ayant été semé fort tard, a été endommagé par la gelée; mais que ce qui a prospéré a beaucoup fourni de grain. D'ailleurs c'est un accident qu'on ne doit point redouter : car communément cette espece de froment ne souffre point de la gelée; & M. DELU ayant semé, le 13 Octobre 1756, dix livres de bled de Smyrne, il n'a point souffert des gelées de l'hiver qui furent très-fortes; de sorte que sa récolte fut de 150 livres d'un bled qui n'étoit ni ridé, ni retrait, quoiqu'il fût resté sur pied jusqu'à sa parfaite maturité. Au reste M. ABEILLE ayant semé de ce grain dans un jardin, le résultat de son épreuve a constaté ce que j'avois dit de ce froment, savoir qu'il produisoit beaucoup de grains dans les terres extrêmement amendées, mais qu'il n'en fourniſſoit preſque pas plus que les autres lorſqu'on le ſemoit à l'ordinaire : comme M. Delu me fait part d'une épreuve qui eſt intéreſſante, je vais la rapporter en entier.

Le bled de Smyrne qu'il avoit ſemé eſt aſſez bien venu, à l'exception de celui qui étoit au milieu des ſillons ; ce qui a fait penſer à M. Delu que cette eſpece de grain exigeoit d'être plus enterré que l'autre. Pour s'en aſſurer, il en a enterré quelques-uns avec la herſe, & d'autres avec la charrue ; celui-ci s'eſt montré un peu meilleur.

Comme les pluies ont été preſque continuelles dans le temps de la récolte de 1758, M. Delu a remarqué que les bleds de Smyrne germoient dans les épis avant d'être parvenus à leur parfaite maturité, pendant que les bleds ordinaires qui étoient plus murs, ne germoient pas; ce qui peut venir de ce que les épis branchus du bled de Smyrne retenoient plus l'eau que les autres. Quoi qu'il en ſoit, M. Delu ayant profité d'un petit intervalle de temps ſans pluie pour le couper, il le ſerra ; mais comme il étoit trop humide pour être battu au fléau, il le fit battre ſur un tonneau ; & ayant fait ſécher le grain au ſoleil, il en fit moudre ſix boiſſeaux.

Le pain en étoit aſſez bon, quoique moins délicat que celui du froment ordinaire de la même récolte ; ce que M. Delu attribue à ce qu'il y en avoit une partie de germée.

Il a encore eſſayé de ſemer de ce même grain à la fin du mois de Mars, & il a fort bien épié ; mais les chaleurs qui ſurvinrent dans les derniers jours du mois d'Août, pendant qu'il étoit en fleur, l'échauderent au point que le grain ne put ſe former. Il ſe propoſe d'en ſemer à la fin de Février ; car par une petite épreuve qu'il a faite dans un jardin, ce grain ſemé au printemps a plus produit que le bled de Mars ordinaire. Cela ne me ſurprend pas ; car quoique le froment d'hiver, ſemé au printemps, ait communément le mauvais ſuccès qu'a éprouvé le bled de miracle de M. Delu, il peut, dans des années chaudes & humides, produire de bons épis ; mais ces cas ſont rares.

M. Delu a conçu une idée avantageuſe de ce grain, parce qu'il eſt plus peſant que l'autre. Si un boiſſeau de froment ordinaire peſe 25 livres, celui de bled de Smyrne peſe 28 livres : peut-être que ce ſurcroît de poids dépend en partie de ce que les grains étant plus menus, ils s'arrangent mieux dans la meſure.

Il paſſe pour conſtant que l'orge & l'avoine ſemés avant l'hiver, périſſent par la gelée : nos Fermiers ſe gardent donc bien d'en ſemer en automne. Mais ils ont une eſpece d'avoine qu'ils nomment *avoine d'hiver*, qui réſiſte mieux à la gelée, & c'eſt pour cela qu'ils la ſement en automne. Communément cette avoine graine plus que celle qu'on ſeme en Mars, & les grains en ſont plus peſants ; mais deux raiſons les détournent d'en ſemer beaucoup : la premiere eſt qu'ils ſont aſſez occupés à faire leurs bleds dans cette ſaiſon, & qu'ils ne pourroient pas ſuffire à ſemer dans le même temps les avoines ; l'autre raiſon eſt que quand les hivers ſont fort rudes, une partie de ces avoines périt, & alors leurs récoltes ſont moins avantageuſes que celles des terres qui ſont ſemées en Mars.

J'ai rapporté quelque part qu'un pied d'orge qui avoit porté des épis, ayant pouſſé de l'herbe à côté du chaume qui étoit deſſéché, ce même pied n'avoit pas péri l'hiver, & avoit monté en tuyau l'année ſuivante ; ainſi les gelées de cet hiver n'avoient pas endommagé ce pied : ce même fait eſt confirmé par l'expérience ſuivante.

M. Delu ayant du bled de Mars mêlé avec de l'orge, le ſema dans le mois de

Novembre 1756, eſpérant que les gelées d'hiver feroient périr les pieds d'orge, & qu'il recueilleroit du bled de Mars pur : ce bled vint preſqu'auſſi fort que ceux d'hiver. Apparemment que les gelées n'avoient point été fâcheuſes ; car on eſtime que les gelées ſont auſſi funeſtes pour le bled de Mars que pour l'orge. Il y avoit donc autant d'orge dans la récolte de ce champ qu'il y en avoit eu dans la ſemence ; ainſi les gelées d'hiver n'avoient point fait périr l'orge, comme le croyoit M. Delu ; & quoiqu'il ſe ſoit trouvé de l'orge dans la récolte, M. Delu ne ſoupçonne pas que le bled de Mars ſe ſoit converti en orge, comme le penſent la plupart des Laboureurs : cette idée eſt totalement détruite par une expérience que nous avons rapportée d'après M. le Chevalier DE LAUMOI. Voyant tous ſes bleds de Mars mêlés de grains d'orge, il fit trier, grain à grain, un boiſſeau de bled de Mars : il le fit ſemer dans un champ qui ne confinoit point à des champs d'orge : par cette attention il parvint à avoir du bled de Mars bien pur, & abſolument exempt de grains d'orge ; ce qui prouve très-bien que le bled de Mars ne dégénere point en orge.

ARTICLE II.

Maladies des Grains : moyens de les prévenir.

LES maladies des grains ſont un point d'Agriculture qui eſt bien digne de l'attention des bons Cultivateurs, & qui effectivement nous a beaucoup occupés : il n'y a aucun de nos Volumes où nous n'ayons touché cet objet : peu à peu nos idées ſe ſont développées ; nous avons été éclairés par les recherches des autres, & nous avons la ſatisfaction de voir que leurs épreuves n'ont point été inutiles, puiſqu'on peut dire que maintenant il ne tient qu'aux Laboureurs de préſerver leurs moiſſons d'une contagion qui les diminue d'un ſixieme, d'un quart, & quelquefois d'un tiers, non-ſeulement par le déchet réel du grain infecté, mais encore par le tort qu'il apporte aux autres grains qui en ſont exempts.

Dès notre premier Volume, pag. 235, nous avons défini ce qu'on entend par *bled noir, niellé & charbonné* : nous avons dit que la pouſſiere noire que ces grains renferment au lieu de farine, donne au pain une couleur déſagréable, & un mauvais goût, & que cette pouſſiere noire s'attachant à l'extrémité des grains ſains, leur occaſionnoit ce défaut qu'on nomme *le bout*, & qui les fait appeller *bleds mouchetés*. Nous avons dit que M. TULL penſoit, avec la plupart des Laboureurs, que ces grains barbouillés étoient fort ſujets à produire des épis niellés ou charbonnés. Il me paroiſſoit alors que ce ſentiment n'étoit pas ſuffiſamment prouvé, & qu'une pouſſiere qui ne pénetre point dans l'intérieur du grain, qui ne s'attache qu'au ſon, qu'on peut enlever en éſſuyant les grains ſur une étoffe, ou en les lavant, ne pouvoit être capable de porter dans le germe une maladie contagieuſe auſſi redoutable. Mais on verra dans la ſuite que je me trompois : la vérité du fait eſt conſtatée, quoique la cauſe reſte inconnue. M. Tull regarde comme un bon préſervatif d'arroſer les grains deſtinés aux ſemences avec une forte ſolution de ſel marin, & de les ſaupoudrer avec de la chaux en poudre, qu'on mêle avec le grain en le remuant à la pelle ; il regarde encore comme une très-bonne précaution de changer de temps en temps la ſemence, & de la tirer de Fermiers qui n'ont point de grains attaqués de noir.

Dans le Tome II, pag. 166, nous nous ſommes beaucoup plus étendus ſur *la nielle* & *le charbon*, que nous n'avions fait dans le précédent Volume : car les obſervations que nous avions été à portée de faire, nous avoient mis en état de mieux diſtinguer ce qu'on doit appeller *bled niellé*, d'avec celui qui eſt *charbonné*, c'eſt-à-dire, qui a cette maladie que les Fermiers de Beauſſe appellent *la boſſe*.

Si les épis ſont attaqués de la nielle proprement dite, cette maladie détruit entiérement non-ſeulement les enveloppes propres du grain ou le ſon, mais même la balle ou les enveloppes écailleuſes qui couvrent les grains dans les épis ; toute la ſubſtance des grains niellés eſt réduite en une pouſſiere légere, que le vent emporte, & que la pluie lave ; ainſi les épis reſtent vuides : la pouſſiere noire ſe trouve rarement dans la grange, & encore moins dans les greniers : l'effet de cette maladie ſe réduit au déchet des épis infectés ; ce qui fait quelquefois un objet conſidérable.

J'ai trouvé, dès la mi-Mai, des épis niellés, en les cherchant entre les feuilles, tout près des racines : ces petits épis, qui n'avoient pas plus de deux ou deux lignes & demie de longueur, étoient déja noirs : cependant les pieds infectés ne paroiſſoient point malades, & malgré la corruption de l'épi, les feuilles, la paille & même l'épi, continuoient de croître, puisque dans le temps de la moisson, ces épis niellés avoient 3 pouces ou 3 pouces & $\frac{1}{2}$ de longueur.

Les épis charbonnés ou attaqués de la bosse sont d'abord très-difficiles à distinguer de ceux qui sont sains; mais après la fleur, ils ont une couleur verte, obscure, & peu après ils deviennent blanchâtres : alors on les distingue aisément des épis sains.

Quelquefois tous les épis qui viennent d'un même grain, sont attaqués de cette maladie; mais il n'est pas rare de trouver, sur une même talle, des épis sains, & d'autres malades; bien plus, dans un même épi, il y a quelquefois des grains sains, & d'autres malades.

Dans les épis attaqués de la bosse, les enveloppes extérieures ou communes, sont presque toujours assez saines pour ne se distinguer de la balle des épis sains que par leur couleur plus blanchâtre, & par un air d'aridité : le son n'est point non plus détruit comme dans la nielle, & les grains ont assez de consistance pour conserver leur forme naturelle, & se montrer blanchâtres, quoiqu'intérieurement ils ne contiennent qu'une substance brune qui se réduit aisément en poussiere.

Comme ces grains charbonnés conservent plus de fermeté que ceux qui sont niellés, les épis malades sont engrangés avec le bon grain : une partie est écrasée par le fléau, & barbouille les grains sains : on en sépare plusieurs en jettant à la roue le grain battu, & au moyen du crible à vent, parce que ces grains viciés sont plus légers que les sains ; mais il en reste toujours une portion qui s'écrase sous la meule avec le bon grain. J'ai dit en ce même endroit, que je croyois que les grains affectés de la bosse ne fleurissoient pas : & qu'il est certain que ceux qui sont infectés de nielle, ne donnent point de fleur.

Après avoir ainsi rapporté les caracteres distinctifs de la nielle & du charbon, j'ai fait remarquer que ces deux maladies se trouvant confondues dans les mêmes champs, & plus ou moins abondantes dans les mêmes années, on pourroit soupçonner que la nielle n'est que le charbon porté à un plus haut point de corruption ; mais je n'ai proposé cette idée qu'avec les restrictions qui conviennent à une simple conjecture. J'ai rapporté au même endroit plusieurs expériences, qui établissent, 1°, que du grain moucheté, semé dans la terre qui l'avoit produit, a fourni beaucoup de noir ; 2°, que dans ce terrein, de la ſemence qui avoit été tirée d'un lieu où il n'y avoit point de noir, en a fort peu donné; 3°, que cette même ſemence qui n'avoit point donné de noir, ayant été ſemée dans un jardin éloigné de trois lieues de l'un & l'autre endroit, en a beaucoup produit, plus néanmoins dans une planche qui avoit été ſemée avec ce grain non chauté, que dans celle où le grain avoit eu cette préparation; 4°, que de trois pieces d'une même Ferme enſemencées d'un bon grain, exempt de noir & chauté, dans l'une il n'y avoit point de noir, il y en avoit un peu dans l'autre, & beaucoup dans la troiſieme; 5°, qu'un Fermier qui avoit ſemé quatre arpents plus tard que ſes autres terres, n'eut du noir que dans cette ſeule piece; 6°, que quelques-uns ayant penſé que les grains mal conditionnés produiſoient des épis noirs, un Cultivateur exact fit ramaſſer, à la main, de ces petits grains avortés qui ſe trouvent à la pointe des épis; & que quoiqu'il les ait fait ſemer ſans les paſſer à la chaux, ils n'ont preſque point donné de noir: il ſera bon de lire avec attention le détail de toutes ces expériences dans le Volume cité. Car quoiqu'elles ne jettent pas beaucoup de jour ſur la queſtion, elles conduiſent à la ſolution du problême.

Entre plusieurs Physiciens qui se sont beaucoup occupés de ces maladies des grains, les uns se sont attachés à découvrir la cause & le progrès de cette maladie, tandis que d'autres se sont presque uniquement occupés du soin de trouver les moyens de la prévenir : il seroit trop long d'analyser ici ce que M. WOLF, M. AIMEN & M. TILLET ont fait sur cette matiere; ainsi je me contenterai de renvoyer à ce que j'en ai dit dans le Tome IV, pag. 127 & suiv. & je me bornerai à mettre sous les yeux du Lecteur les conséquences que M. Tillet a tirées d'un travail bien suivi.

1°, La poussiere noire est tellement contagieuse, que du grain bien net qui en est barbouillé, donne beaucoup d'épis noirs, pendant que le même grain non barbouillé, & seulement passé à la chaux, n'en donne presque pas.

2°, Le vice que la poussiere noire communique aux semences, n'est que superficiel; & il n'affecte pas les organes intérieurs du grain, avant qu'il soit mis en terre.

3°, Delà M. Tillet conclud que tous les moyens qui peuvent nettoyer le grain de cette poussiere, sont très-avantageux pour les préserver de cette maladie. Car tout grain parfaitement exempt de la poussiere du charbon, & de toute attaque de carie, ne produira point de pieds infectés de cette maladie.

4°, Delà il suit que les grains noircis par la poussiere contagieuse, peuvent être rendus sains si on leur enleve cette poussiere;

5°, L'action du crible, & la précaution de laver les grains dans plusieurs eaux, diminue à la vérité les effets de la contagion; mais ces moyens sont insuffisants, puisqu'on a trouvé beaucoup de pieds charbonnés, quoiqu'on eût employé des semences lavées dans plusieurs eaux.

6°, La chaux plus efficace que l'eau simple, n'est pas toujours suffisante : il faut y joindre des solutions de sels. M. Tillet reconnoît les bons effets du sel marin & du nitre : mais il donne avec raison la préférence aux sels alkalis. Ces sels mêlés avec la chaux font une liqueur très-active, qu'on nomme *l'eau forte des Savoniers*, & qui étant évaporée & calcinée, forme la pierre à cautere.

7°, Voici à quoi se réduit le procédé de M. Tillet. Si la semence est mouchetée, il faut commencer par la laver dans plusieurs eaux claires, jusqu'à ce qu'elle n'ait plus aucune impression de noir, & ensuite la passer dans la lessive. Si elle n'est point mouchetée, il ſuffira de la mettre tremper dans la liqueur ſuivante. Faites dans un cuvier une leſſive comme pour blanchir le linge, mettant 4 liv. d'eau par chaque livre de cendre. Si on employe 100 livres de cendre & 200 pintes d'eau, on aura 120 pintes de leſſive, à laquelle on ajoutera 15 liv. de chaux, ce qui ſuffira pour préparer 60 boiſſeaux de froment. Quand on voudra faire uſage de cette leſſive, on la fera chauffer au point de pouvoir y tenir la main; puis on plongera dans cette liqueur le grain contenu dans des corbeilles, & on le remuera avec une ſpatule ou un rable; enſuite on ſoulevera les corbeilles pour les ſoutenir avec des bâtons ſur le bord du cuvier, afin que la leſſive ſurabondante s'égoutte dans le cuvier; enfin cette ſemence étant ainſi préparée, on la verſera ſur le plancher du grenier, juſqu'à ce qu'elle ſoit aſſez ſeche pour être ſemée. Si on la prépare d'avance, il faudra la remuer de temps en temps avec la pelle pour qu'elle ne s'échauffe pas: avec cette attention la ſemence préparée peut ſe conſerver un mois & plus.

Le Colonel PLUMMER donne, dans le Calendrier du Laboureur, une recette peu différente. Lavez, dit-il, le froment moucheté ; enlevez avec une écumoire les grains qui ſurnagent ; prenez enſuite les grains qui tombent au fond, & mettez-les dans des corbeilles, pour les tremper dans une forte ſaumure de ſel marin, à laquelle on ajoutera quelques livres d'alun : quand le grain ſera égoutté, on le renverſera ſur le plancher du grenier, & on le ſaupoudrera de chaux pour le déſſecher promptement.

Toutes les épreuves qu'on a faites, juſtifient que les ſubſtances acres ſont propres à prévenir le noir : ainſi je crois la liqueur de M. Plummer fort bonne ; mais je préférerois celle de M. Tillet, parce qu'elle eſt plus acre, & qu'elle coûte moins. Car je penſe qu'on pourroit faire uſage de l'eau de la leſſive qui auroit ſervi à blanchir le linge, en la fortifiant avec un peu de ſoude, & doublant la doſe de la chaux. J'ai éprouvé que cette leſſive eſt très-acre ; mais je n'ai pu conſtater ſon bon effet pour garantir le grain du charbon, parce que depuis pluſieurs années, nous n'avons preſque point eu de noir dans nos grains.

On a quelquefois employé une ſolution d'arſenic ; mais je ne puis aſſez recommander d'éviter l'uſage de cette drogue pernicieuſe, de ce poiſon qui affecte les

les yeux, & ſouvent la poitrine des Semeurs. Pluſieurs ont eu des ophthalmies très-fâcheuſes, & d'autres ſont morts en langueur.

Un de nos Fermiers étant obligé de ſemer du froment moucheté de ſa propre récolte, il le chauta par immerſion dans l'eau fort chargée de chaux, & qui étoit chaude : il n'eut point de noir à la récolte ſuivante ; & cette année (1759) en laquelle il n'y a preſque point eu de noir dans les froments, plus de la moitié des épis ſe trouvoient noirs dans une piece de quatre arpents, dont la ſemence n'avoit point paſſé à la chaux.

On voit dans le même Volume, pag. 539, qu'un Cultivateur eſt parvenu à préſerver ſon froment de produire du noir en ſtratifiant la ſemence avec de la poudre de chaux, arroſant ce tas avec de l'eau, & remuant ce grain pluſieurs fois par jour pendant une ſemaine.

Nous avons parlé dans le Tome V, p. 177, d'un bon Cultivateur qui eſt dans l'uſage d'arroſer ſon grain de ſemence avec de l'eau de chaux tiede ; qu'il remue fortement ce grain à la pelle, qu'il finit par le ramaſſer en tas, & qu'il ne ſeme ce grain qu'au bout de huit jours, ayant ſoin de le remuer avec la pelle toutes les 24 heures, & de le remettre en tas.

Un autre Cultivateur joint à cette eau de chaux quelques pellerées de cendre chaude ; & par cette addition, il se rapproche beaucoup de la méthode de M. Tillet.

D'autres ont ajouté à la chaux & aux cendres, du sel marin, du nitre & du fumier de pigeon.

Quelques-uns prétendent qu'il faut battre le grain qu'on doit semer, aussi-tôt qu'il est récolté, le passer sur le champ à la chaux, & le conserver jusqu'aux semailles.

M. VAN-ESLAND arrose ses semences avec de l'urine de cheval pourrie; & il les saupoudre de chaux : il assure qu'avec cette précaution, qui ne lui cause ni dépense, ni embarras, il ne récolte point de noir.

On voit que tous ces moyens qui sont détaillés aux endroits cités, se réduisent à mettre tremper le grain de semence dans des substances acres ; & rien ne me paroît plus simple que de suivre le procédé de M. Tillet. Je doute néanmoins que beaucoup de Fermiers en profitent : leur nonchalance sur ce qui n'est pas d'usage, lors même qu'il s'agit des objets qui les intéressent le plus, est inconcevable. Croiroit-on que ces Laboureurs qui gemissent dans la saison de la récolte sur le tort qu'ils éprouvent par le noir, cherchent néanmoins, dans la ſaiſon des ſemailles, à menager ſur la chaux? Au lieu d'un boiſſeau qui ſeroit néceſſaire pour chauter 12 ſeptiers de grain, ſouvent ils n'en emploient qu'un demi-boiſſeau, & ils ſe contentent d'arroſer leur grain avec ce lait de chaux, au lieu de le tremper dedans, quoique cette pratique ſoit généralement reconnue la meilleure. Je paſſe au détail des épreuves qui ont été faites depuis la publication de notre Vme. Volume.

M. BARBEAU m'a écrit de Taupignac, qu'il n'a point de noir dans ſes grains; & que la ſeule attention qu'il y apporte, eſt de choiſir le grain le mieux formé, & qui ſoit parvenu à une parfaite maturité; il le fait cribler à pluſieurs repriſes pour ôter toute la pouſſiere, & n'avoir que le plus beau grain, & il ne le paſſe pas même à la chaux. Il faut que les terres de M. Barbeau, pour quelques raiſons qui nous ſont inconnues, n'aient aucune diſpoſition à donner de la nielle. Car 1°, on a vu que de petits grains avortés, choiſis avec ſoin, n'ont preſque pas donné de noir. 2°, Il eſt d'expérience répétée preſque tous les ans, que les froments que nos Fermiers ſement ſans les avoir paſſés à la chaux, deviennent très-chargés de noir, quoique les autres ſoient presque exempts de cette maladie : cette expérience a encore été répétée cette année, comme nous l'avons dit plus haut.

M. le Baron DE SOURNIA s'étant proposé de faire des expériences suivies sur cette matiere, il a chauté du froment par immersion, en mettant le grain dans des corbeilles : il a envoyé du même grain tremper dans l'eau de la mer, qui est peu éloignée de chez lui. Mais ces expériences ont été en pure perte, parce qu'il n'y a point eu de noir dans les grains même semés à l'ordinaire : il se propose de les répéter, & probablement il y joindra des grains préparés avec la chaux & la lessive.

M. DE CAUMONT, ancien Capitaine de Dragons, m'a écrit de sa terre de Fontaine par Aumale en Normandie, qu'un Particulier de son voisinage a trouvé un moyen très-sûr de préserver les grains de la nielle ; mais ce Particulier ne dit point son secret. M. de Caumont ajoute seulement que les semences qui produisent des bleds noirs, en produisent aussi qui ne le sont pas, & que ce particulier prétend que c'est le mêlange qui occasionne le bled noir. Pour s'en convaincre parfaitement, l'Auteur du secret ayant semé séparément du bon grain allié avec du bled noir, sans faire autre chose que ce qui se pratique ordinairement, plus des deux tiers des épis ſe ſont montrés noirs, tandis qu'ayant ſemé pareille quantité de la même ſemence, qu'il avoit préparée à ſa façon, il ne s'eſt pas trouvé un ſeul épi noir ; au contraire le grain étoit très-beau, & d'une couleur ſatisfaiſante.

Comme le Particulier, voiſin de M. de Caumont, cache ſon procédé, je ne puis dire autre choſe ſinon qu'en préparant le grain moucheté & allié de noir, ſuivant la méthode que M. Tillet a publiée, on produira un effet pareil.

On n'en peut pas douter après l'épreuve qu'en a faite M. NONAND. Il avoit ſemé, en 1758, du froment recueilli dans ſa propre terre, où il y avoit de cette eſpece de noir qu'on nomme *carie* ou *boſſe* : il fit la leſſive recommandée par M. Tillet ; & il n'a pu trouver dans le temps de la moiſſon un ſeul épi carié.

Ceci a encore été confirmé par les expériences de M. DELU, qui en 1756 & 1757, a fait ſemer une piece de terre, partie avec du grain ſimplement chauté, & partie avec le même grain préparé avec les cendres gravelées & la chaux : il y avoit peu de noir dans tout le champ, parce que, comme le remarque M. Delu, ſes terres ne ſont ſujettes ni à la nielle, ni à la carie; mais enfin on en appercevoit un peu dans la partie du champ dont la ſemence n'avoit été que paſſée à la chaux, & dans l'autre preſque pas. On verra dans la ſuite, que le nitre ne fait pas un auſſi bon effet que les ſels alkalis.

Enfin un autre Correſpondant qui avoit préparé ſa ſemence comme le recommande M. DONAT, n'a point eu de noir.

Voilà plus d'épreuves qu'il n'en faut pour montrer combien les ſels alkalis & la chaux ſont efficaces pour prévenir les maladies des grains qu'on nomme *nielle*, *carie*, *charbon*, *boſſe*, *nublie*, *bruine*, *&c.* M. TRIBERT, Inſpecteur des Manufactures de Bretagne, & M. BERNARD, Négociant à Morlaix, croyent néanmoins avoir fait une petite épreuve qui contredit toutes celles que nous venons de rapporter; il eſt bon d'en donner le détail, parce qu'il y a des circonſtances qui pourroient n'être pas indifférentes : la voici.

Nous prîmes, diſent ces Meſſieurs, 100 grains de froment des plus beaux & des mieux nourris; nous les tînmes pendant trois mois conſécutifs dans une quantité ſuffiſante de poudre noire de froment infecté, de ſorte qu'ils en étoient ſurchargés.

Dans la ſaiſon des ſemailles, nous les mîmes en terre dans une planche de jardin : nous prîmes en outre 200 grains aussi-bien choisis, que l'on conserva à part sans les barbouiller de noir, & on les passa dans la lessive dont nous allons parler.

Pour faire une lessive encore plus active que celle de M. Tillet, nous fîmes bouillir de l'eau de pluie, & nous la versâmes sur du fumier de vache, de cheval, de brebis & de pigeon : le tout étant resté en infusion pendant huit jours, avec la précaution de remuer tous les jours le marc avec l'eau, on versa à clair la liqueur, & l'on mit dissoudre dans une portion de cette imprégnation de fumier, une bonne quantité de nitre : on mit tremper les 200 grains dans cette liqueur pendant 24 heures; puis on les sema pendant qu'ils étoient encore humides, ayant l'attention de les mettre à côté de ceux qui avoient été barbouillés de noir, & qui n'avoient eu aucune préparation.

Tous ces grains germerent à merveille; ceux qui n'avoient point été lessivés, paroissoient un peu plus maigres que les autres; apparemment parce que la lessive avoit précipité la germination. Jusqu'au 10 Juillet, on n'observa rien qui mérite d'être rapporté.

Ce jour, M. Tribert alla voir son petit champ : les épis commençoient à prendre de la consistance; ils étoient très-beaux & bien garnis de grains; mais y étant retourné l'après-midi avec M. Bernard, ils en apperçurent 11 à peu-près niellés; & ce qui est surprenant, c'est qu'il n'y en avoit que trois dans les 100 grains qui avoient séjourné dans la poudre noire, & qui n'avoient point été lessivés, les huit autres étoient dans les 200 grains qui avoient été lessivés.

Ces Messieurs attribuent la maladie qui a infecté les grains de cette petite expérience, à un coup de soleil qui survint entre la visite du matin & celle de l'après-midi.

Je remarquerai au sujet de cette expérience, 1°, que je ne crois pas que ce soit le coup de soleil qui ait produit le noir; mais il a bien pu changer la couleur des épis attaqués de la maladie, & les rendre plus aisés à distinguer des autres.

2°, La préparation de la liqueur de MM. Tribert & Bernard, est bien différente de celle que nous croyons utile; nous pensons qu'il faut une liqueur acre, & ces Messieurs ont employé une liqueur fort onctueuse. Nous avons dit ailleurs que les infusions de fumiers & de nitre qu'on employoit pour multiplier les germes, ne préservoient point de la nielle.

3°, Tout ce qu'il y a de ſingulier, c'eſt qu'il ſe ſoit trouvé un peu plus d'épis viciés dans la ſemence qui n'avoit pas été barbouillée, & qui avoit été leſſivée, que dans celle qui avoit été barbouillée & non leſſivée. Il eſt vrai que trois pieds ſur 100 grains ne different pas beaucoup de huit ſur 200. Mais enfin quand il y auroit égalité, il ſeroit toujours étonnant que la ſemence infectée de noir n'eût pas plus reſſenti la contagion, que celle qui avoit été exempte de cette poudre qu'on croit contagieuſe. Quand on compare le nombre d'expériences exécutées en grand par différentes perſonnes, avec cette ſeule & très-petite expérience, on ne peut pas ſe rendre à cette épreuve : auſſi M. Tribert ſe propoſe-t-il de la recommencer, & de la répéter avec de nouvelles précautions.

J'aurois bien voulu ramaſſer à part, du noir des épis attaqués de la nielle proprement dite, & du noir des épis charbonnés, pour barbouiller de beau grain avec l'une & l'autre de ces pouſſieres, & éprouver ſi les effets ſeroient les mêmes, ou s'ils ſeroient différents ; mais je n'ai pu juſqu'à préſent me procurer une aſſez grande quantité de ces deux pouſſieres.

Pour ce qui concerne les autres maladies des grains, la *rouille*, la *coulure*, le *bled échaudé & retrait*, les *insectes* qui endommagent les pieds du froment, & l'*ergot*, je renvoye à ce que j'en ai dit, Tom. I, pag. 222 & suivantes; Tom. III, pag. 21 & suiv. Tom. IV, pag. 127 jusqu'à 172, & 263 jusqu'à 271, & enfin 442 & suiv. 537 & suiv. Je me contenterai d'ajouter que, quoique j'aie dit que je n'avois point vu de froment attaqué de la maladie de l'ergot, à laquelle le seigle est très-sujet, Tom. IV, pag. 263, M. Tillet dit qu'il a vu quelques grains ergotés, & attaqués de la même maladie que le seigle.

Voici les signes qui caractérisent cette maladie à l'égard du seigle.

Les grains ergotés sont beaucoup plus gros que les grains sains; & ordinairement ils excedent les balles dont les grains sains restent couverts.

Les grains attaqués de cette maladie sont aussi solides & aussi difficiles à rompre que les grains sains.

L'intérieur des grains ergotés n'est point noir, mais gris-blanc, ou de la couleur du caffé au lait.

M. DELU a rapporté de Champagne, & m'a fait voir quelques épis de froment, dans lesquels il se trouvoit quelques grains ergotés.

Comme il n'eſt point commun de trouver du froment attaqué de cette maladie, on n'a pu s'aſſurer ſi le pain qu'on feroit avec ce grain, occaſionneroit les mêmes maladies que le ſeigle.

M. Delu n'a trouvé cette année que trois épis de froment d'hiver ergoté : il s'eſt aſſuré que le bled de Smyrne & celui de Mars ſont plus ſujets à l'ergot, que les froments d'hiver. Il ſoupçonne que la cauſe de cette maladie eſt la même pour le froment & pour le ſeigle, parce que les épis de froment ergoté ont été trouvés dans une piece de bled voiſine d'une de ſeigle qui avoit beaucoup d'ergot.

ARTICLE III.

Sur les Liqueurs prolifiques.

ON goûte volontiers le merveilleux, ſurtout quand il annonce des choſes fort utiles : or rien ne ſeroit plus avantageux que d'obtenir de bonnes récoltes ſans fumer les terres, & en ne leur donnant que de médiocres cultures ; c'eſt ce que promettoit l'Abbé DE VALLEMONT. Au moyen de ſes liqueurs prolifiques, toute l'attention devoit ſe réduire à préparer la ſemence ; & ſi-tôt qu'elle étoit pénétrée d'une liqueur qui avoit la propriété de développer les germes, on devoit obtenir une abondante récolte ; rien ne pouvoit être plus dépourvu de vraiſemblance. On ſait qu'une ſemence contient une plante en racourci dans cette partie qu'on nomme *le germe* ; que le reſte eſt une proviſion d'aliments propre à faire ſubſiſter la jeune plante ou la plantule, juſqu'à ce qu'elle ait produit aſſez de racines pour tirer ſa nourriture de la terre : ſi-tôt que ſes racines s'y ſont étendues, la ſemence eſt épuiſée ; il ne reſte que les enveloppes, qui déſormais ſeront inutiles. Que peuvent donc produire les liqueurs prolifiques ? Peut-être rendront-elles la ſubſtance nourriciere de la ſemence plus propre à faire ſubſiſter la jeune plante, qui d'abord, & juſqu'à ce qu'elle ait produit des racines, ſe montrera plus vigoureuſe : mais ſi-tôt que la jeune plante aura produit des racines, ſi-tôt qu'elle ne ſubſiſtera plus aux dépens des lobes de la ſemence, que peuvent ſervir les liqueurs prolifiques ? Y a-t-il la moindre apparence qu'il en exiſte un atôme à 4 ou 6 pouces de la plante dans la terre où les racines ſe ſont étendues, & d'où elles tirent leur ſubſiſtance ? Quelque dénué de vraiſemblance que ſoit cette idée, on a accueilli la liqueur de Vallemont comme une découverte merveilleuſe; on l'a regardée comme un aiman capable d'attirer du ſein de l'air certains principes, qui probablement n'y exiſtent pas, & on a imaginé un nombre de recettes propres à faire des liqueurs prolifiques. Les Ouvrages ſur l'Agriculture, les Maiſons ruſtiques s'en ſont trouvé remplies, & ſe ſont efforcées de les préſenter comme des merveilles de la nature. Le deſir qu'on avoit que ces promeſſes fuſſent vraies, a diſpoſé à les recevoir, & des expériences mal faites ont achevé d'accréditer l'erreur.

On a pris une petite quantité de grain; on l'a imprégné des liqueurs prétendues prolifiques; on a ſemé les grains un à un dans un potager, & on a eu des prodiges de végétation dont on s'eſt cru redevable à la liqueur. J'ai été moi-même ſéduit par de pareilles épreuves; mais quand j'ai voulu les étendre à des pieces de 3 ou 4 arpents, cette grande fécondité ne s'eſt point fait remarquer, & j'ai commencé à préſumer peu de ces liqueurs tant vantées, comme on peut le voir page xl de la Préface du premier Volume de la Culture des Terres. Mais ayant vu, (Tom. II, pag. 20) un ſeul grain d'orge produire, ſans aucune préparation, 230 tuyaux, & étant d'ailleurs informé qu'un autre grain d'orge avoit produit en Angleterre 154 épis, j'en ai conclu, (Tom. II, pag. 22) que ces prodiges de végétation qu'on vante ſi fort dans les Maiſons ruſtiques, & qu'on attribue à des liqueurs qui développent les germes, dépendent de la nature de la terre, de la bonne culture, & de ce que les grains étant éloignés les uns des autres, peuvent beaucoup étendre leurs racines, & raſſembler une grande proviſion de nourriture. Alors j'ai eu recours à de nouvelles expériences (pag. 23) qui m'ont confirmé dans cette idée.

On voit dans l'Etat politique d'Angleterre, Tom. VIII, année 1758, qu'un grain de froment qui avoit crû par haſard dans une planche d'oignons, & qui n'avoit eu aucune préparation, avoit produit en Angleterre 5600 grains. Après avoir rapporté ce fait intéreſſant, l'Auteur remarque, comme nous l'avions fait dans notre Tome II, » qu'on n'en » doit rien conclure pour la fécondité na» turelle d'un pays, ni pour la méthode » de cultiver qui y eſt en uſage; qu'on » eſt redevable de ces énormes produc» tions à ce que les grains ſont iſolés & » placés dans une bonne terre; que la » ſeule conſéquence qu'on puiſſe en tirer, » eſt que la nouvelle culture ſe rappro-

» chant plus que les autres de celle qui » produit des phénomenes si surprenants, » il est vraisemblable qu'elle doit augmen- » ter le produit des récoltes ; qu'il est au » moins probable que les Laboureurs trou- » veront de l'avantage à répandre moins » de grain qu'ils ne font ».

Quoiqu'il fût assez bien établi par nos expériences, que la bonne culture & les engrais contribuent plus efficacement que toutes les liqueurs prolifiques, à augmenter les moissons, plusieurs personnes zélées pour le bien public ont publié les unes les bons effets de certaines liqueurs prolifiques, pendant que d'autres annonçoient les recettes dans lesquelles ils avoient mis leur confiance.

M. DE LA JUTAIS a publié un très-petit Ouvrage qui a pour titre, *la vraie Pierre Philosophale*, suivant lequel, pour se procurer une liqueur prolifique admirable, il faut faire fondre du nitre dans un vase de fer : quand il est assez chaud pour brûler les substances qu'on y jette, on projette sur ce nitre une petite quantité de l'espece de semence qu'on se propose de semer : par exemple, si l'on veut avoir une liqueur prolifique pour le froment, on projette sur le nitre un peu de froment ; s'il s'agit de navets, c'est un peu de la graine de cette racine, &c. Ces ſemences s'enflamment, & quand elles ſont réduites en charbon, elles fuſent avec le nitre : alors la liqueur prolifique eſt faite ; il ne s'agit que de diſſoudre le nitre dans de l'eau. Que réſulte-t-il de cette opération ? rien autre choſe ſinon que dans la liqueur prolifique il y a beaucoup de nitre avec un peu de nitre fixé, ou de ſel alkali ; que ce nitre ſoit fixé avec du froment, ou avec de l'orge, ou avec des navets, ou avec de la poudre de charbon, tous les Chymiſtes conviendront qu'il en réſultera la même choſe, & qu'on pourroit faire cette même liqueur en mêlant un peu de ſel alkali dans une forte ſolution de ſalpêtre ; reſte à ſavoir quel effet elle aura ſur les végétaux : mais pour bien faire ces expériences, il faut ſe ménager un objet de comparaiſon, en ſemant deux champs pareils, l'un avec du grain préparé, & l'autre avec du grain ſeulement paſſé à la chaux ſuivant l'uſage ordinaire, ayant l'attention de mettre la même quantité de ſemence dans les deux champs : car la ſeule circonſtance de diminuer la quantité de la ſemence, peut, dans les années où les grains tallent beaucoup, & dans les bonnes terres, augmenter les récoltes : pluſieurs ont été trompés pour n'avoir pas fait attention à cette circonſtance, ainſi qu'à d'autres dont j'ai parlé plus haut. Voici des expériences bien faites.

M. DELU ayant éprouvé l'eſſence de M. de la Jutais pour la troiſieme fois avec tout le ſcrupule poſſible, en conclut qu'elle n'eſt d'aucune utilité.

M. PEIROL, Secretaire de M. l'Intendant d'Auvergne, me fit part en 1755, (*Voy. Tom. V., pag.* 164.) de pluſieurs épreuves qu'il avoit faites avec ſoin, pour connoître la vertu des liqueurs prolifiques; & ces épreuves lui avoient fait eſpérer des ſuccès : je le remerciai de ſon attention, en l'exhortant à répéter ces épreuves avec de nouvelles précautions qui me paroiſſoient importantes. Il l'a fait avec tout le ſoin poſſible, & je me fais un vrai plaiſir d'en rapporter le détail, parce qu'elles me paroiſſent très-propres à diſſuader ceux qui s'intéreſſent au progrès de l'Agriculture, de mettre leur confiance en de pareils preſtiges. Au lieu de courir après un fantôme qui leur échapperoit infailliblement, ils pourront employer leur temps à des recherches utiles, dont le public profitera.

M. Peirol ayant ſemé dans ſon jardin, & dans celui de l'Intendance, 1°, du bled de miracle, 2°, de l'escourgeon, 3°, du froment rouge du pays, il eut des prodiges de fertilité.

Le bled de miracle produisit depuis 50 tuyaux jusqu'à 92, & ces derniers pieds portoient 13800 grains.

L'escourgeon donna jusqu'à 244 tuyaux qui contenoient 14640 grains.

Le froment rouge du pays avoit 300 tuyaux; mais les grains ont été mangés par les oiseaux.

Voilà de belles productions; mais, ce qu'il y a de plus important à observer, c'est que M. Peirol a semé tous ces grains, tant dans son jardin, que dans celui de l'Intendance, le même jour 8 Septembre 1756; partie de ces grains ayant infusé dans la matiere universelle de M. l'Abbé de Vallemont, & l'autre partie sans avoir éprouvé aucune infusion : cependant leurs productions ont été pareilles, leur ayant donné à tous les mêmes labours, & quelques arrosements avec la matiere universelle. Voilà une derniere circonstance qui gâte toute l'expérience : car qui peut révoquer en doute qu'en arrosant des plantes avec des imprégnations de fumier, on ne leur donne beaucoup de vigueur, même plus qu'en répandant beaucoup de fumier dans la terre : heureuſement voici une autre expérience qui n'a pas le même défaut.

Le 4 Avril 1757, M. Peirol voulant ſemer en orge un champ aſſez étendu, & qui étoit en bon état de culture, il le fit diviſer en 5 parties égales.

La premiere portion fut ſemée avec de l'orge non infuſée, & par rangées éloignées les unes des autres d'un pied.

La ſeconde fut ſemée avec la même orge infuſée dans la matiere univerſelle de Vallemont, & comme la précédente par rangées éloignées les unes des autres d'un pied; toutes deux eurent un labour à la fin d'Avril.

La troiſieme fut ſemée en plein ſuivant l'uſage du pays, excepté qu'on épargna un quart de la ſemence : au reſte c'étoit toujours la même orge, & elle avoit infuſé dans la liqueur de Vallemont.

La quatrieme portion fut auſſi ſemée en plein comme la précédente; la ſeule différence étoit que la ſemence avoit infuſé dans la liqueur de M. ROBINEAU.

Enfin la cinquieme & derniere partie totalement à l'ordinaire avec la même orge, ſans retrancher, comme aux autres, un quart de ſemence, & ſans aucune infuſion.

Voici en quel état ſe ſont trouvés ces

différents grains au temps de la moiſſon.

La premiere & la ſeconde partie, qui avoient été ſemées par rangées où l'on avoit épargné les trois quarts de la ſemence, mais dont une avoit été imbibée de la matiere univerſelle de Vallemont, & l'autre n'avoit eu aucune imprégnation, ſe ſont trouvées l'une & l'autre très-belles, & elles ont donné beaucoup de grain.

La troiſieme & la quatrieme, qui avoient été ſemées en plein, n'ayant épargné qu'un quart de la ſemence, l'une ayant été imprégnée de la matiere univerſelle de Vallemont, & l'autre de celle de M. Robineau, étoient médiocrement belles; & l'on n'appercevoit aucune différence entre l'une & l'autre.

La cinquieme portion, qui avoit été ſemée entiérement à l'ordinaire, & avec la quantité de ſemence qu'on a coutume d'employer, étoit la plus mauvaiſe de toutes.

M. Peirol qui étoit prévenu en faveur des eſſences prolifiques, conclut néanmoins de ſon expérience, 1°, que la premiere portion non infuſée, ayant été auſſi belle que la ſeconde infuſée, l'infuſion des grains ne contribue pas beaucoup à faire taller les plantes.

2°, Que la troisieme & la quatrieme portion n'étant point différente l'une de l'autre, la liqueur de M. Robineau n'a rien fait de plus que la matiere universelle de Vallemont.

3°, Que la différence qu'on a apperçue entre la cinquieme, & les troisieme & quatrieme, dépend probablement de la quantité de semence qu'on a répandue.

4°, Que la beauté de la premiere & de la seconde sur toutes les autres, vient de ce que les grains plus éloignés les uns des autres, ont eu suffisamment d'espace pour ramasser de la nourriture, & de ce que cet intervalle a mis en état de pratiquer au printemps certaines cultures, qui ont occasionné la grande vigueur des plantes. Tout ceci est conforme à ce que j'ai dit, Tom. III, pag. 19. M. Peirol en est si persuadé, qu'il a fait semer, auprès de Riom, plus de 30 septerées de terre comme les deux premieres parties de son expérience.

M. Peirol a encore fait une épreuve de la matiere universelle de Vallemont. Il a fait planter de la vigne en deux endroits différents : dans l'un, la terre étoit fort bonne; on suivit l'usage ordinaire, & les boutures de vigne pousserent assez promptement : dans l'autre, la terre étoit moins bonne, & M. Peirol fit arroser chaque bouture avec deux pintes de la matiere universelle. Cette vigne poussa plus tard; mais ensuite elle le fit avec force, & elle a conservé ses feuilles très-long-temps. Il n'est point douteux qu'une infusion de fumier ne soit très-propre à donner de la vigueur à des plantes, & à les faire pousser avec force : c'est aux Propriétaires des vignes à examiner s'ils ne s'exposeroient pas à de trop grandes dépenses en journées d'ouvriers ; car si l'on arrosoit les vignes nouvellement plantées, sur-tout avec du jus de fumier, il est certain qu'on assureroit leur reprise.

La recette de la liqueur universelle qu'a employé M. Peirol, se trouve Tom. V, pag. 170 de la Culture des Terres.

Voulant constater moi-même les effets de la liqueur prétendue prolifique, annoncée par M. Robineau, j'ai choisi une piece de terre destinée à produire du froment, & je l'ai fait diviser en trois parties égales: l'une a été semée à l'ordinaire, & le grain seulement passé à la chaux a produit par arpent 192 gerbes, qui ont rendu 5 septiers.

Une autre portion a été semée à l'ordinaire, le grain seulement passé à la chaux; mais on a diminué les $\frac{2}{5}$ de la semence:

elle a produit 168 gerbes, qui ont rendu 4 ſeptiers 6 boiſſeaux.

La troiſieme portion a été ſemée avec la même quantité de grain que la précédente, mais préparé comme le preſcrit M. Robineau : elle a produit 156 gerbes, qui ont rendu 4 ſeptiers 6 boiſſeaux.

D'où il ſuit que la liqueur ni la préparation dans le jus de fumier, n'ont occaſionné aucun avantage ſur la récolte.

Cette liqueur donne, par la diſtillation à un feu très-lent, un peu d'eau-de-vie ; ce qui reſte dans le matras, fournit une grande quantité de ſalpêtre, & il reſte une eau-mere qui contient un peu de ſel alkali. Ce produit eſt fort approchant de ce qu'on obtiendroit de la liqueur du ſieur de la Jutais.

M. VANDUSFEL a auſſi éprouvé la liqueur prolifique de M. Robineau, qui n'a produit ſous ſes yeux d'autre effet, ſinon qu'il y avoit dans ce champ un peu moins de noir que dans ceux où les grains n'avoient eu aucune préparation. Mais les grains qu'il a imprégnés d'une infuſion de fumier de cendre & de chaux, étoient totalement exempts de noir.

CHAPITRE VI.

De la Récolte des Grains.

QUAND à force de culture & d'engrais, on eſt parvenu à avoir de beaux grains, il faut en faire la récolte. La circonſtance la plus favorable, relativement à la ſaiſon, eſt un temps chaud & ſec : car quand le ſoleil a agi vivement ſur les grains ſur pied, ou qui viennent d'être abattus, leur qualité en eſt ordinairement meilleure, & leur conſervation plus aiſée : mais dans cette circonſtance ils ſont ſujets à s'égrainer, & ſouvent on perd la valeur d'une ſemence qui reſte ſur le champ. On eſſaye de prévenir cet accident en formant les bottes & les triaux ou dizeaux le ſoir à la fraîcheur, ou le matin avant que le ſoleil ait pris de la force ; & les Faucheurs travaillent une partie de la nuit à abattre les avoines ; en outre ils évitent par-là la grande ardeur du ſoleil qui fatigue furieuſement les Moiſſonneurs : ces Travailleurs ſont expoſés à bien des maladies, ſur-tout les Scieurs qui étant obligés d'être baiſſés, reſpirent un air d'autant plus brûlant, que les rayons du ſoleil ſont réfléchis par le terrein :

terrein : ces pauvres ouvriers ſont forcés de boire des liqueurs qui, échauffées par le ſoleil, ne les déſalterent pas, & je ſoupçonne que cette abondance de boiſſon leur occaſionne des maladies. Ce ſeroit donc faire une découverte bien utile, que de trouver le moyen de couper les grains avec quelque machine qui diminuât la dureté de ce travail : j'invite les Méchaniciens à s'en occuper.

Il n'y a que deux façons uſitées de couper les grains : ſavoir, avec la faucille, ou avec la faulx. Suivant l'uſage ordinaire, on emploie la faulx pour les orges & les avoines, ainſi que pour les froments, lorſqu'ils ſont clairs & bas ; & la faucille ſert à abattre les ſeigles & les froments, lorſqu'ils ſont fort hauts & ſerrés. La faulx expédie beaucoup plus l'ouvrage que la faucille : auſſi la proportion de ce qu'il en coûte pour ſcier un arpent ou pour le faucher, eſt à peu-près comme 5 eſt à 2.

Le Faucheur fatigue dans toutes les parties de ſon corps, & il faut qu'il ſoit plus adroit que le Scieur : mais comme le Faucheur eſt toujours debout, il profite du moindre vent qui le rafraîchit, au lieu que le Scieur, comme nous l'avons dit, reſpire toujours un air très-chaud.

Je ne désespere pas qu'on ne puisse un jour trouver quelque machine qui soulage ces ouvriers, & qui accélere l'ouvrage : mais en attendant que quelque industrieux Méchanicien procure ce secours aux Cultivateurs, je suis persuadé qu'on lira avec plaisir le Mémoire que m'a remis un Citoyen zélé qui a exécuté dans ses Domaines les opérations qu'il décrit. Ce sont ici non des spéculations, mais des faits : ce sont des opérations qui ont été exécutées, & dont j'aurois fait moi-même l'expérience, si j'avois pu être à la campagne dans le temps des récoltes.

Mémoire sur le Fauchage des Bleds, par M. DE LILLE.

» J'AI remarqué, Monsieur, dans les » Observations Botanico-météorologiques » contenues au cinquieme Volume de votre Traité de la Culture des Terres, ce » que vous rapportez de l'essai qui a été » accidentellement fait en l'année 1756 » du fauchage de quelques pieces de froment. Cet exemple m'a en même temps » consolé & flatté, parce que d'un côté » il me fait partager, avec des hommes » que je ne crois pas fous, le ridicule que » quelques Laboureurs de mon voisinage

» m'ont donné, lorſqu'ils m'ont vu introduire la faulx dans les froments ; & que » de l'autre ma perſévérance à pratiquer » cet uſage, m'a mis en état d'en inſtruire les Cultivateurs, avec tout le détail capable de leur en faire connoître les » avantages, & même auſſi les inconvénients: » car je ne puis diſſimuler qu'il n'y en ait » quelques-uns ; mais les avantages leur » ſont ſi ſupérieurs, que cette exploitation » eſt de celles auxquelles on peut appli- » quer ce vers des Géorgiques :

Illa ſeges demùm votis reſpondet avari Agricolæ.

» & ce ſera de vous, Monſieur, que les » Amateurs de l'Agriculture recevront ces » inſtructions, ſi vous jugez à propos de » les inſérer dans vos Ouvrages.

» Les circonſtances qui m'ont fait naître l'idée de mettre la faulx dans les » bleds, étoient les mêmes que vous rapportez. L'année 1751 avoit été fort » pluvieuſe ; les herbes avoient pourri, » ſoit ſur pied, ſoit après le fauchage ; les » bleds étoient maigres, infectés d'herbes ; & le temps fut très-fâcheux pendant toute la moiſſon. J'avois cette année une piece d'environ 15 arpents en » ſi mauvais état, que je ne daignois pas

» la faire moiſſonner. Cependant, après
» l'avoir traverſée & parcourue en tous
» ſens, je compris que la quantité d'her-
» bes dont elle étoit chargée, pouvoit en
» la fauchant me procurer une proviſion
» de fourage qui me dédommageroit de la
» perte preſque totale de mes luzernes ; &
» j'étois diſpoſé à abandonner à la nourri-
» ture de mes chevaux, le peu de froment
» qu'il me paroiſſoit y avoir parmi ces her-
» bes. Je mis donc des Faucheurs en be-
» ſogne ; ma piece fauchée me produiſit
» une grande quantité de fourage ; l'her-
» be fauchée à deux pouces de terre re-
» pouſſa, & donna un excellent pâtura-
» ge ; enfin mon Concierge plus économe
» que moi, fit battre ces gerbes, & en
» tira à proportion autant de froment
» qu'on en trouvoit dans la moiſſon des
» autres pieces.

» Bien ſatisfait de voir, pendant l'hy-
» ver ſuivant, mes chevaux & mes beſ-
» tiaux abondamment pourvus de foura-
» ge, je m'applaudiſſois du ſuccès de mon
» opération ; & j'appris à cette occaſion
» qu'on ne moiſſonnoit pas autrement les
» froments dans le Haynaut, la Flandre,
» l'Artois, la Thiérache, & que depuis
» plus de trente ans cet uſage étoit in-
» troduit dans la Champagne, entre Châ-

» lons & Sainte-Menehould ; mais on me » fit obſerver que cette opération ne ſe » faiſoit pas ſimplement comme celle de » faucher des avoines ; que les faulx dont » on ſe ſervoit pour cet uſage, n'étoient » pas les mêmes ; que les crochets dont » elles étoient garnies, étoient d'une au- » tre proportion ; & qu'enfin il y avoit » des différences eſſentielles dans l'opé- » ration.

» Ces diverſes obſervations me firent » concevoir que cet uſage avoit été réflé- » chi dans les Provinces où il étoit prati- » qué ; qu'il falloit qu'on y trouvât de l'u- » tilité, puiſqu'on en continuoit la prati- » que ; & je conclus que ſi mon opéra- » tion, toute imparfaite qu'elle étoit, m'a- » voit été auſſi favorable, je trouverois » bien d'autres avantages à la faire en » regle : mais je ne voulus pas me livrer » totalement à ce préjugé ; je me diſpoſai » à un eſſai ſur environ 30 arpents ſeule- » ment.

» A force de recherches je découvris, » à quelques lieues de chez moi, un ou- » vrier de la Province d'Artois accoutu- » mé à cette exploitation. J'eus quelques » entretiens avec lui ; il m'apprit comment » elle devoit être faite, & m'en fit con- » noître le mérite ; je le retins pour l'eſſai

» que je m'étois proposé de faire à la » moisson prochaine : mais comme la saison étoit avancée, & que cet ouvrier » n'avoit plus le temps de faire venir des » gens instruits comme lui de ce travail, » pour suivre la faulx, & rendre l'opération complette, il fit de son mieux pour » montrer à deux jeunes garçons du pays » le service qu'ils avoient à faire en le suivant : ensorte qu'il ne manqua à cet » essai que certains avantages qui ne consistent que dans la forme ; c'est-à-dire, » que les javelles se trouverent un peu mêlées, ensorte qu'il y avoit des épis aux » deux bouts de la gerbe.

» Je ne dois pas négliger de rapporter » les clameurs qu'excita cette nouveauté. » Je faisois cet essai sur les plus beaux froments, parce que mon ouvrier m'avoit » prévenu que plus les bleds étoient forts » & fournis, plus l'opération étoit facile » & propre. Les Laboureurs de mon voisinage, & tout ce qu'il y avoit de Moissonneurs employés chez eux, me regardoient comme un fou & un dissipateur ; les plus sensés vinrent obligeamment me faire des représentations qui » portoient à faux, mais que je reçus » bien, parce qu'elles me procuroient » l'occasion de les instruire sur mon pro-

» jet, & de les inviter à en bien obſerver » les effets.

» Enfin mon eſſai ſe fit ſur 30 arpents » que j'avois choiſis en trois parties de 10 » arpents chacune, dans des pieces de » beaucoup plus grande étendue, afin d'ê» tre plus à portée de comparer l'opéra» tion de la faulx à celle de la faucille.

» Quelques Laboureurs voiſins la ſui» virent autant que leurs occupations pu» rent le leur permettre; ils virent avec » ſurpriſe que la faulx occaſionnoit moins » de perte de grain que ne fait la faucille; » ils jugerent l'opération bonne, mais avec » des reſtrictions que l'expérience des an» nées ſuivantes a levées; & leur appro» bation invita leurs Moiſſonneurs à en » prendre connoiſſance. Ces derniers com» prirent que par cette pratique ils ſuffi» roient à la moiſſon du pays, à laquelle » on eſt obligé, par le trop petit nombre » d'habitants, d'employer des étrangers & » des paſſants, dont le travail eſt ſouvent » mauvais.

» Cet eſſai me fut aſſez ſatisfaiſant pour » me déterminer à pratiquer à l'avenir cet » uſage pour la totalité de mes moiſſons; » & afin qu'il ne manquât rien à mon opé» ration, je voulus prendre les leçons des » Maîtres de l'art; ainſi pour la récolte

» de 1753, je fis venir du Village de » Trie, près Valenciennes, une bande » ſuffiſante d'ouvriers.

» Ce projet exigeoit une précaution à » laquelle on a depuis ſatisfait chaque an- » née avec beaucoup de ſoin; c'étoit d'é- » pierrer les champs le plus exactement » qu'il étoit poſſible. Cette dépenſe eſt » trop légere, eu égard aux bons effets » qui en réſultent; tous les chemins qui » m'environnent, autrefois impraticables » en hyver, ſont aujourd'hui ferrés, & » d'autant plus commodes pour les char- » rois; il n'eſt plus queſtion d'accidents ſur » les chevaux ni ſur les voitures; & un » avantage qui n'eſt pas moins réel, a » été celui de me trouver obligé de di- » minuer la quantité de ſemences.

» Me voilà parvenu à l'opération en » grand; je l'ai pratiquée pendant cinq » années conſécutives, qui m'ont fourni » les moyens d'éprouver toutes les cir- » conſtances que l'on peut diſcuter dans » l'examen des avantages ou des déſa- » vantages de cette méthode : je veux » dire, moiſſon faite en temps pluvieux, » bleds coudés, bleds verſés, bleds cou- » chés ſurmontés par l'herbe, bleds *fou-* » *drés*, ce qui s'entend dans mon pays » des bleds verſés par couches qui ſe re-

couvrent

» couvrent en ſens différents. Je commen- » cerai par vous entretenir du méchaniſme » de ce fauchage ; après quoi je vous en » expoſerai tous les avantages, & je rap- » porterai les objections qui m'ont été » faites, leſquelles feront connoître les » ſeuls inconvénients que j'aye remarqués.

» Les ouvriers Flamands que j'ai em- » ployés en 1753, apporterent des faulx » que je ne trouvai différentes des faulx » ordinaires, ni dans leur grandeur, ni » dans leur monture, ni dans la meſure » des crochets dont elles étoient garnies. » Ainſi je reconnus que c'étoit ſans fon- » dement que l'on m'avoit dit en 1751, » qu'il falloit un inſtrument différent de » celui dont on ſe ſert pour l'avoine. Ce » n'a été qu'en 1755, qu'il a été introduit » une différence dans cet inſtrument par » les obſervations fort ſenſées que fit un » des ouvriers que j'ai employés depuis » les Flamands.

» Ce Faucheur obſerva que les faulx » ordinaires ne pouvoient convenir qu'aux » terres qui ſont labourées par planches, » & qu'elles étoient moins propres aux » nôtres qui ſont en ſillons de 11 à 12 » raies, fort bombés dans le milieu ; il » remarqua auſſi que les crochets briſoient » la paille, en ſéparoient une quantité

» d'épis, ne retenoient pas certains brins » courts qui viennent dans le bas des » sillons, ce qui occasionnoit un déchet, » & ne ramassoit pas l'herbe aussi exacte- » ment qu'on le desiroit. Pour y remé- » dier, il prit une faulx plus courte de six » pouces au moins que les faulx ordinai- » res; & il imagina d'abandonner les cro- » chets, auxquels il substitua ce qu'il ap- » pelle *le playon*. Ce playon consiste en » deux branches de Coudre, ou autre » bois verd, que l'on place en demi cer- » cle sur le manche de la faulx, à l'endroit » où l'on place les crochets (*A*, *Pl. VIII.* » *fig.* 2.); pour cela il doit y avoir à ce » manche quatre trous; une de ces bran- » ches est mise par un bout dans le premier » trou, & par l'autre dans le troisieme; & » la seconde branche est placée par un bout » dans le deuxieme trou, & par l'autre » dans le quatrieme. La faulx ainsi mon- » tée ne laisse rien à desirer; nous allons » expliquer comment on la met en œu- » vre.

On sait que le Faucheur d'avoine en- » treprend son ouvrage de façon qu'il a » toujours le grain à sa droite, d'où l'ac- » tion de la faulx jette l'ondain à sa gau- » che. Le Faucheur de bled au contraire » prend la piece du dehors en dedans,

»ensorte qu'il a toujours à sa gauche le »bled qui est à couper ; d'où il résulte »que le bled fauché, réuni par le playon, »est porté sur le bled qui est à faucher, »sur lequel il reste appuyé avec une légere »inclinaison.

»Un ouvrier, qui peut être un enfant »de 12 à 15 ans, ou une femme âgée, »suit le Faucheur à une distance de quatre »ou cinq pieds, tenant en main ou une »faucille, ou un bâton long d'un pied & »demi ou deux pieds, qu'il passe dans »l'intervalle qu'il y a entre le bled incli»né, & celui qui est sur pied, l'embrasse, »le frappe sur terre pour en former une »javelle, & le couche à sa droite. Cette »opération doit être faite avec activité, »parce que cet ouvrier, qu'on nomme *le* »*Ramasseur*, est suivi d'un autre Fau»cheur; elle doit aussi être faite avec »adresse, parce que c'est de-là que dé»pend le déchet plus ou moins grand des »glanures. Il doit y avoir autant de Ra»masseurs qu'il y a de Faucheurs.

»La posture du Faucheur est un arti»cle important à remarquer; je me suis »trouvé fort heureux, en 1754, d'y avoir »fait attention. Dans les prés & les avoi»nes, le Faucheur chemine en traçant »deux lignes paralleles par ses pieds qu'il

» traîne alternativement à chaque coup de » faulx. Dans le fauchage des bleds, le che» min du Faucheur ne doit être tracé que » par une ſeule ligne, parce que le Fau» cheur doit porter un pied devant l'autre, » de façon qu'à chaque coup de faulx le pied » gauche qui eſt derriere, chaſſe en avant le » pied droit, poſture aſſez ſemblable à celle » que l'on prend, lorſque, le fleuret à la main, » on va commencer un exercice d'armes.

» La raiſon qui démontre la néceſſité » de cette poſture différente, s'eſt préſen» tée à moi par un accident, qui en 1754, » penſa renverſer toute mon opération. » J'employois au fauchage des bleds les » ouvriers qui venoient chaque année fau» cher mes avoines; ils étoient au nom» bre de ſept. Le troiſieme jour du tra» vail, cinq de ces ouvriers tomberent » malades; je les remplaçai par trois au» tres, & ce remplacement n'eut d'autre » effet que de charger mon infirmerie de » dix malades à la fin de la ſemaine. Je » viſitai ces ouvriers, je les interrogeai » ſur leur état; quelques-uns avoient la » fiévre, mais tous ſe plaignoient de dou» leurs exceſſives dans les côtes gauches. » Je crus tous ces hommes attaqués de » pleuréſie; cependant j'avois lieu de dou» ter, & je trouvois dans leur état même

» des raiſons aſſez fortes, pour conclure » que leur mal étoit la courbatture ; » je m'en tins donc à leur faire prendre du » repos.

» Le lendemain je retournai viſiter mon » infirmerie : j'apperçus dans les bleds » deux Faucheurs ; j'allai vers eux, & je » ne les avois pas joints que je reconnus » que leur poſture dans ce travail étoit la » même que celle qu'ils tenoient en fau- » chant les avoines. Je m'écriai ſur cette » maladreſſe, que je vis à l'inſtant être la » cauſe de leurs douleurs. On ſe ſervoit » alors de la faulx garnie de crochets ; elle » eſt plus peſante que celle qui eſt ſeule- » ment garnie du playon ; je déſarmai un » de ces Faucheurs ; je me mis en poſtu- » re de Faucheur d'avoine ; je lui fis voir » qu'ayant à charger les crochets de la » faulx d'un poids bien plus grand que » n'eſt celui de l'avoine, il falloit dans » cette poſture une inverſion pénible du » corps pour porter à ſa gauche le bled » dont la faulx étoit chargée. Je pris en- » ſuite la poſture du Bréteur, que j'avois » remarquée dans mes Flamands l'année » précédente, & je démontrai à mon » homme que dans cette attitude le corps » ſe trouvoit à face, & dans ſon plus » grand état de force, lorſque, par l'in-

» version de droite à gauche, il se trou-
» voit le plus chargé du poids qu'il avoit
» à déposer, ce qui se faisoit sans aucun
» travail des côtes. Mon homme reprit sa
» faulx, essaya, fut convaincu de la vé-
» rité de ma démonstration, en fit leçon à
» ses compagnons, & depuis tout est de-
» venu facile. J'ai cru ne devoir pas
» omettre le détail de cet accident, par-
» ce que je suis persuadé qu'il seroit im-
» possible aux ouvriers les plus robustes
» de soutenir long-temps, dans le faucha-
» ge des bleds, la posture du Faucheur
» d'avoine.

» Voilà le méchanisme de cette opéra-
» tion sur les bleds supposés droits, c'est-
» à-dire, dans les années les plus favo-
» rables. Je dois ajouter que le Faucheur
» aura l'attention de s'orienter pour son
» travail de façon qu'il ait le vent à sa
» gauche; alors le bled est naturellement
» incliné sur la faulx, & il en est coupé
» plus près de terre; la résistance du vent,
» toute légere qu'elle soit, appuie sur le
» playon le bled qui vient d'être coupé;
» & la fauchée en est mieux, & plus pro-
» prement portée sur le bled debout, d'où
» elle doit être enlevée par le Ramasseur.

» Le vent derriere le Faucheur n'est
» pas un obstacle à faucher près; mais la

» fauchée ne ſauroit être ſi exactement » réunie par le playon ; il s'éparpille » quelques épis ; & le plus grand inconvénient eſt que la fauchée dépoſée ſur » le bled debout perd ſon appui, & eſt » ſouvent jettée à terre par le vent ; ce » qui rend l'opération du Ramaſſeur plus » difficile, ou plus lente, & occaſionne » plus de glanures.

» Le vent en face ne vaut rien ; il occaſionne une perte du chaume, & une » grande diſperſion d'épis.

» Enfin le vent à droite fait la plus » mauvaiſe de toutes les beſognes ; alors » le chaume reſte long, & le champ jonché d'une quantité de glanures ſi prodigieuſe, qu'on ne croiroit pas que ce » champ eût été récolté. On n'a pas commis la faute de s'orienter ainſi ; mais je » l'ai fait faire pendant un quart d'heure » par eſſai, & cela m'a ſuffi pour en bien » connoître les effets.

» Lorſque les bleds ſont coudés, le » Faucheur les prend dans le ſens qui lui » préſente leur courbure de gauche à droite ; ce qui fait le même effet, lorſque le » temps eſt calme, que ſi le vent venoit » de ſa gauche.

» Lorſque les bleds ſont verſés, il n'eſt » pas facile de faucher en dedans, parce

» que le Ramaſſeur ſe trouveroit ſans ceſſe » embarraſſé par le mêlange de ſa javelle » avec le bled non fauché. Le coup d'œil » d'un bon Faucheur ſur la piece le décide » dans la façon de s'orienter; quand » le vent peut lui être favorable, il en » profite. La méthode que j'ai vu pratiquer » le plus ordinairement, a été celle » de prendre le bled dans le ſens de ſa » courbure, & de le jetter en ondain. Cet » ouvrage eſt propre; on ne voit, après » le fauchage, aucun reſte de chaume, & » le champ ne paroît plus être qu'une » prairie.

» On ne peut propoſer aucun uſage » pour les bleds foudrés; je les ai vu » prendre dans tous les ſens qui ſe ſont » préſentés, & toujours dans la courbure » priſe comme elle le ſeroit ſi le Faucheur » avoit le vent derriere lui; au moyen de » quoi on n'a pas perdu plus de chaume, » qu'on n'en perd dans les bleds verſés. » La récolte de 1757 a été dans ce cas; » j'ai été fort ſatisfait de l'opération; elle » n'a été qu'un peu plus longue que dans » les années ordinaires.

» Je ne vous entretiendrai, Monſieur, » des années pluvieuſes, qu'en vous rendant » compte des objections, parce que » cette circonſtance n'influe point ſur le

» fauchage, & qu'il ne s'agit en ce cas » que des moyens de préſerver le bled de » la germination en javelle. Je dois à pré- » ſent vous expoſer les avantages que je » trouve dans ma méthode.

» La conſervation des hommes m'eſt ſi » chere, que je regarde comme le premier » avantage de mon opération, celui de » rendre moins pénible aux ouvriers un » travail qui ſe fait dans une ſaiſon ordi- » nairement très-fatiguante par l'excès des » chaleurs. Or je vois que lorſque les bleds » ſont les plus faciles, un bon Moiſſon- » neur à la faucille ne parvient qu'à peine » à abattre un demi-arpent par jour, tan- » dis que le Faucheur expédie proportion- » nément au degré de ſon intelligence & » de ſa dextérité, depuis un arpent juſqu'à » un arpent & demi. J'en ai vu peu qui » parvinſſent à l'arpent & demi ſans bou- » ſiller; mais on peut compter que la tâche » commune d'un bon ouvrier, en circonſ- » tances ordinaires de mêlange de bled » droit & de bled verſé, eſt de cinq » quartiers, & cette tâche ſe fait propre- » ment & ſans dégât. Cet ouvrier fait » donc trois cinquiemes d'ouvrage de plus » qu'on ne peut en attendre de la faucille; » il eſt vrai qu'il n'a pas à former la ja- » velle; le Ramaſſeur qui le ſuit lui épar-

» gne cette besogne : mais ce Faucheur est » obligé d'affiler sa faulx à chaque bout de » champ, & plus souvent lorsque les bleds » ne sont pas épais ; de plus, quelque at- » tention que l'on ait à épierrer les champs, » il n'y a pas de jour qu'il ne rencontre » une pierre qui le mette dans la nécessité » de rebattre sa faulx ; enfin il est obligé » de revenir du bout du champ lorsque sa » fauchée est finie, à l'autre bout de ce » champ, pour reprendre sa fauchée dans » le même sens qu'il l'a commencée ; tout » cela prend un temps qui peut compenser » celui que le Moissonneur à la faucille em- » ploie à déposer sa poignée pour former » la javelle ; & je ne pense pas que l'on » puisse contester par cette comparaison » des deux tâches, que l'ouvrage ne soit » des trois cinquiemes moins pénibles ; à » cette preuve se joindra celle qui résulte » de la posture du Moissonneur comparée » à celle du Faucheur.

» Un second inconvénient dont cette » méthode garantit l'ouvrier, est celui des » plaies que causent aux Moissonneurs les » chardons, diverses épines, & plusieurs » herbes dont la rencontre est funeste.

» Ce premier avantage a plusieurs bran- » ches ; il en résulte 1°, une plus prompte » expédition. Il n'y a pas d'année que le La-

» boureur n'éprouve que quelque piece ſe » trouve ſurpriſe par une maturité trop ſu- » bite, qui devenant exceſſive par le délai, » lui occaſionne un grand déchet de grain, » ſoit par l'action de la faucille, ſoit par » le chargement & déchargement dans le » tranſport de la moiſſon. Au moyen de » la faulx, une piece qui ne pourroit être » moiſſonnée qu'en cinq jours, le ſera en » deux, & ſera préſervée de cet excès » de maturité.

» 2°, Cette exploitation exige un » moindre nombre d'ouvriers : je m'ex- » plique. Je ſerai contredit par le fait, ſi » l'on m'objecte qu'il faut un Faucheur & » un Ramaſſeur pour l'ouvrage que le » Moiſſonneur fait ſeul; mais je conſidere » que pour ma moiſſon de 90 arpents de » froment, il me faut dix hommes qui ſont » employés pendant vingt jours au moins, » travaillants à la faucille, tandis que ſept » Faucheurs & leurs Ramaſſeurs (14 ou- » vriers) expédient ſans effort ma beſo- » gne en dix jours. La différence eſt donc » de 60 journées d'ouvriers; & ſi je me » ſuis propoſé de ne pas faire ma moiſſon » plus diligemment par la faulx, qu'elle » ne le ſeroit par la faucille, je ne prends que » quatre Faucheurs & quatre Ramaſſeurs, » huit ouvriers, dont les quatre derniers

» me font moins à charge que ne feroient » trois Moiffonneurs ; parce que je ne me » fers pour ce travail que de jeunes » gens qui ne feroient pas affez forts pour » aller moiffonner à la faucille. J'ai donc » deux ouvriers de moins, & quelque » avantage dans la comparaifon de l'ou- » vrier fait, à l'enfant, duquel je tire » parti.

» 3°, Cet emploi des enfants, des » femmes âgées, & des hommes à demi- » invalides, feroit favorable aux habitants. » Il multiplieroit les ouvriers, & empê- » cheroit le défœuvrement & la mendi- » cité ; confidération importante à bien » des égards. Les Laboureurs y trouve- » roient cet avantage, que la plupart des » Paroiffes fourniffant affez de monde » pour la récolte de leurs territoires, ils » ne feroient pas obligés d'avoir recours » à des bandes de paffants, qui fouvent » travaillent mal, les rançonnent, & les » abandonnent quelquefois au milieu de la » moiffon, s'ils ne fe rendent pas tribu- » taires de leur vexation.

» Quittons la fpéculation, & venons » aux avantages que leur évidence ga- » rantit de toute contradiction. 1°, C'en » eft un bien confidérable que de fe pro- » curer une plus grande abondance de

»pailles, & que ces pailles ſoient plus »prétieuſes par la quantité d'herbes que »contiennent les gerbes. Ceci n'auroit »pas beſoin de preuves ; on ſait que la »faulx approche auſſi près de la terre »qu'on le veut ; j'ai l'expérience, que »dans nos champs bien épierrés, il ne »reſte pas deux pouces de chaume, & »que la faucille en laiſſe communément »juſqu'à huit ou neuf, & beaucoup plus »lorſque les bleds ſe trouvent infectés de »chardons, d'hyebles, & d'autres groſſes »herbes qui obligent le Moiſſonneur à »lever la main pour les éviter. Ainſi il »eſt évident que la paille ſe trouve par la »faulx au moins de ſix pouces plus lon»gue que par la faucille ; différence qui »peut être évaluée à un ſixieme de plus »que l'on n'en ſerre par l'uſage ordi»naire.

»2°, L'herbe dans les champs fau»chés ſe reproduit, & donne un excellent »pâturage après la moiſſon. On trouvera »à cette propoſition la même évidence »qu'à la précédente, ſi l'on fait réflexion »que le Moiſſonneur laiſſant huit à neuf »pouces de chaume, ne coupe que les »ſommités de l'herbe qui ſe trouve com»priſe dans ſa poignée ; d'où il arrive que »cette herbe qui eſt à peu-près au terme

» de ſa maturité, acheve de l'acquérir, » produit ſa graine, & ſeche. Au lieu que » la faulx la coupant à deux pouces de » terre, dans la partie qui eſt le plus en » ſeve, & la plus éloignée de la matu- » rité, il ſort de chacun des yeux, ou du » pied de cette herbe, de nouveaux dra- » geons qui forment un regain très-utile » pour les beſtiaux.

» 3°, La pâture ſur les champs moiſ- » ſonnés à la faulx, a pour les vaches un » avantage qui pourroit être particulier à » mon pays ; j'ignore s'il en eſt de même » ailleurs. Nous éprouvons tous les ans, » & je l'ai toujours bien obſervé, que les » vaches tariſſent de lait pendant les pre- » mieres ſemaines qu'elles pâturent dans » les chaumes de froment. La raiſon que » j'en préſume, eſt que le chaume leur » entre dans les nazeaux, les pique, les » détourne du pâturage, & leur fait par- » courir tout un champ pour chercher une » place où elles puiſſent prendre l'herbe » ſans rencontrer cette incommodité ; en- » ſorte que le temps ſe perd à parcourir le » champ ſans avoir pâturé. Le chaume » court que laiſſe la faulx n'ayant pas la » même malignité, je n'éprouve plus cet » accident ; l'herbe ſe reproduit, & me » fait trouver un pâturage abondant, ſur-

» tout lorſqu'après la moiſſon il vient quel-
» que légere pluie.

» Ainſi il réſulte de cet Article, que le Laboureur peut nourrir plus de beſtiaux, ménage ſon ſainfoin ou ſa luzerne, & fait une plus grande quantité de fumier ; ce que j'éprouve avec un ſuccès qui ſeroit difficile à croire.

» Je paſſe aux objections, & je les rapporterai dans le même ordre qu'elles m'ont été faites ; c'eſt-à-dire, que chaque année a donné lieu à quelqu'une.

» La premiere a été que la faulx devoit occaſionner un grand déchet de grains par le ſecouement qu'elle opere. Il paroîtra paradoxal d'affirmer le contraire ; mais cette aſſertion ſera prouvée par les principes & par le fait. Pour juger de ma propoſition, il faut comparer l'opération de la faulx, & celle de la faucille : je les ai fort examinées.

» Le Moiſſonneur préſente ſa main au bled, ayant les doigts fort ouverts, enſorte que ſa poignée contient non-ſeulement ce qui peut être renfermé dans la main, mais encore ce qui eſt compris dans l'eſpace de ſes doigts ſéparés en forme de fourche. Le bled ainſi ſaiſi, le Moiſſonneur pour l'approcher par le pied autant qu'il eſt néceſſaire pour que

» la totalité de sa poignée soit comprise » dans la faucille, & pour lui donner une » tension qui rende plus sûre l'action de » la faucille, lui donne une secousse vio- » lente, de laquelle il saisit l'instant pour » faire agir son outil. Le bled coupé se » trouve ordinairement embarrassé avec » celui qui est encore sur pied; où le » Moissonneur rencontre, lorsqu'il veut » enlever sa poignée, la résistance de » quelque brin non coupé qu'il casse par » un effort; d'où il résulte plusieurs se- » cousses qui précedent celle que le bled » reçoit lorsqu'il est mis sur la javelle.

» La faulx n'a point ces effets. J'ai ex- » pliqué le méchanisme de l'opération, & » l'on a vu que le bled coupé sans effort, » est porté par le playon dont la faulx est » garnie, sur le bled debout, sur lequel » il demeure incliné, jusqu'à ce que le » Ramasseur l'enleve pour le coucher en » javelles; ce qui lui épargne plusieurs » des saccades qu'il reçoit dans l'autre » opération.

» Je prouve ma proposition dans le » fait, par la recherche que j'en fis en » 1752 : mon essai fut fait, comme je l'ai » dit, sur des morceaux de dix arpents » pris sur de plus grandes pieces : accom- » pagné de quatre personnes, j'allai visiter soigneusement

» ſoigneuſement les pieces fauchées pour » y trouver du grain ; nous n'en trouvâ- » mes point du tout dans les deux pre- » mieres pieces, & nous en trouvâmes » facilement dans les parties de ces mêmes » pieces qui avoient été moiſſonnées à la » faucille. Dans la derniere piece qui avoit » été moiſſonnée dans un état de matu- » rité plus avancé, nous trouvâmes peu » de grain dans la partie fauchée, & in- » comparablement plus dans l'autre par- » tie. Je n'ai pas répété cet examen cha- » que année avec le même ſoin, parce » que je n'avois pas les mêmes facilités » pour la comparaiſon ; mais j'en ai aſſez » vu pour être certain qu'il ne ſe perd » de grain que quand la maturité eſt ex- » ceſſive, & qu'alors il s'en perd beau- » coup moins par la faulx que par la fau- » cille.

» Dans la ſuite il m'a été fait cette ob- » jection plus importante. Un Laboureur » habile & de bon eſprit, me repréſenta » que dans une année pluvieuſe les ja- » velles devoient germer plus prompte- » ment qu'ailleurs, parce que leurs têtes » n'étant pas ſoulevées par un chaume » un peu long, l'eau ne pouvoit s'égout- » ter ; & que de plus la pluie battant l'épi » contre l'herbe, le grain en pompoit

» l'humidité, & devoit germer au premier » rayon de soleil. J'étois instruit du » moyen de me garantir de ce dommage; » mais je ne l'avois pas éprouvé, & ce » n'a été qu'en 1756, que j'ai reconnu » qu'il étoit parfaitement bon.

» Ce moyen consiste à disposer les ja- » velles en forme de triangle, ensorte que » l'épi de chaque javelle porte sur le pied » de l'autre. Cette opération n'est ni lon- » gue ni fatiguante; elle ne demande, » pour être prompte, qu'un peu de dexté- » rité pour fermer le triangle, de maniere » que le pied de la troisieme javelle serve » de chevet aux épis de la premiere. Les » pluies, pendant la récolte de 1756, » ont rendu cette moisson inquiétante; » mes voisins ont eu beaucoup de bled » germé : je m'en suis préservé par cette » méthode; & le peu que j'en ai eu, n'est » provenu que de celui qui me restoit à » faucher, lorsque la pluie est devenue » continuelle.

» A l'égard des gerbes liées, mes Fla- » mands m'instruisirent, en 1753, de leur » usage lorsqu'ils sont surpris par de lon- » gues pluies; il consiste à entasser debout » autant de gerbes qu'il est possible d'en » couvrir par une seule que l'on ouvre, » & qui leur sert de chapeau. Mes gens

» n'ont pas pratiqué ce moyen que je crois » le meilleur ; ils m'ont garanti par diver- » ſes pratiques que je trouve bonnes, & » que l'on ſait par-tout.

» De cette objection il en dérivoit une » autre ſur la difficulté qu'il y a dans ces » années pluvieuſes à faner les herbes, & » le danger d'engranger des gerbes rem- » plies d'une herbe qui peut fermenter, » & occaſionner la pourriture d'un tas » de froment. Je ne puis répondre à cette » objection que par mon expérience. Les » récoltes de 1756 & de 1757 n'ont » certainement pas été favoriſées par le » temps ; cependant toutes les herbes » renfermées dans les gerbes de ma moiſ- » ſon ont été ſerrées bien fannées ; on n'a » apperçu dans les granges aucune odeur » qui annonçât de la fermentation ; les » Batteurs n'en ont reconnu aucune mar- » que ; & les pailles que l'on apporte de » ma grange pour la nourriture de mes » chevaux, atteſtent contre cette objec- » tion.

» Venons à la derniere ; elle eſt la plus » ſérieuſe, parce que c'eſt le point des in- » convénients auxquels je ne puis remé- » dier, mais auxquels je me ſoumets très- » volontiers : la voici. Les épis ne ſont » pas auſſi bien rangés dans vos javelles,

» me dit-on, qu'ils le ſont dans celles qui » ſont faites par les Moiſſonneurs à la » faucille ; il y en a au centre & au pied » de la gerbe, d'où il réſulte que votre » bled n'eſt pas battu auſſi exactement, » & que vous en perdez une partie peut-» être conſidérable. 2°, La quantité d'her-» bes contenues dans vos gerbes eſt battue » avec le froment ; la menue graine qui » en ſort, eſt mêlée avec le bled dans la » livraiſon que vous fait le Batteur ; vous » le payez de ce mauvais grain ; delà il » paſſe au crible, & vous renchérit l'o-» pération du Cribleur.

» Tout cela eſt vrai ; mais expliquons-» nous. Il y a des épis au centre & au pied » de mes gerbes ; mais ces épis ſont rare-» ment autres que ceux que nous appellons » *tardillons* ; ce ſont ces productions foi-» bles qui viennent d'une plante fatiguée » par les eaux, ou d'un grain altéré par » quelque difformité : il y en a fort peu » d'autres ; je l'ai ſouvent examiné. Lorſ-» que ces épis ſe rencontrent ſous le fléau, » il eſt rare qu'ils rendent leur grain ; ce grain » ſe détache de l'épi ſans quitter ſa cap-» ſule, & forme ce que nous appellons *du* » *pignon*. Or ce pignon diminue le prix » du grain : auſſi les Cribleurs font-ils » enſorte de le retirer ; alors il eſt jetté à

»la volaille. Si ces épis échappent au »fléau, la paille en eſt meilleure ; les »chevaux en profitent ; & loin de leur en»vier ce bénéfice, je trouve qu'il tourne »à mon profit.

»L'herbe battue produit une quantité »de mauvaiſes graines dont je paye la fa»çon au Batteur ; cela eſt vrai. Mais l'her»be qui m'occaſionne cette dépenſe, m'é»pargne celle de pluſieurs milliers de »ſainfoin & luzerne que mes beſtiaux »conſommeroient. A l'égard de l'augmen»tation des frais du criblage, il y auroit »de l'injuſtice à m'en plaindre, depuis »que mon Concierge a imaginé de faire »ſervir ces mauvaiſes graines à un uſage »économique, par le profit duquel j'é»prouve que je ne recueille point de »grains qui me produiſent plus que ne »font ces mauvaiſes graines par la con»verſion qui s'en fait.

»Une augmentation réelle de dépenſe, »eſt ce que je paye au Batteur de plus que »le prix courant du pays. Cette différence »qui conſiſte en 20 ou 30 ſols par muid, »eſt une compenſation juſte de ce que, »pour avoir un produit égal à celui que »donnent communément cent gerbes, il »faut qu'il en délie & relie cent cinquan»te, & quelquefois plus. Mais je ſuis

» bien dédommagé de cette dépenſe par » l'abondance de pailles que ma méthode » me procure; abondance que je ne paye- » rois pas par le prix d'un muid de bled, » dont je ſuppoſe le déchet pour calmer » mes contradicteurs ; & enfin je trouve » un dernier moyen de compenſation dans » l'économie des frais de la récolte.

» Je réſume ma réponſe à cette objec- » tion, & je dis qu'en ſuppoſant la dé- » penſe de la moiſſon égale à celle que je » faiſois précédemment, une augmenta- » tion dans la dépenſe de l'exploitation » de mes granges, & la perte d'un muid » de bled ; l'effet de la plus grande quan- » tité de pailles que je me procure, m'épar- » gne pluſieurs milliers de fourage, & me » produit une abondance de fumier dont » les fruits ſont évidents : enſorte qu'en » annonçant ma méthode aux Cultiva- » teurs, je puis leur dire avec confiance » & vérité : *Hinc laudem fortes ſperate,* » *Coloni.*

Au château de Sedigny en Hurepoix,
le premier Mai 1758.

J'INSISTERAI encore ici ſur une pratique, dont j'ai déja dit quelque choſe à l'occaſion des prés artificiels. Je voudrois que des Fermiers qui ont des troupeaux, eſſayent de ſerrer une de leurs pieces d'avoine avant qu'elle eût été mouillée ſur le champ, parce que sûrement le fourrage en ſera beaucoup meilleur pour les beſtiaux, & qu'il ſe perdra beaucoup moins de grain ſur le champ. On objectera que ces avoines ſeront plus difficiles à battre : s'il n'y avoit que cet inconvénient, on pourroit gagner plus ſur la qualité du fourrage, & ſur le grain qui ne reſteroit pas ſur le champ, qu'on ne perdroit par ce qu'il faudroit payer de plus aux Métiviers.

Mais ſuppoſons qu'on ne puiſſe pas battre ſes avoines à net, & qu'il reſte néceſſairement du grain dans les épis, je dis qu'il ne ſera pas perdu pour le Fermier; car il eſt obligé de donner à ſes troupeaux de l'avoine non battue, & ils ſauront bien trouver les grains qui ſeroient reſtés dans la paille qui n'iront peut-être qu'à la même quantité de grain que celle qui ſe ſeroit répandue ſur le champ : mais ſuppoſons, ce qui n'arrivera pas, que la plus grande partie du grain reſte dans la grappe; ce grain ne ſera pas perdu pour le Fermier intelligent : qui eſt-ce qui l'empêche de donner cette avoine à ſes chevaux? Suppoſant qu'il faille quatre gerbes pour rendre un boisseau d'avoine, il n'aura qu'à donner ces quatre gerbes à ses chevaux au lieu d'un boisseau de grain. Il est certain que ces chevaux seront plus long-temps à fourrager quatre gerbes, qu'à manger un boisseau de grain. Mais comme ils mangeront de la paille avec le grain, cela leur tiendra lieu d'autre fourrage, & probablement ils en seront mieux nourris. J'invite les Fermiers à faire sur cela quelques expériences.

Voilà les grains récoltés; parlons maintenant de leur conservation.

CHAPITRE VII.

De la Conservation des Grains.

PERSUADÉ qu'on ne peut rien faire de plus utile pour l'Etat, pour les hommes en général, & sur-tout pour les pauvres gens, que de trouver un moyen commode de conserver sûrement les grains, je n'ai épargné ni soins, ni dépense, ni sollicitude, pour remplir cet objet; & j'ai rendu compte de mes travaux dans le Traité de la Conservation des Grains, qui a été imprimé pour la seconde fois en 1754.

Depuis

Depuis ce temps je n'ai point diſcontinué de faire des recherches, & j'en ai rendu compte dans le Tome V de la Culture des terres, pag. 296. Le fond de ma méthode ſe réduit à deſſécher les grains dans des étuves, & enſuite à les dépoſer dans des greniers exactement fermés, ſitués en lieu frais & ſec, où on les rafraîchit de temps en temps par l'air de grands ſoufflets que différents moteurs font agir. Cette méthode n'a rien de trop compliqué, & elle ne coûte preſque que l'établiſſement des greniers & de la machine qui n'égale pas celui d'un grenier conſtruit à l'ordinaire, comme je l'ai prouvé dans le Traité de la Conſervation des Grains; & cette premiere dépenſe une fois faite, l'entretien des grains n'exige preſque ni ſoins ni dépenſe, quand on peut faire jouer les ſoufflets par un petit courant d'eau ou par le vent. Néanmoins beaucoup de Propriétaires l'ont encore trouvée trop compliquée. Il ſeroit bien commode d'obtenir par le ſeul deſir tout ce qu'on ſouhaite; mais le pouvoir de l'homme eſt reſtraint dans des bornes plus étroites : il ne parvient à ſe procurer ſes beſoins que par le travail; & j'ai cru avoir beaucoup fait en mettant celui qui a beaucoup de grains en état de les conſerver, en faiſant exécuter par une machine un travail pénible qui ne pouvoit l'être que par des Journaliers.

Entre ceux qui n'ont point été entiérement ſatisfaits de notre méthode, les uns ont deſiré ſe paſſer de l'étuve, & ſe réduire à renouveller l'air des greniers par des ſoufflets : d'autres conſentoient à faire conſtruire une étuve ; mais ils auroient voulu ſe paſſer du renouvellement d'air.

Les expériences que j'ai rapportées dans le Tome V, & que j'ai continuées depuis, m'ont aſſuré, 1°, qu'il n'y a que dans des cas particuliers que l'on peut ſe diſpenſer de faire paſſer les grains par l'étuve, comme dans les Provinces où l'air eſt très-chaud & ſec, quand il n'a point tombé d'eau avant & pendant la moiſſon, & lorſqu'on a eu la précaution d'expoſer les grains battus & nettoyés, à la grande ardeur du ſoleil, qui étant dans les Provinces méridionales de 50 degrés du Thermometre de M. de Réaumur, équivaut en quelque façon à nos étuves : mais il eſt rare que toutes ces circonſtances favorables ſe trouvent réunies. On pourroit encore ſe diſpenſer de faire paſſer à l'étuve, des grains qui auroient été recueillis dans une année ſeche, & moiſſonnés par de grandes chaleurs, lorſqu'on les auroit tenus dans des greniers à l'ordinaire pendant deux ou trois ans.

2°, Nos expériences nous ont fait appercevoir que des grains qui auroient été récoltés dans une année ſeche, & qu'on auroit bien étuvés, pourroient être conſervés deux ou trois ans, ſans le ſecours des ſoufflets, dans des greniers exactement fermés & placés dans un lieu frais & ſec; mais à la fin on s'apperçoit toujours de plus en plus du beſoin que ces grains ont d'être éventés, & du bien que le renouvellement d'air produit. Ainſi pour parvenir à une conſervation parfaite & sûre, il faut employer l'étuve & les ſoufflets. J'ai déja dit, & je le répete, que l'orge eſt d'une plus difficile conſervation que le froment, & que l'avoine ſe conſerve avec une facilité étonnante.

3°, J'ai rapporté dans le Traité de la Conſervation des Grains, pag. 123, ce que M. MARECHAL, Directeur des Fortifications du Languedoc, m'avoit dit d'une étuve dont il avoit vu faire uſage en Italie : mais ayant reçu dans le mois d'Octobre 1756, un exemplaire de l'Ouvrage de M. INTIERI, Auteur de cette étuve, j'ai donné, Tom. V, pag. 318, un ample extrait de cet Ouvrage qui juſqu'alors m'avoit été inconnu. J'ai auſſi rapporté dans ce même Tome, pag. 304 & ſuivantes, les expériences qui avoient été faites à la Chartreuſe de Liget, à l'Abbaye Royale de S. Etienne de Caen, aux environs de Bayonne, & à Marſeille ſous les yeux du Pere Pezenas : on fera bien de conſulter ce que nous avons dit aux endroits cités, ſi l'on veut lier nos premieres recherches avec celles que nous allons rapporter.

Je commence par donner un Extrait des informations que la République de Genêve a fait prendre à Zurich, ſur la méthode qu'on y ſuit pour conſerver les bleds. M. DE CHATEAUVIEUX, à qui je ſuis redevable de ce Mémoire, m'aſſure qu'il a été dreſſé par un Genevois fort intelligent, qui apporta en même temps des échantillons de bleds très-anciens, afin qu'on pût les comparer aux bleds plus nouveaux qui ſont dans les greniers de Genêve ; & il a bien voulu m'en faire parvenir une montre des années 1540, 1686 & 1712.

MM. les Magiſtrats de Genêve, après avoir examiné ces différents grains, jugerent qu'il étoit intéreſſant de connoître de quelle qualité ſeroit le pain qu'on feroit avec la farine de ces froments très-vieux :

car la chambre des bleds de Zurich en avoit envoyé à Genêve une quantité suffisante pour en faire moudre.

MM. de Genêve en firent donc faire du pain qui fut trouvé assez bon, mais non pas comparable à celui qu'on avoit fait avec du bled plus nouveau. Cette farine de bleds très-vieux est difficile à pêtrir : elle ne se lie pas aisément, & elle a peine à lever à moins qu'on n'y mêle une portion de farine de bled nouveau. Mais comme ce pain n'avoit aucun mauvais goût, il fut dit qu'on se trouveroit heureux d'en avoir une forte provision dans les années de disette.

On sera sans doute curieux de savoir comment on a pu parvenir à conserver des grains aussi long-temps : c'est ce qui est clairement expliqué par les observations que MM. de Genêve ont tirées de Zurich : les voici.

1°, Il est incontestable que Leurs Excellences de Zurich ont dans leurs greniers une grande quantité de bleds très-vieux, qu'ils ont conservés en fort bon état : on en voit 50 à 60 milles coupes *, dont les grains les plus nouveaux ont au moins 40 années : il y en a de beaucoup plus

* La coupe pese environ 120 livres de 16 onces : c'est à peu-près la moitié du septier de Paris.

vieux, dont on ne ſait pas exactement l'ancienneté, mais qu'on préſume être de 100 années & plus. Il y a entr'autres, un grenier rempli de la récolte de 1740: cette date eſt marquée dans le regiſtre, avec la note que cet été étoit chaud.

2°, Comme les terres du Domaine de Zurich ne produiſent preſque que de l'épautre, il y en a beaucoup dans les magaſins : mais il y a auſſi une bonne quantité de froments, qui la plupart ont été tirés du Milanois, & auſſi d'Alſace; celui-ci paroît le plus beau.

3°, La plupart des bleds qui rempliſſent ces magaſins, étant du revenu des dîmes ou des cenſes, ils entrent dans les greniers depuis la S. Martin juſqu'en Février. Après qu'ils ont été meſurés, on les étend à l'épaiſſeur ſeulement de 4 ou 5 pouces; & l'on n'augmente point cette épaiſſeur dans le courant de la premiere année. (*Cette méthode eſt très-bonne; mais elle exige de très-grands emplacements*). Depuis la réception de ces grains, juſqu'au commencement d'Avril, on les remue trois ou quatre fois à la pelle. En cette ſaiſon on ouvre tous les volets du grenier; & c'eſt alors qu'on commence à les travailler avec grand ſoin. Pour cela on les paſſe trois fois au crible fin qu'on nomme *pouſſier* : ſavoir, dans le mois de Mai, en Août & vers la S. Martin : dans les intervalles, on les remue à la pelle tous les huit jours ſans y manquer.

Malgré ces précautions & ces travaux pénibles, les inſectes ne laiſſent pas, dans les temps de chaleur, de former une croûte ſur toute l'étendue du tas. (*Sans doute que ce ſont les teignes qui filent leur ſoie*). Mais comme c'eſt un accident ordinaire, qui arrive toutes les fois qu'il fait de grandes chaleurs, quelquefois même deux jours après que les grains ont été travaillés à la pelle & au crible, on n'en prend aucune inquiétude. (*Nous ne ſommes pas ſi aiſés à contenter ; nous deſirons que nos grains ne ſoient pas dévorés par les inſectes*).

4°, Vers la S. Martin de la ſeconde année, on ferme les volets des greniers, & l'on ne touche plus à ces grains juſqu'au mois d'Avril ou de Mai ſuivant, qu'on les crible pour la quatrieme fois : alors on les entaſſe à 8 ou 9 pouces d'épaiſſeur, & on les remue à la pelle tous les 15 jours, pendant toute la ſeconde année.

5°, On répete ce même travail la troiſieme & juſqu'à la ſixieme année, les travaillant très-fréquemment à la pelle, un peu plus rarement néanmoins à mesure qu'ils deviennent plus vieux, & l'on augmente peu-à-peu l'épaisseur du tas; de sorte qu'à la sixieme année, il est à peu-près de 18 pouces; & dans la saison où l'on remue les grains, on tient les volets ouverts.

6°, La sixieme année, on crible ces grains pour la derniere fois, & l'on commence à ne les plus remuer à la pelle que trois fois pendant chaque année; savoir, dans les mois d'Avril ou de Mai, en Juillet ou Août, & au commencement de Novembre. De plus, on augmente peu-à-peu l'épaisseur du tas, jusqu'à ce qu'il ait deux pieds & demi, ou trois pieds d'épaisseur.

7°, Tous les bleds, quelqu'anciens qu'ils soient, sont ainsi remués à la pelle trois fois chaque année; & quoiqu'à tous les greniers, il y ait des trous pour faire tomber les grains d'un grenier dans un autre, afin de leur donner plus d'air, on ne suit point cette pratique à Zurich, & même on ne les passe dans d'autre crible, que dans le crible à poussier dont j'ai parlé.

8°, Il est très-difficile d'établir avec quelque exactitude, quel déchet font ces bleds, pendant combien d'années ils diminuent, & quelle eſt la ſomme totale de ce déchet ; car cela dépend beaucoup de la bonne ou de la mauvaiſe qualité des grains : un bled qui ſera cru, & qui aura été recueilli par un temps ſec, diminue moins que celui qui aura été recueilli dans des circonſtances moins favorables. On eſtime néanmoins à Zurich que le déchet de la premiere année eſt d'environ 5 à 6 pour cent, de deux à trois dans la ſeconde, & toujours de moins en moins dans les ſuivantes ; de ſorte qu'après vingt années le déchet total ſe trouve de 20 ou 25 pour cent : paſſé ce temps, il ne diminue preſque plus. Car quand on meſure le bled tous les ſix ans à chaque changement de Receveur, l'augmentation ou la diminution dépend du temps qu'il fait alors : s'il eſt ſec, on trouve moins de meſures que quand il eſt humide ; & cela va à 2 ou 3 pour cent : mais cette augmentation & cette diminution n'ont rien de réel, & on n'y a aucun égard.

Deux choſes contribuent à rendre le déchet conſidérable dans les greniers de Zurich : d'abord ces grains ſont, pour la plus grande partie, des épautres, & les grains qui ſont fort tendres, perdent beaucoup de leur volume en ſe ſéchant : d'ailleurs ce ſont des grains de dîmes & de censes, qu'on livre immédiatement après qu'ils sont battus, & sans être nétoyés : probablement des froments bien nets & bien secs, ne diminueroient que de 10 pour cent.

9°, Presque tous les greniers de Zurich sont de vieilles Eglises, ou des Couvents diversement orientés : on en voit auprès du lac & de la riviere, où les grains sont en aussi bon état, que dans ceux qui en sont éloignés.

Il y a néanmoins trois grands greniers qui ont été bâtis exprès : deux dont la façade est au nord, & le troisieme au levant : mais ils sont tous isolés & fort aérés ; les fenêtres garnies de treillis avec de bons venteaux ; les étages ne sont que de 7 à 8 pieds.

10°, On a vu, par les détails où nous sommes entrés, qu'on laisse tous les volets des greniers ouverts, quelque temps qu'il fasse, depuis le mois d'Avril ou de Mai, jusqu'à la S. Martin ; & c'est le temps où l'on travaille les grains : mais les volets restent exactement fermés depuis la mi-Novembre jusqu'au mois de Mai, & pendant ce temps on n'entre point dans les greniers ; les grains restent en repos.

11°, Quand on veut moudre des

grains vieux, on les met tremper dans de l'eau, & on les y laiſſe même un jour entier, s'ils ſont fort vieux. On les fait enſuite ſécher à l'air : ils regagnent par cette opération à peu-près tout ce qu'ils avoient perdu en poids & en meſure ; & on a éprouvé qu'une coupe de bled fort vieux, meſuré dans le grenier & moulu avec les précautions qu'on vient de rapporter, rend 15 à 16 livres de pain, de plus qu'une même meſure de bled nouveau. Mais il conſerve un goût de pouſſiere ; & pour rendre le pain meilleur, on a coutume de mêler, avant de le moudre, une coupe de bled nouveau avec une coupe de bled fort vieux.

12°, On ne voit pas un ſeul inſecte dans les greniers où l'on conſerve les bleds vieux : mais il y en a beaucoup dans ceux où ſont les bleds nouveaux ; de ſorte que leurs grains de trois ans paroiſſent en très-mauvais état. On regarde ce mal comme inévitable dans des greniers où l'on dépoſe toute ſorte d'eſpeces de grains ſans choix ; on croit même que les inſectes attaquant principalement les germes, les grains en deviennent moins ſujets à la fermentation.

13°, Ce qui paſſe par le crible, & qui eſt nommé *pouſſiere*, ſe vend très-bien ;

puiſque le prix des criblures de la premiere année eſt des trois cinquiemes de celui du grain ; les criblures de la seconde année ſont moins eſtimées, & ne ſe vendent que la moitié du prix du grain ; celles de la cinquieme & de la ſixieme années, ne ſe vendroient point, ſi les Receveurs ne les mêloient pas avec celles des premieres années. On ſe ſert de ces criblures pour engraiſſer des cochons, & nourrir de la volaille.

14°, Meſſieurs de Zurich ne ſe défont jamais de leurs vieux bleds, que dans les grandes diſettes. On commence toujours par vendre les grains de la derniere récolte, avant d'entamer ceux de la précédente ; & quand les grains ſont de mauvaiſe qualité, on a ſoin de s'en défaire entiérement dans l'année. Mais dans les années abondantes, & quand les grains ſont de bonne qualité, & à bon compte, outre ceux de dîme, qui ſont alors en plus grande quantité, ils en achetent d'étrangers. Ces grains qui ont crû dans une année ſéche, & qui ont été recueillis par le beau temps, ſont conſervés le plus long-temps qu'il eſt poſſible, & ils ſont deſtinés pour ſubvenir au beſoin dans les grandes diſettes.

(*Cette attention de ſe défaire des grains*

qui ont été récoltés dans les années humides pour conserver, par préférence, les bleds plus anciens qui auroient été récoltés dans une année seche, est importante, quelque méthode qu'on adopte pour conserver les grains).

Je terminerai cet Article en rapportant mot pour mot une réflexion de M. DE CHATEAUVIEUX.

»Il me paroît, dit-il, que par la mé-»thode de Zurich, les bleds souffrent »beaucoup, jusqu'à ce qu'après un »temps fort long, ils soient devenus sans »artifice assez secs pour être à l'abri de la »fermentation, & hors de l'attaque des »insectes. Cette méthode prouve que le »desséchement des bleds est nécessaire »pour leur conservation; d'où je conclus »qu'il est à propos de recourir à un »prompt desséchement, tel qu'on le trou-»ve dans l'usage de vos étuves & des »Ventilateurs».

Je crois, comme M. de Châteauvieux, que MM. de Zurich épargneroient bien des frais & beaucoup de déchet, s'ils commençoient par bien dessécher leurs grains dans des étuves, & qu'ensuite ils les entretinssent dans un état de fraîcheur par le vent des soufflets: mais cela ne suffit pas; il faut tenir les grains dans des greniers frais, secs & exactement fermés; sans quoi je sais, par ma propre expérience, qu'au bout d'un certain temps, ils deviennent la pâture des teignes & des charansons. Quoique je regarde les principes que j'ai établis dans le Traité de la Conservation des Grains comme incontestables, je ne pense pas avoir porté la méthode de conserver les grains à son plus haut point de perfection : je crois au contraire qu'on peut perfectionner les étuves; qu'il est possible d'imaginer des moyens plus commodes pour introduire de l'air dans les grains ; & je ne dissimulerai point les accidents qui me sont arrivés.

Un accident auquel je ne me serois jamais attendu, & dont je me serois garanti aisément si j'avois pû seulement soupçonner qu'il pût arriver, ce sont des souris qui sont parvenues à pénétrer entre le plancher de grillage & le vrai plancher de mon grenier de mâçonnerie. Dans cet endroit, à couvert des chats & de toute sorte de piége, elles ont percé la toile de crin en une multitude d'endroits : le grain ayant coulé entre les deux planches, l'air des soufflets ne pénétroit plus le tas que fort imparfaitement ; & j'ai été obligé de vuider ces greniers pour y apporter remede. Cet accident n'est point arrivé aux greniers en bois qui ſont faits de chêne ; & avec quelques précautions de plus dans la bâtiſſe de mes grands greniers, j'aurois été à l'abri du déſordre conſidérable que m'ont cauſé ces ſouris. Je ſuis bien aiſe d'en avertir ceux qui auroient des greniers à conſtruire, afin qu'ils prêtent une attention particuliere à fermer tout accès aux ſouris ; car celles qui m'ont tant incommodé, ne ſont parvenues à pénétrer dans mon grenier qu'au bout de ſept ans.

Depuis l'impreſſion du Tome V de la Culture des Terres, le R. P. PEZENAS a fait imprimer un petit Ouvrage qui a pour titre, *Méthode pour mettre les bleds en état de ſe conſerver*. Le P. Pezenas veut, comme moi, qu'on faſſe paſſer les grains par une étuve ; & l'étuve qu'il propoſe, ne differe de l'étuve Italienne dont j'ai donné la deſcription dans le Traité de la Conſervation des Grains, qu'en ce qu'il en a diminué la hauteur, & étendu la baſe ; au lieu que l'étuve que j'ai fait conſtruire a 15 pieds de hauteur, il n'en a donné à la ſienne que 6 à 7, même moins : j'approuve fort ce changement ; car l'air chaud étant plus léger que l'air frais, s'il y avoit auprès de la voûte de mon étuve 60 dégrés de chaleur, il n'y en avoit pas 30 tout au bas : & en faiſant l'étuve fort baſſe, & proportionnellement plus large, toute la maſſe d'air qu'elle renferme, doit être chauffée plus uniformément. On peut faire ce changement, ſoit qu'on adopte les tablettes de l'étuve Italienne, ſoit qu'on ſe ſerve des tuyaux de mon étuve. Le Pere Pezenas a préféré les tablettes aux tuyaux, & je n'ai garde de l'en blâmer, puiſque j'ai dit dans le Traité de la Conſervation des Grains, qu'ayant fait l'épreuve de l'une & de l'autre pratique, je les jugeois également bonnes, & que la ſeule raiſon qui pourroit me faire incliner pour les tuyaux, étoit qu'ils étoient ſujets à moins d'entretien. Le P. Pezenas très-attaché aux procédés de M. INTIERI, dont j'ai parlé amplement dans le Tome V, au lieu d'éprouver la chaleur de ſon étuve par un thermometre, s'aſſure ſouvent qu'elle eſt aſſez échauffée en mettant un œuf au centre d'un tas de grain contenu dans une petite boîte de 5 à 6 pouces en quarré. J'ai rapporté des expériences que j'ai faites pour connoître le degré de chaleur qu'il falloit pour durcir les œufs : j'ai dit que ſi l'on vouloit faire périr les charanſons, il falloit 70 degrés du thermometre de M. DE REAUMUR. Ces termes une fois connus, je donne la préférence à un inſtrument qui m'indique

ſi

ſi j'approche du terme convenable, ſi j'y ſuis parvenu, ſi je l'ai paſſé; en un mot, qui m'indique toujours préciſément le degré de chaleur de mon étuve. Je crois cependant que l'œuf eſt un thermometre peu sûr; car M. de JOYEUSE, Ecrivain principal à Toulon, ayant mis un œuf au centre d'une maſſe de grain, renfermé dans une boîte qu'il plaça dans un lieu chaud, au-deſſus des fours de la Boulangerie de Toulon; deux jours après, l'œuf étoit dur, & néanmoins le grain qui l'enveloppoit, n'avoit point perdu la propriété de germer. Suivant des expériences que j'ai rapportées, & qui ont été faites avec ſoin, les œufs durciſſent, les charanſons meurent, & les grains perdent la propriété de germer, quand la chaleur de l'étuve fait monter le thermometre de M. de Réaumur au-deſſus de 70 degrés. Mais cinq degrés ſuffiſent pour durcir un œuf; & cette chaleur ne ſuffit pas pour détruire les germes, puiſque celle du ſoleil paſſe ſouvent ce terme ſans endommager les germes.

Encore une raiſon qui me déterminera toujours à préférer le thermometre aux œufs, c'eſt que les œufs frais durciſſent bien plus difficilement que ceux qui ſont vieux pondus.

Dans l'expérience que je viens de rapporter d'après M. de Joyeuſe, il crut appercevoir le germe des grains contenus dans ſa boîte tellement deſſéché, qu'il les croyoit incapables de faire aucune production. Ces grains germerent néanmoins comme je l'ai dit; & l'on peut ſe rappeller que j'ai vu des grains fortement étuvés, ne ſortir de terre qu'au bout d'un mois : ſi j'avois interrompu plutôt l'expérience, j'aurois jugé que les germes avoient été détruits, quoique la germination eût été ſeulement ralentie.

Je crois donc le témoignage du thermometre plus sûr que tout autre : il n'y a qu'à examiner, par des expériences exactement ſuivies, à quel degré du thermometre les grains perdent la faculté de germer, & s'en tenir là. Mais on fera bien de profiter du changement que le P. Pezenas a fait à l'étuve pour la rendre plus active : peut-être ſeroit-il encore plus expédient & moins coûteux, d'employer à cet uſage les tourailles des Braſſeurs. J'ai tenté ſur cela une épreuve dont le ſuccès a manqué, par un défaut de conſtruction qui m'eſt connu; & je compte y remédier. Car on m'a aſſuré que quand les Négociants de Hollande ſe propoſent d'embarquer des grains, ils en deſſéchent une partie dans des tourailles jusqu'à les rôtir un peu ; & que ce grain étant mêlé à une certaine proportion avec l'autre, aspiroit son humidité, & empêchoit qu'il ne s'altérât si promptement dans les traversées. D'ailleurs j'ai éprouvé chez M. VILLOT, Brasseur, fauxbourg S. Antoine, qu'un boisseau d'orge, pesant 15 livres, s'étoit chargé de 7 livres d'eau au trempoir, & qu'ayant été desséché à la touraille après avoir germé, le boisseau ne pesoit plus que 15 livres.

J'apperçois bien que les grains germés, étant plus gros que ceux qui ne le sont pas, il doit en tenir un moindre nombre dans le boisseau, ce qui me fait croire que les grains desséchés par la touraille, conservoient encore un peu de l'eau qui les avoit fait germer, quoique le boisseau fût revenu à son même poids. Mais malgré cela il m'a paru que la touraille des Brasseurs a une grande activité, & je ne renonce pas à faire des essais pour m'assurer si elle ne seroit pas plus économique que nos étuves. Car l'inconvénient de la fumée du bois qui traverse le grain, ne me paroît pas devoir produire une altération sensible au froment qu'on destine à faire du pain.

Ayant un grenier ordinaire, où il y

avoit une prodigieuse quantité de teignes, je le fis passer à mon étuve; & une chaleur modérée de 40 ou 45 degrés, fit périr tous ces insectes; le grain fut remis dans le grenier comme il étoit auparavant: il y passa le reste de l'année sans qu'on pût y appercevoir une seule teigne, quoique cet insecte fît de grands désordres dans tous les autres greniers. L'année suivante, qui étoit la derniere, on n'y en voyoit presque pas, pendant que les autres greniers en étoient remplis à l'excès. Contre mon attente, quoique l'été dernier ait été fort chaud, les teignes ont peu endommagé mon grain.

Je sais, par expérience, que quand on porte la chaleur de l'étuve à 70 degrés du thermometre de M. de Réaumur, on fait périr les charansons. Mais j'ai peine à convenir, soit avec M. Intieri, soit avec le P. Pezenas, que ces grains exposés en plein air comme les grains ordinaires, soient à couvert des insectes pour toujours.

Pour moi je pense, 1°, que dans les années humides, où les grains sont tendres, il faut les passer à l'étuve médiocrement échauffée pour enlever une portion de leur humidité, les mettre en état d'être écrasés sous la meule, & de pouvoir ſéparer la farine du ſon : mais il faut les vendre ; car ces grains exigent trop de peine pour être long-temps conſervés.

2°, Dans les années ſéches & les moiſſons chaudes, il faut, vers le mois d'Avril ou de Mai, étuver les grains qui ont été battus pendant l'hiver : mais il ne convient pas de précipiter les étuvées comme l'a fait M. MARECHAL fils : il faut donner le temps à l'humidité de ſe convertir en vapeur, & d'abandonner le grain.

Au ſortir de l'étuve, il faut verſer ces grains dans un grenier ordinaire, pour les laiſſer ſe refroidir : car dans ce refroidiſſement ils perdent encore de leur humidité : on doit enſuite les cribler, s'il ſe peut, au crible à vent, pour emporter toute la pouſſiere que le deſſéchement a détachée du grain ; après quoi il faut les enfermer dans des greniers bien clos & bien nets, & les rafraîchir de temps en temps par l'air des ſoufflets. Je puis aſſurer qu'au bout de ſept ans, ces grains ont fait du pain excellent.

Je dois encore avertir, que la poſition la plus avantageuſe qu'on puiſſe donner à ces greniers, que je ſuppoſe de bois, eſt de les établir dans un lieu frais & ſec ; ce qu'on obtiendra en plaçant les caiſſes ſur des chantiers ſoutenus par des blocs d'un pied ou de 18 pouces de hauteur, dans un cellier élevé de 5 ou 6 marches au-dessus du terrein, dont on fermera les volets toutes les fois que l'air sera chaud & humide, & on les ouvrira lorsque l'air sera frais & sec.

Avec ces attentions on aura des succès : néanmoins je regarderois comme une découverte de la plus grande importance, de trouver un moyen de faire périr ou d'écarter les charansons des greniers. Je ne cesse de faire sur cela des essais qui ne m'ont point encore réussi; & j'invite les bons Citoyens à s'en occuper. Mais il ne faut pas se contenter des recettes qu'on a reçues comme infaillibles; j'en ai éprouvé une multitude toujours en pure perte : il faut avoir opéré soi-même, & ne compter avoir réussi que quand on a eu des succès réitérés dans différentes circonstances. Je m'estimerois heureux si, à force d'expériences, je pouvois trouver un moyen sûr, praticable en grand & peu coûteux, pour détruire ce terrible insecte.

Puisque le P. Pezenas a rendu compte au Public des expériences qu'il a faites sur la conservation des grains; je me contenterai d'inviter les Amateurs à en prendre connoissance; mais on doit se rappeller que j'ai parlé dans la Préface du Tome IV, & à la fin du Tome V, d'une expérience que M. DE CHATEAUVIEUX exécutoit à Genêve ſous les yeux de la République.

Le grenier de conſervation n'étoit que d'une toiſe cube. Le 18 & le 25 Mars 1754, il fut rempli de grain non étuvé, & on y ajouta un ventilateur. En ayant été informé, je me preſſai d'écrire à M. de Châteauvieux pour le prier de ſuſpendre cette expérience, juſqu'à ce qu'il eût pû étuver ce grain. Je n'avois pas tort; car M. de Châteauvieux s'eſt aſſuré dans la ſuite, par des épreuves particulieres, que ce grain contenoit beaucoup d'humidité : il s'échauffa prodigieuſement dans le mois de Juillet, & il ſe montra beaucoup de teignes : le vent des ſoufflets long-temps continué, diſſipa la chaleur, & les inſectes diſparurent : depuis ce temps, auſſi-tôt qu'il prenoit un peu de chaleur, on faiſoit jouer les ſoufflets, & il étoit rafraîchi : en 1755, on l'a éventé très-fréquemment, & il ne s'eſt point échauffé : aucun inſecte ne l'a endommagé, quoique les greniers ordinaires fuſſent remplis de teignes. La conſervation a été beaucoup plus aiſée pendant l'année 1756. J'ai appris indirectement qu'à la visite de Mars 1757, ce grain s'est trouvé en très-bon état, & que cette visite avoit détruit les idées désavantageuses qu'on avoit prises de cette façon de conserver les grains. Assurément on se seroit épargné bien de la peine, si on avoit commencé par les étuver.

J'ai encore appris indirectement, qu'un des principaux Magistrats de cette République avoit été chargé de faire construire une petite étuve, & qu'il l'avoit placée au-dessus du four de l'Hôpital pour diminuer la dépense du charbon. Cette économie est louable ; mais je crains, 1°, que gêné par l'emplacement, on ne puisse servir commodément l'étuve ; 2°, que dans cette épreuve on ne se contente d'étuver sans renfermer les grains dans des greniers clos, & sans les rafraîchir par le vent des soufflets : ce seroit encore faire la chose à demi ; & quand les succès ne suivent pas de près les épreuves, on se dégoûte. 3°, Si l'on vouloit établir une étuve en regle, on pourroit la chauffer avec du charbon de terre, qui n'est pas rare à Genêve. Je chauffe la mienne avec du bois. Enfin MM. de Genêve font des épreuves. Plût à Dieu que cet esprit de patriotisme qui porte sur des objets de la plus grande utilité,

lité, prît chez toutes les Nations !

Pendant l'impreſſion de ce Mémoire, j'ai reçu une lettre de M. de Châteauvieux, qui me promet un détail exact de ce qu'on a fait à Genêve : s'il arrive à temps, je me ferai un plaiſir de le publier.

M. VANDUSFEL, Tréſorier de France à Bayonne, m'a marqué, en 1758, que les grains qu'il tenoit renfermés, étoient en bon état, quoiqu'ils n'ayent point été étuvés ; mais ils avoient été très-deſſéchés par le ſoleil, qui, comme l'on ſait, a bien de la force dans le Bayonnois. Le grain y acquiert une chaleur de 40 degrés du thermometre de M. de Réaumur ; & M. Vandusfel me marque qu'il ne ſe ſervira de l'étuve que dans les années pluvieuſes. Il m'avoit écrit précédemment ; 1°, que du grain qui avoit été renfermé pendant trois ans dans le grenier de conſervation, avoit été vendu préférablement à tout autre ; 2°, que le ſeigle & l'avoine ſe conſervent très-aiſément ; 3°, qu'il a été obligé de paſſer l'orge à l'étuve ; 4°, qu'il a éprouvé que du froment chargé de charanſon, & légérement expoſé à la vapeur du ſoufre, aſſez néanmoins pour que ſa mauvaiſe odeur le diminuât de prix, étoit reſté avec beaucoup de charanſons vivants. J'ai dit, dans le Traité de la Conſervation des Grains, que j'étois parvenu à les faire périr par cette vapeur ; mais que les grains étoient devenus blancs, & qu'ils avoient contracté une odeur déſagréable, qui empêchoit les Marchands & les Boulangers de les acheter. 5°, Comme il avoit tombé de l'eau pendant la récolte de 1758, ç'auroit été le cas de paſſer les grains à l'étuve ; mais M. Vandusfel s'eſt contenté de les faire expoſer au ſoleil par des jours ſerains, & ſon grain s'eſt bien conſervé n'étant éventé que rarement.

Madame DE CHASSENEUIL, qui a ſes terres en Angoumois, près la Rochefoucault, avoit tous les ans le chagrin de voir le bled de ſes récoltes ſe gâter, & devenir la proie des inſectes, de ſorte qu'elle étoit forcée de s'en défaire avant le mois de Juin, lors même que les grains étoient à vil prix. Le Traité de la Conſervation des grains étant tombé entre ſes mains, elle jugea qu'elle pouvoit en faire un bon uſage pour la conſervation de ſes récoltes : car quoiqu'il n'y ſoit point parlé des grains de l'Angoumois, elle penſa qu'en étuvant ſes grains, on feroit périr la ſemence des inſectes qui les altéroient. Elle réſolut donc d'en faire l'épreuve. Mais elle n'avoit pas d'étuve, & il n'au-

lité, prît chez toutes les Nations !

Pendant l'impreſſion de ce Mémoire, j'ai reçu une lettre de M. de Châteauvieux, qui me promet un détail exact de ce qu'on a fait à Genêve : s'il arrive à temps, je me ferai un plaiſir de le publier.

M. VANDUSFEL, Tréſorier de France à Bayonne, m'a marqué, en 1758, que les grains qu'il tenoit renfermés, étoient en bon état, quoiqu'ils n'ayent point été étuvés ; mais ils avoient été très-deſſéchés par le ſoleil, qui, comme l'on ſait, a bien de la force dans le Bayonnois. Le grain y acquiert une chaleur de 40 degrés du thermometre de M. de Réaumur ; & M. Vandusfel me marque qu'il ne ſe ſervira de l'étuve que dans les années pluvieuſes. Il m'avoit écrit précédemment ; 1°, que du grain qui avoit été renfermé pendant trois ans dans le grenier de conſervation, avoit été vendu préférablement à tout autre ; 2°, que le ſeigle & l'avoine ſe conſervent très-aiſément ; 3°, qu'il a été obligé de paſſer l'orge à l'étuve ; 4°, qu'il a éprouvé que du froment chargé de charanſon, & légérement expoſé à la vapeur du ſoufre, aſſez néanmoins pour que ſa mauvaiſe odeur le diminuât de prix, étoit reſté avec beaucoup de charanſons vivants. J'ai dit, dans le Traité de la Conleur de l'étuve devoit être un excellent moyen de faire périr les insectes; & comme elle avoit lu dans le Traité de la Conservation des Grains, que les Boulangers achetoient par préférence mes grains étuvés, & que pour prévenir la fermentation, il falloit dissiper l'humidité par une chaleur artificielle, elle surmonta toutes les difficultés : elle s'arma contre les mauvaises objections que lui faisoient des gens qui condamnoient une pratique sans l'avoir éprouvée. Ses grains furent donc desséchés, & en assez grande quantité; mais elle n'avoit point de greniers construits suivant nos principes. Elle imagina qu'elle y supléeroit en mettant son grain étuvé & bien criblé dans des futailles enfoncées, comme si elles eussent contenu du vin. Ses greniers se trouverent donc aussi garnis de futailles que ses caves; & son grain s'est conservé pendant plusieurs années sans avoir éprouvé aucun dommage, ni par la fermentation, ni par les insectes. Apparemment qu'il avoit éprouvé dans le four un desséchement bien parfait, puisque Madame de Chasseneuil n'a fait aucun usage des soufflets.

Madame de Chasseneuil avoit eu besoin de courage, pour résister à tout ce qu'on lui avoit dit pour la détourner de deſſécher ſes grains, & pour vaincre tous les obſtacles qui ſe rencontroient, n'ayant ni étuve, ni thermometre, ni greniers. Il falloit qu'elle trouvât en elle les reſſources qui lui étoient néceſſaires, puiſque ſes voiſins, ſes amis, ſes valets, ne cherchoient qu'à l'en détourner. On auroit cru qu'ayant réuſſi, elle n'avoit plus qu'à s'applaudir de ſes opérations, & à recueillir, par une vente avantageuſe, la récompenſe dûe à ſes travaux : il en étoit tout autrement; il lui reſtoit encore bien des difficultés à ſurmonter. On ſavoit qu'elle avoit deſſéché ſes grains; & cette pratique n'étant point uſitée dans le pays, on avoit tout d'un coup décidé qu'on ne pouvoit faire de bon pain avec ce grain : on en étoit ſi aſſuré, qu'on ne croyoit pas même néceſſaire d'en faire l'épreuve, ainſi perſonne ne vouloit acheter de ce grain : Madame de Chaſſeneuil fut donc obligée d'avoir recours à une ſorte de ruſe pour tromper des gens auſſi prévenus, & parvenir à les éclairer ſur leurs propres intérêts.

Un bon Boulanger, mais qui n'avoit pas de fonds pour acheter du grain, vint trouver Madame de Chaſſeneuil, & lui dit qu'il ſe propoſoit de s'établir dans ſon voiſinage, ſi elle vouloit bien lui fournir du grain, qu'il s'engageoit de lui payer ſur la vente de ſon pain ; mais il pria Madame de Chaſſeneuil de ne lui point donner de grains étuvés. Elle l'aſſura que, comme elle étoit intéreſſée à ce qu'il fît de bon pain, puiſqu'elle devoit être payée de ſon grain ſur la vente du pain, elle lui fourniroit toujours de ſon meilleur bled : ce fut celui qui avoit été étuvé. Le Boulanger en fit de bon pain ; il eut des pratiques ; & à la fin de l'année, en arrêtant ſon compte avec Madame de Chaſſeneuil, il lui dit qu'il étoit content de ſon commerce ; mais qu'il étoit redevable de ſon ſuccès à ce qu'elle lui avoit toujours donné de bon grain. Alors Madame de Chaſſeneuil lui déclara que ce bon grain étoit du bled étuvé, & qu'elle ne lui en avoit pas donné d'autre. Pour achever de le convaincre, elle lui fit donner quelques ſacs du même bled étuvé, & quelques ſacs de bled non étuvé : le Boulanger en reconnut la différence, & pria Madame de Chaſſeneuil de continuer de lui donner du grain étuvé. Ce Boulanger en devint l'Apologiſte ; & la prévention s'étant diſſipée, Madame de Chaſſeneuil a vendu ſes grains plus avantageuſement que ceux des Fermiers voiſins.

On voit combien les meilleures choſes

éprouvent de contradictions. Il falloit un bon esprit pour prévoir que ce qui étoit rapporté dans le Traité de la Conservation des Grains, pouvoit être appliqué utilement à l'amélioration des grains de l'Angoumois ; il falloit de l'invention pour suppléer au défaut d'étuves & de greniers de conservation ; il falloit du courage pour résister aux représentations d'amis, de voisins, de domestiques, qui passoient pour grands connoisseurs en grains ; il falloit de l'industrie pour détruire la prévention qu'on avoit contre ces grains étuvés ; il falloit de la persévérance pour faire exécuter toutes ces pénibles manœuvres ; enfin il falloit une personne telle que Madame de Chasseneuil ; & qu'il est rare d'en trouver dans l'un & l'autre sexe !

M. AIMEN m'écrit de Castillon-sur-Dordogne, que la chenille du froment qui a été décrite par M. de Réaumur, a fait des ravages étonnants dans les greniers ; mais que ce dommage n'est tombé que sur les froments qu'on a recueillis dans les plaines qui bordent la riviere. Ce fait est assez dans l'ordre commun ; car les grains qui ont été recueillis dans les terreins humides, ne font pas de garde comme ceux qui ont crû dans les terres plus seches.

Comme plusieurs personnes prétendent que le froment se conserve mieux dans sa paille, que lorsqu'il est battu, M. le Baron DE SOURNIA m'écrit de Perpignan, qu'il a fait conserver quelques gerbes dans une grange sans les battre; qu'elles n'ont été battues que la veille du jour où l'on a semé le grain qu'elles contenoient; & que les champs semés avec ce grain, ont été plus clairs que par-tout ailleurs: preuve, dit M. de Sournia, que les grains, au lieu de se conserver, se sont gâtés dans les épis; & c'est le sentiment commun du pays. Peut-être, continue M. de Sournia, la chaleur du pays en est-elle la cause? J'ajoute que peut-être aussi des insectes s'étant jettés sur ce petit tas de gerbes, ont endommagé beaucoup de grains. Car nous battons tous les ans nos bleds de semence depuis la récolte, jusqu'à ce que les semences soient entiérement finies; & quand on seme des bleds vieux, ils n'ont souvent été battus que 8 mois après la récolte.

J'ai dit dans le Tome V, que je me proposois de répéter une expérience qui m'avoit déjà réussi; elle consistoit à conserver des grains bien étuvés dans un grenier exactement fermé, sans l'éventer.

Dans cette vue on étuva au mois de

Mars 1757, du froment de la récolte de 1756; lorſqu'il fut tiré de l'étuve & bien refroidi, on le paſſa au crible à vent, & on l'enferma dans un grenier de bois qu'on ferma exactement.

Une portion du même grain fut miſe dans un petit grenier, qu'on laiſſa ouvert par-deſſus.

Le déchet, tant de l'étuve, que des différents criblages, fut de 6 à 7 pour cent en meſure.

Ce grain, en entrant dans l'étuve, étoit fort chargé d'humidité. Quand de temps en temps on ouvroit les ſoupiraux du deſſus de l'étuve, il en ſortoit une vapeur ſemblable à celle de l'eau chaude.

Dans le mois d'Octobre 1758, ce grain s'étoit toujours maintenu frais; mais en ayant tiré quelques poignées du deſſus, on apperçut des grains mangés. Je craignis que la teigne qui faiſoit de grands ravages dans tous les greniers, n'eût attaqué celui-ci : pour m'en aſſurer, je fis lever les planches du deſſus; & en ayant fait cribler, environ à la profondeur d'un demi-pied, on ne trouva ni teignes, ni charanſons; mais on reconnut que le petit déſordre avoit été produit par quelques ſouris qui étoient parvenues à entrer dans ce grenier.

Il n'en étoit pas de même du pareil grain qu'on avoit mis dans un petit grenier qui étoit resté ouvert : il étoit rempli de teignes & de charansons, & entiérement perdu.

J'ai dit que les teignes faisoient un désordre considérable dans tous les greniers : elles dévorerent entr'autres un tas de grain de la récolte de 1754. Ce grain avoit été mouillé dans le temps de la moisson, & il avoit germé. Je l'avois fait étuver comme je l'ai dit, Tome V ; ce qui lui avoit fait perdre sa mauvaise odeur, & l'avoit mis dans un assez bon état de conservation. Ce grain répandu dans un grenier à l'ordinaire, se trouva, en 1758, considérablement attaqué par les teignes ; cela me détermina à le faire encore passer par l'étuve ; je ne lui fis éprouver qu'une médiocre chaleur ; elle fut suffisante pour détruire les insectes, de maniere qu'ils ne parurent plus dans ce tas de grain, quoique les autres en fussent remplis.

En 1759, il y en a eu encore fort peu ; mais il y a lieu de craindre que l'année prochaine il ne devienne la proie de cet insecte.

Comme on sait que la teigne des grains se multiplie par des papillons qui pondent des œufs, il me vint dans la pensée qu'on pourroit peut-être prévenir les ravages de cet insecte, en couvrant les grains avec du foin bien sec : j'ai tenté ce moyen, mais sans succès ; il semble même que les insectes ayent fait plus de désordre sous le foin qu'ailleurs *.

Son Excellence M. le Comte DE BIELINSKI, Grand Maréchal de Pologne, ayant fait construire une étuve telle que je l'ai proposée, destina, pour en essayer l'effet, 400 boisseaux de froment, dont on avoit voulu faire de la bierre, mais qu'il avoit été impossible de faire germer, parce que les charansons en avoient rongé le germe. Ce grain, presqu'au sortir du trempoir, fut jetté dans les trémies ; & on chauffa l'étuve pendant 12 heures & plus, au point qu'un thermometre de Fareinheit suspendu à 9 pieds du sol, se soutint entre 130 & 136 degrés : alors on cessa le feu, & on laissa le grain trois ou quatre jours dans l'étuve afin qu'il se refroidît de lui-même. Au bout de ce temps, on ouvrit les coulisses ; mais rien ne tomba : le grain s'étoit, pour ainsi

* Ceux qui s'intéressent à la conservation des grains, peuvent consulter un Mémoire de M. de Réaumur, imprimé dans un des Volumes de l'Académie Royale des Sciences: on n'y trouvera aucune expérience, point de faits nouveaux, mais le détail de plusieurs pratiques qu'il est bon de ne pas ignorer.

dire, cuit dans la prodigieuſe quantité de vapeurs qui s'exhaloit : il fallut démonter les tuyaux pour en tirer le grain qui s'étoit mis en mottes.

Ces étuves ne ſont pas deſtinées, comme les tourailles des Braſſeurs, pour deſſécher des grains auſſi chargés d'eau.

Je ſuis ſurpris qu'étant auſſi humide, il ait pu couler dans les tuyaux, & les remplir.

Je crois qu'il auroit été à propos de retirer ce grain tout chaud, au lieu de le laiſſer refroidir dans l'étuve ; s'il en étoit ſorti à temps, l'eau réduite en vapeurs ſe ſeroit diſſipée.

Enfin j'ignore ſi on a eu l'attention d'ouvrir les ſoupiraux du haut de l'étuve, pour laiſſer diſſiper les vapeurs.

Extrait des Expériences faites près de Lyon, par M. THOMÉ ; & par M. DE GARSAULT, près de Paris.

COMME le détail de ces obſervations ne m'eſt parvenu qu'à la fin de l'impreſſion de ce Volume, je ſuis obligé de ne les donner ici que par extrait.

§. I. *Expérience de M. THOMÉ.*

M. THOMÉ commence par avertir qu'aucun des champs de ſon expérience n'ont été fumés ; qu'ils ont tous reçu les mêmes labours avec la charrue du pays ; que tous ont été enſemencés dans le même temps, excepté les pieces déſignées ſous les Nos. 8 & 9, qui ne purent être enſemencées que le 15 Novembre à cauſe des pluies : enfin que toutes ont été ſemées en plein ; les unes avec le ſemoir, & les autres à la maniere ordinaire.

N°. 1. Une terre légere, maigre & caillouteuſe, fut enſemencée en ſeigle le 3 Octobre avec le ſemoir de M. de Châteauvieux. On y employa un bichet & un quart de ſeigle qui a produit 28 bichets : en défalquant la ſemence qui a été employée, reſte 26 $\frac{3}{4}$ bichets. Si on avoit ſuivi l'uſage ordinaire, le produit net n'auroit été que de 12 bichets. Donc le bénéfice, produit par le ſemoir, a été de 14 $\frac{3}{4}$ bichets.

N°. 2. Un champ pareil au précédent, mais couvert de Mûriers, plantés en 1754, à 20 pieds les uns des autres en tout ſens, fut enſemencé en ſeigle avec le ſemoir. On y employa 3 bichets : le produit net a été de 42 bichets. Si ce champ eût été ensemencé à la maniere ordinaire, on y auroit répandu 10 bichets de semence, dont déduction faite, le produit net n'auroit été que de 20 bichets : l'usage du semoir a donc produit un bénéfice de 22 bichets.

N°. 3. Le terrein de celui-ci est encore semblable aux précédents, & planté aussi en Mûriers. Le semoir y répandit 4 bichets & $\frac{1}{2}$ de seigle. On a récolté net 53 bichets & $\frac{1}{2}$: s'il eût été semé à l'ordinaire, déduction faite des 13 bichets de semence, le produit net n'auroit été que de 26 bichets : donc le bénéfice occasionné par le semoir, a été de 27 bichets & $\frac{1}{2}$.

N°. 4. Ce champ de même nature que les précédents, avoit été ensemencé en froment en 1759, & suivant l'usage du pays. Comme la récolte en avoit été fort mauvaise, on crut pouvoir regarder ce terrein comme n'ayant fait aucune production ; & sans lui donner aucune préparation, on l'ensemença avec le semoir qui répandit $\frac{3}{4}$ de bichets. Le produit net, défalcation faite de la semence, a été de 10 $\frac{1}{4}$ bichets.

Si ce champ eût été semé suivant l'usage ordinaire, & sans aucun labour, on y auroit répandu 2 bichets de ſemence qui auroient été perdus, & l'on n'y auroit fait aucune récolte.

On convient qu'il ſeroit très-imprudent de ſe contenter du ſeul labour qu'opere le ſemoir ; mais on voit cependant, par l'expérience précédente, que le léger labour que fait le ſemoir, ne laiſſe pas d'être avantageux.

Les autres champs dont nous allons parler, ont été ſemés à l'ordinaire : ils prouveront que M. Thomé n'a point trop eſtimé les récoltes qu'il y a faites.

N°. 5. La terre de ce champ eſt maigre, mais ſans cailloux, & très-propre pour le ſeigle : il a été ſemé à l'ordinaire avec 3 bichets : déduction faite de la ſemence, le produit net a été de 8 bichets & $\frac{1}{2}$.

N°. 6. Ce champ, ſitué ſur un coteau, avoit été fouillé, il y a trois ans, à deux pieds de profondeur, pour y planter de la vigne : la terre en eſt de bonne qualité, mêlée d'un peu de roche tendre : on y répandit, ſelon l'uſage, 3 bichets de ſemence : le produit net n'a été que de 11 bichets & $\frac{1}{2}$.

N°. 7. La terre de ce champ eſt pure, aſſiſe ſur un fond de tuf infertile, qui ſe trouve à 10 ou 11 pouces de profondeur.

On y répandit, ſuivant l'uſage ordinaire, 6 bichets de froment, qui ont rendu net 19 bichets.

N°. 8. Ce champ, de même qualité que le précédent, a été ſemé, ſuivant l'uſage ordinaire, avec 3 bichets de froment, qui avoit été trempé 24 heures dans la liqueur prolifique de Vallemont : le produit, toujours déduction faite de la ſemence, a été de 18 bichets.

N°. 9. La terre de ce champ eſt de même qualité que celle du précédent. Il fut ſemé, ſuivant l'uſage ordinaire, avec 4 bichets de froment, préparé comme ci-deſſus : le produit net a été de 26 bichets.

Il ſuit des épreuves que nous venons de rapporter; 1°, que 9 bichets & ½ de ſeigle, répandus avec le ſemoir, ont produit 132 bichets & ½, au lieu que 28 bichets qui auroient été ſemés à la maniere ordinaire, n'en auroient donné que 61 & ½.

2°, On voit encore que, ſi les champs qui ont été ſemés avec le ſemoir, ne l'avoient été qu'à la maniere ordinaire, ils n'auroient produit que 5 pour un d'une part, & 3 pour un de l'autre; & cette ſuppoſition eſt-elle encore à l'avantage de la méthode ordinaire de ſemer, puiſque 19

bichets

bichets, dans de meilleurs terreins, & où il n'y avoit point de mûriers comme dans ceux-ci, n'ont effectivement rendu que 83 bichets.

M. Thomé marque qu'il a abandonné la méthode de ſemer par planches & plates-bandes, quoiqu'il l'ait reconnu très-avantageuſe, par la raiſon que tous ſes champs ſont répandus par petits lots, & ſéparés les uns des autres, & qu'il lui auroit été impoſſible d'y donner les cultures néceſſaires, ſans endommager les terres voiſines, ou ſans perdre une partie conſidérable de ſon terrein.

§. II. *Expériences faites par M.* DE GARSAULT *au Clos-Gilain, près Paris.*

L'INTENTION de M. DE GARSAULT a été d'expoſer aux yeux du Public, les avantages de la nouvelle Culture. Le clos en queſtion eſt ſitué dans la rue du Cocq, autrefois nommée rue *de Clichy*.

L'arpent de Paris contient 100 perches; la perche 18 pieds. Le ſeptier contient 12 boiſſeaux; le boiſſeau eſt le tiers d'un pied cube, & ſe diviſe en 16 litrons.

Monſieur de Garſault ne put être en

possession du Clos-Gilain qu'à la fin de Février 1759. Ce clos étoit en friche, occupé en partie par une vieille vigne abandonnée, & en partie par une luzerne, dont une bonne moitié ne valoit plus rien. De 14 arpents qu'il contient, il en fit défricher environ 9, qui se trouvoient partagés en deux pieces par une allée plantée d'arbres fruitiers, dirigée du levant au couchant.

La partie de ce champ, du côté du nord, contient 3 arpents & $\frac{1}{2}$, non compris les allées du pourtour. Le terrein en est plat; la terre a environ 15 pouces d'épaisseur sur un fond de tuf; elle est légere, & peut passer pour une bonne terre à seigle.

L'autre partie est en pente vers le midi; outre qu'il y en a une portion de même qualité que le côté du nord, il s'y trouve encore environ deux arpents, dont la terre seche & grouéteuse, n'a pas de consistance : rien n'a pu encore réussir dans cette partie.

A la fin de Mars on donna un labour à plat à trois arpents du côté du midi, & à trois autres du côté du nord, avec la charrue à une roue, (*Pl. VI*, *fig.* 1). attelée d'un seul cheval, (on ne s'est pas servi d'autre charrue jusqu'à présent). Ce premier labour fait, on forma des planches de 5 pieds de largeur; elles furent assez bien relevées; mais elles n'étoient pas bien droites, parce que c'étoit la premiere fois que le Laboureur se servoit de cette charrue.

Le 31 Mars & le 3 Avril, on sema ces six arpents en avoine avec le semoir à cylindre, (*Pl. V.*) à trois rangées par planche, éloignées de 7 pouces : on y employa 9 boisseaux $\frac{1}{8}$.

Cette avoine leva très-bien; elle devint très-belle, fort haute, & bien garnie de grains : elle donnoit la plus belle espérance, malgré l'extrême sécheresse de l'année : les labours de culture furent faits; & l'on s'appercevoit sensiblement du bon effet qu'ils produisoient. Mais différents accidents détruisirent une partie de la récolte : le Laboureur ne sachant pas conduire la charrue, entama plusieurs planches en bien des endroits où les plantes furent détruites; une bonne moitié du champ du midi ne produisit rien, à raison de sa mauvaise qualité dont j'ai déjà parlé, & encore parce que les mulots s'y plaisent, & y fréquentent beaucoup.

Le champ du nord étoit assez généralement beau sur pied : il souffrit ainsi que l'autre des labours de culture. Une partie du grain fut échaudé dans l'un & l'autre champ ; mais le plus grand dommage fut causé par la prodigieuse quantité d'oiseaux qui s'y jettoient par nuées, quelque soin qu'on prît de les chasser : ils en mangerent une grande quantité, & ils auroient même tout dévoré, si l'on n'avoit pas coupé avant la parfaite maturité. Malgré ces accidents, les quatre arpents & demi restants, donnerent 360 gerbes qui ont produit 205 boisseaux.

Aussi-tôt que la récolte de l'avoine fût serrée, on laboura les deux champs, & l'on forma des planches de 5 pieds de largeur à la place où avoient été les intervalles. Les 22 & 24 Septembre, on sema avec le même semoir à cylindre à trois socs, deux arpents de seigle dans la plus mauvaise partie du midi. On ne s'étoit pas apperçu d'un accident qui étoit arrivé au semoir qui fit que la rangée du milieu se trouva beaucoup trop épaisse, & celle des côtés fort claire : on y employa 2 boisseaux 2 litrons.

Le semoir ayant été réparé, on sema le 2 Octobre, dans les trois arpents du côté du nord, distribués en 57 planches, 4 boisseaux & $\frac{1}{2}$ de froment; savoir, un boisseau de froment préparé avec la liqueur de nitre fixé par le charbon, sur

10 planches de ce terrein, & un boisseau & demi de froment préparé avec la lessive de M. Tillet, sur 16 autres planches : les 31 planches restantes consommerent 2 boisseaux de froment chauté à l'ordinaire.

Le semoir fit très-bien ses fonctions. A la levée du bled, on auroit dit que les grains avoient éte placés un à un à des espaces égaux, à peu-près d'un pouce. Au temps qu'on y mit, on peut juger qu'on pourroit semer aisément en planches avec le semoir, 10 arpents par jour, & même plus dans un long rayage.

Au commencement de Mars de la présente année 1760, on a préparé, à côté du seigle, dans le meilleur canton de la piece du midi, un arpent & demi distribué en 23 planches de 5 pieds de largeur, sur chacune desquelles on a semé avec le semoir à cylindre trois rangées d'avoine ; on y a employé deux boisseaux & demi. Deux de ces planches, près le seigle, n'ont rien produit dans les deux tiers de leur longueur par les mêmes raisons qui ont fait tort au seigle ; mais ce n'est pas un objet qui mérite attention.

RÉCOLTE des trois Pieces.

DES deux arpents de ſeigle il ne s'eſt trouvé de récolte à faire que ſur les deux tiers de ce terrein ; le reſte n'ayant rien produit à cauſe de la mauvaiſe qualité de la terre, & du ravage des mulots ; mais le ſeigle étoit de toute beauté dans la partie qui a porté ; la paille en étoit longue, les épis beaux & bien garnis d'un très-beau grain ; ce ſeigle a été coupé le 17 Juillet, & a donné 119 gerbes.

Le 5 Septembre on a battu 12 de ces gerbes ; elles ont rendu 6 boiſſeaux $\frac{1}{4}$; c'eſt à raiſon de 7 ſeptiers $\frac{3}{4}$ par arpent.

Avant l'hyver, le bled chauté étoit auſſi beau que le reſte ; mais il paroiſſoit un peu plus clair : on en doit ſentir la raiſon : en effet, à proportion des dix premieres planches où l'on avoit ſemé un boiſſeau, les 31 planches auroient dû conſommer au moins 3 boiſſeaux ; & on n'y en a ſemé que deux. Mais on n'avoit rien changé aux ouvertures du ſemoir ; & comme le bled préparé à la chaux avoit renflé beaucoup plus que celui des autres préparations, & que les trous du ſemoir n'étoient pas aſſez grands, cet inſtrument a diſtribué moins de grains ſur des planches de même longueur.

Après la fleur, les bleds des trois préparations paroissoient également beaux, & aussi garnis : ce n'est qu'en approchant de la maturité qu'on a apperçu quelque différence, peu sensible à la vérité au coup d'œil de la piece en général. Mais en entrant dans les intervalles, & en examinant cette piece en détail, la partie préparée avec la liqueur de nitre, & avec la lessive de M. Tillet, s'est trouvée plus claire ; les épis y étoient moins beaux, & moins fournis de grains : je ne dis point que ce soit la faute de ces préparations ; c'est peut-être quelque légere différence dans la nature du terrein : quoi qu'il en soit, tous ces bleds étoient d'égale hauteur, & en général très-beaux.

Le 24 Juillet, ces bleds ont été coupés : la piece entiere a produit 490 gerbes.

Le 5 Septembre on a battu 12 gerbes de bled qui ont rendu 4 boisseaux 6 litrons : c'est à raison de 4 septiers 11 boisseaux 8 litrons $\frac{7}{9}$ par arpent, ou à peu de chose près, 5 septiers. Mais il faut observer que les oiseaux, beaucoup plus friands du froment que du seigle & de l'avoine, s'y sont jettés de préférence, de très-bonne heure, & qu'ils y ont fait un grand dégât ; ils auroient tout dévoré, si M. le Maréchal Prince DE SOUBISE, Capitaine des Chasses de ce canton, & sensible à tout ce qui peut être à l'avantage de la Société, n'avoit eu la bonté d'entrer dans les intentions de M. de Garsault, & de lui permettre de faire tirer sur les oiseaux ; cela a produit un bon effet, car en peu de jours on en a tué plus de 500, & ils en ont été tellement effarouchés, qu'ils ont disparu ; mais cette permission a été demandée trop tard, & les oiseaux avoient déja fait bien du désordre. Les Laboureurs du pays ont évalué le dégât qu'ils avoient fait, à deux septiers de grain : si l'on distribue ces deux septiers sur les 3 arpents, on verra que chaque arpent a produit 5 septiers 7 boisseaux 8 litrons $\frac{7}{9}$: cette récolte seroit estimée bonne récolte dans une terre à bled ordinaire, semée en plein suivant l'ancienne méthode ; à plus forte raison dans une terre à seigle, non fumée, & semée en planches.

L'avoine a été très-belle depuis le commencement jusqu'à la fin : l'année derniere, il y en eut beaucoup de charbonné ; mais cette année, il n'y en a point eu. Comme on ne craignoit plus les oiseaux, on lui a laissé le temps de mûrir & de javeler : elle a été coupée peu de jours après

après le bled : l'arpent & demi a produit 201 gerbes.

Le 6 Septembre on a battu 12 gerbes de cette avoine; elles ont rendu 6 boisseaux 10 litrons d'un beau grain bien net, & du double plus pesant que l'avoine de l'année précédente; c'est à raison de 3 septiers 2 boisseaux par arpent : à Paris, le septier d'avoine contient 24 boisseaux.

REMARQUES.

JE NE prétends pas décider de cette récolte sur les 12 gerbes de chaque espece : comme on a pris les gerbes sans choix, la totalité auroit pu rendre plus ou moins, à proportion; mais je crois qu'on peut juger avantageusement de la nouvelle culture sur cet essai. Quoique le froment pese beaucoup à la main, cependant le boisseau ne pese que 20 livres; c'est le poids du bled ordinaire : il est vrai que je n'ai pu avoir, pour le peser, que des poids de fer à la justesse desquels je ne me fie pas; mais ce qui m'a surpris, c'est que le boisseau de seigle, pesé avec les mêmes poids, pese 19 livres, ce que je trouve considérable; il est vrai que ce grain est fort gros.

On se moquoit de nous l'année passée, lorsqu'on nous voyoit préparer la terre du Clos-Gilain pour y semer du froment ; & l'on assuroit qu'on n'y feroit point de récolte. Cette épreuve est à l'avantage de la nouvelle culture, puisqu'on a obtenu une assez bonne récolte de froment, d'une terre à seigle, & sans y avoir mis aucune espece d'engrais.

Il faut remarquer, que l'usage du pays est de semer 10 boisseaux de toute espece de grains, par arpent, & que l'on n'a semé dans ce terrein qu'un boisseau & demi par arpent : on a donc épargné 8 boisseaux & $\frac{1}{2}$, sans compter la suppression du fumier qui doit entrer en ligne de compte : on a même semé beaucoup moins de seigle, puisqu'on n'a employé que 17 litrons par arpent.

Il faut encore remarquer, qu'on a fait assez bien, & dans les temps convenables, les trois premiers labours de cette culture ; mais au dernier de ces labours, on n'a pas eu l'attention de rechausser suffisamment les bleds : ils étoient déja forts ; ils se sont penchés vers le milieu des plates-bandes, & l'on n'a pas osé faire d'autres labours, crainte d'endommager les grains ; je crois cependant qu'ils auroient été utiles : il est venu de l'herbe dans les plates - bandes ; mais il n'en est point venu sur les planches ; & le grain est pur & bien net.

On va continuer cette expérience en évitant les fautes dans lesquelles on étoit tombé : la terre est déja préparée pour semer du seigle sur deux arpents du meilleur terrein, vers le midi : on tâchera d'améliorer la mauvaise terre, pour y faire de l'avoine au mois de Mars prochain. Les trois arpents qui ont porté du froment, seront encore semés en froment avant la fin du mois, sur des planches déja commencées, à la place où étoient les intervalles, & sans fumier, afin de constater l'avantage que procurent les labours de culture, auxquels je pense qu'on doit la réussite de la nouvelle méthode, plus qu'à toutes les préparations de semences.

On a planté l'hyver dernier de la vigne, à une seule rangée sur chaque planche de 5 pieds de largeur, afin qu'elle puisse être cultivée à la charrue : cette vigne a très-bien pris ; mais on n'en dira rien jusqu'à ce qu'elle ait commencé à produire.

A la fin de Septembre 1759, on planta un arpent de luzerne à la place d'une ancienne qui n'étoit plus bonne, après l'avoir défrichée, & y avoir formé des planches de 3 pieds de largeur; il n'y a sur chaque planche qu'une seule rangée, & les plantes sont à 8 pouces l'une de l'autre. Cette luzerne avoit très-bien pris, & il n'y avoit pas un pied qui n'eût poussé du verd avant les gelées : mais la rigueur de l'hyver, & la force de la gelée, l'ont déchaussée : on n'a pas eu l'attention de la rechausser dès qu'on s'en est apperçu, ce qui en a fait périr une bonne moitié; mais le reste a bien poussé : actuellement qu'on la coupe pour la cinquieme fois, il s'y trouve des touffes qui ont 14 ou 15 jets de 18 pouces de hauteur : il y a apparence que si elle n'avoit pas été aussi négligée, elle auroit donné une assez bonne récolte dès la premiere année : on compte la regarnir; mais ce sera toujours une année de perdue, pour avoir manqué d'attention.

Voilà le résultat des expériences faites par un Citoyen zélé pour le progrès de l'Agriculture. Il a voulu mettre sous les yeux des habitants de Paris, une épreuve de la nouvelle Culture, & dans cette vue, il a loué à très-haut prix un clos; il l'a fait défricher, labourer & semer à grands frais : ce clos a toujours été ouvert aux honnêtes gens, qui ont eu la curiosité de suivre le progrès de ces épreuves : en cela ils satisfaisoient aux intentions de M. DE GARSAULT, qui a encore eu la satisfaction d'avoir des succès, & d'exciter l'admiration des Connoisseurs en Agriculture.

ADDITIONS à ce qui a été dit sur les Moutons, page 205.

LES EXPÉRIENCES qui avoient été faites dans la Généralité de Rouen, afin de s'assurer des avantages & des inconvénients qu'il pourroit y avoir à tenir les moutons dans un parc découvert pendant l'hyver, au lieu de les resserrer dans la Bergerie, & dont nous avons rendu compte plus haut, ne permettoient presque plus de douter que les moutons qui avoient été tenus dans le parc l'hyver, ne fussent plus sains & plus robustes que les autres, & que leur toison ne fût plus fine, plus douce & plus blanche. Ces expériences ont été répétées plus en grand l'hyver 1760, qui a été fort rude ; & le succès a été le même. Des brebis ont mis bas pendant la rigueur de cette saison, sans que les meres ni les agneaux, qui sont restés exposés à l'air, en ayent ſouffert : au contraire, les agneaux ſe ſont montrés plus vigoureux, que ceux qu'on avoit hyvernés dans la Bergerie. On a fait l'eſſai de leurs laines qui ſe ſont trouvées d'une meilleure qualité, que celles des bêtes tenues dans les Bergeries. Quel avantage, ſi on pouvoit encore ſe procurer les bonnes races d'Eſpagne & d'Angleterre !

IDE'E générale de la Température de l'air, & des Productions de la terre pendant les Années 1657, 1758 & 1759.

ANNE'E 1757.

FROMENTS ET SEIGLES.

LA RÉCOLTE des bleds & des ſeigles a été bonne ; ils ont rendu à raiſon d'une mine peſant 80 liv. par 12 gerbes : la qualité en eſt bonne, & ils ſont aſſez nets de graine : le bled d'élite s'eſt vendu entre 15 & 16 liv. le ſac, peſant 240 livres. Pluſieurs de nos Fermiers avoient tiré de Normandie, un bled barbu dont les grains ſont gros & rouges : ce froment qui ne fait pas le pain auſſi délicat que les petits froments de la Beauſſe, fourniſſoient beaucoup de grain, & ils n'étoient point ſujets à verſer : mais ces mêmes Fermiers n'en veulent plus ſemer, parce que les chevaux refuſent d'en manger la paille, qui eſt beaucoup plus dure & plus groſſe que celle des froments du pays.

AVOINES.

L'avoine n'a pas été de ſi bonne qualité que le bled ; parce qu'elle a été brûlée, & elle s'eſt vendue, à proportion, plus chere que le bled : ſon prix étoit entre 6 & 6 liv. 10 ſ. le ſac; la vieille étoit même plus chere.

Orges.

Il y en a eu fort peu. Elle eſt reſtée fort baſſe & peu grenue.

Gros Legumes.

Il y a eu peu de pois : les veſces & les lentilles ont été brûlées : les grains de veſce étoient ſi petits, qu'ils n'étoient pas même propres à ſemer.

Chanvres.

Les chanvres ont été aſſez bons ; mais la filaſſe a été chere à cauſe des levées qu'on en a faites pour le ſervice de la Marine.

Foins.

La récolte des ſainfoins a été aſſez bonne, quoique l'herbe fût courte : les bons prés hauts ont donné de l'herbe en abondance.

Vins.

Cette récolte a été très-médiocre, & ne peut paſſer que pour un tiers d'année : à l'égard de leur qualité, elle étoit aſſez médiocre ; les vins avoient peu de force, quoiqu'aſſez hauts en couleur : on peut les comparer à ceux de 1755. Les vignes qui n'ont point été fumées, & celles placées dans des terres légeres, ont perdu leurs feuilles de bonne heure à cauſe de la ſéchereſſe, & des fraîcheurs des mois d'Août & de Septembre. Si ce n'avoit été la ſéchereſſe de l'automne, le raiſin n'auroit pas pu mûrir, ce qui a fait qu'il y a eu pluſieurs qualités de vins : le bon a valu 70 liv. le tonneau; il étoit même plus cher dans le haut Gâtinois.

FRUITS.

Les arbres en plein vent ont été chargés de beaucoup de fruits, & ſur-tout les Pommiers ; on a recueilli beaucoup plus de pommes que de poires ; mais il n'y en a point eu ſur les arbres nains, dans les cantons où ils avoient été dévorés par les chenilles les années précédentes.

Il y a eu beaucoup de ceriſes, peu de prunes, peu d'abricots, & médiocrement de pêches; peu de noix, & encore de mauvaiſe qualité, ainſi que des noiſettes : on a peu recueilli de gland dans certains cantons, & point dans d'autres.

Safran.

La récolte en a été très-médiocre; quoiqu'il y ait eu aſſez de fleur; mais comme les petites pluies n'avoient pas pu pénétrer juſqu'à l'oignon, les brins rouges qui ſont la partie utile de cette plante, étoient menus & courts: la main d'œuvre a été fort chere; car on donnoit 30 ſ. de la livre pour l'éplucher; mais en récompenſe, la livre de ſafran verd qui diminue ordinairement de quatre cinquiemes en ſéchant, n'a diminué que dans la proportion de 4 à 1: malgré cela le ſafran n'a valu que 18 à 19 liv. quoiqu'il ait été de bonne qualité.

Semis et Plantations.

La grande ſéchereſſe du printemps, & du commencement de l'été, n'a pas été favorable aux ſemis ni aux plantations.

Insectes.

Quoique les hannetons ſe ſoient montrés en abondance, ils ont peu endommagé la verdure: les cantharides ont paru en grande quantité; mais elles n'ont pas ſubſiſté long-temps: les chenilles n'ont fait aucun dommage.

Abeilles.

Elles ont très-bien fait en été, tant pour les essaims que pour le miel & la cire; mais les ruches qui ont été changées, n'ont pu se remplir en automne, à cause de la sécheresse; ce qui a fait craindre qu'il n'en pérît beaucoup pendant l'hyver.

Gibier.

Il y a eu assez de lievres & de perdrix; peu de cailles pendant l'été; mais depuis le milieu du mois de Septembre, on en a tué beaucoup de passageres qui étoient fort grasses.

Maladies.

Il n'y a point eu de maladies épidémiques, ni sur les hommes, ni sur les animaux, si ce n'est sur les poules, dont beaucoup ont été attaquées de la pepie.

Niveau des Eaux.

Les sources ont toujours fourni de l'eau assez abondamment.

ANNE'E 1758.

QUOIQU'IL n'y ait point eu de grandes gelées pendant cette année; comme le froid s'eſt fait ſouvent ſentir aſſez vivement, elle peut paſſer pour année froide : la ſécheresse a été grande pendant le printemps, & une partie de l'automne ; mais les mois de Juillet & d'Août ont été fort humides.

Froments.

Les froments ont généralement été aſſez médiocres dans les meilleures terres, ſoit en Beauſſe, ſoit ailleurs ; ceux des terres noires ont mieux réuſſi. Comme ils ont été mouillés pendant la moiſſon, ils n'ont pas tant de qualité que ceux de l'année précédente ; c'eſt pourquoi les froments nouveaux n'ont valu que 16 à 17 livres, au lieu que les vieux ſe ſont toujours vendus 18 à 21 liv. le ſac, qui eſt preſque la même meſure que le ſeptier de Paris.

Seigles.

Les ſeigles ont été entiérement perdus par les pluies du mois de Juillet, qui ſont ſurvenues dans le temps qu'ils étoient mûrs, & ſur le point d'être coupés.

Avoines.

Dans le commencement de Juillet, on craignoit que les avoines ne manquaſſent entiérement ; mais les pluies qui ſont tombées pendant ce mois, & au commencement d'Août, les ont rétablies, ſur-tout les avoines tardives qui ſont devenues très-belles : elles ſe ſont vendu 6 liv. à 6 liv. 5 ſ. le ſac, ce qui fait environ le tiers de la valeur du bled, quoiqu'elles fuſſent légeres & de médiocre qualité.

ORGES, POIS, FEVES.

En général il y a eu beaucoup de ces menus grains ; parce que les pluies de Juillet & d'Août leur ont été très-ſalutaires.

FOINS.

Il y a eu peu de ſainfoins, parce que l'herbe a été baſſe ; mais ils ont été de bonne qualité : à l'égard des prés hauts, ceux qui ſe ſont trouvés coupés lorſque les pluies ont commencé à tomber, ont été perdus ou gâtés ; mais ceux qu'on a laiſſés ſur pied juſqu'à la fin des pluies, ont fourni beaucoup de foin, parce qu'il a pouſſé du pied une nouvelle herbe qui en a augmenté la quantité.

CHANVRE.

Il y a eu beaucoup de chanvre qui s'eſt trouvé en général de bonne qualité, quoiqu'un peu tendre.

Vins.

La récolte du vin n'a pas excédé quatre pieces l'arpent, dans les meilleurs cantons; mais la plupart des vignobles n'ont fourni qu'une ou deux pieces par arpent : le peu qu'on en a recueilli, étoit supérieur à celui de l'année précédente : la couleur est à peu-près la même, mais il avoit plus de qualité : il s'est vendu depuis 75 liv. jusqu'à 90 liv.

Fruits.

Il y a eu beaucoup de cerises, de pêches & d'abricots; quantité de poires & de pommes. Les fruits ont mûri de bonne heure, & ils n'ont pas été de garde, excepté les pommes & le raisin.

Safran.

La récolte du safran a totalement manqué, cependant le plus cher n'a été vendu que 30 liv.

Insectes.

On n'a vu cette année, ni hannetons, ni chenilles.

Maladies.

Si l'on excepte les catarres du mois de Janvier, il n'y a point eu de maladies épidémiques dans le cours de cette année, ni ſur les hommes, ni ſur les beſtiaux. Dans les pays où l'on a mangé du ſeigle de l'année qui étoit de mauvaiſe qualité, les habitants mouroient de la maladie que cauſe ordinairement ce grain quand il eſt ergoté.

Gibiers.

Les pluies ont fait manquer la perdrix dans quelques cantons : il y a eu moins de lievres que l'année précédente : on n'a vu que des cailles de paſſage à leur retour : il n'y a preſque point eu de grives : les allouettes ont été aſſez abondantes ſur la fin de l'automne.

Abeilles.

Les mouches à miel ont fait au plus mal cette année. Des Particuliers qui avoient juſqu'à cent paniers, n'ont pas eu un ſeul eſſaim : le peu de mouches qu'on a fait ſortir pendant l'automne, & même une partie de celles qu'on n'a pas changé de panier, ont péri pendant l'hyver, faute de nourriture : on a été obligé, pour en conſerver l'eſpece, de pourvoir de miel le peu de paniers qui reſtoient pleins : le miel blanc a valu 18 ſols la livre.

Niveau des Eaux.

Les eaux n'ont été ni hautes ni basses pendant l'année : les sources hautes n'ont point coulé ; & les basses n'ont point tari.

ANNE'E 1759.

Froments.

La récolte des bleds a été assez abondante, & le grain, quoique menu, s'est trouvé de bonne qualité ; mais comme les moissons ont été faites par un temps très-sec, le grain tomboit de la gerbe, pour peu qu'on la secouât ; ce qui a occasionné un déchet si considérable, qu'il falloit 18 gerbes pour faire une mine, c'est-à-dire, le tiers du septier de Paris : la récolte peut être estimée, au plus, à deux tiers d'année. Le prix du beau bled a toujours été entre 17 & 18 liv. le septier.

Avoines et Orges.

La récolte des avoines a été foible ; elles ont été basses, le grain léger & de mauvaise qualité : elles ont toujours valu 6 à 7 livres le septier, mesure du froment : l'orge a manqué entiérement.

Gros Legumes.

GROS LEGUMES.

Il n'y a point eu de vesce, de pois, de féves ni de lentilles : toutes ces graines ont été vendu cher; les lentilles valoient 48 liv. le septier.

CHANVRES.

Les chanvres ont bien réussi dans les terreins gras & humides ; mais ils ont été petits dans les courtils secs : en général, la filasse est de bonne qualité.

VINS.

On a commencé la vendange de bonne heure ; mais quoiqu'elle ait été faite par un beau temps, & que l'automne ait été chaude & seche, les vins n'ont pas autant de force qu'on auroit pu l'espérer, parce que les raisins avoient mûri tard en automne. Ils ont bien bouilli,& ont jetté une écume fort rouge ; ils ont une belle couleur ; & ils seront probablement de garde : on présume qu'ils prendront de la qualité en vieillissant. La vendange peut être regardée comme une récolte d'année commune, c'est-à-dire, à raison de 6 pieces par arpent.

Fruits.

Il y a eu une grande quantité de cerises ; peu de prunes, point d'abricots, très-peu de pêches, point de poires ; mais beaucoup de pommes : c'est presque le seul fruit qui s'est trouvé de bonne qualité.

Abeilles.

Les abeilles ont beaucoup souffert pendant l'hyver 1758 : celles qui ont pu passer l'hyver, ont donné de bon miel & de beaux essaims ; mais toutes les ruches qu'on a changé, ont péri, faute de nourriture.

Safran.

Il y a eu beaucoup de safran : la récolte a duré depuis le 5 jusqu'au 14 Octobre, & en si grande abondance, qu'il y en a eu beaucoup de perdu, faute de gens pour l'éplucher : on a payé depuis 30 sols jusqu'à un écu par livre pour cette opération ; & comme il faut 5 livres de safran verd pour en produire une de safran sec, il en coûtoit 7 liv. 10 sols pour l'éplucher, & on ne l'a vendu que 15 à 16 liv.

GIBIERS.

Il y a eu une grande quantité de nids de perdrix ; mais comme les meres les avoient abandonnés à cause de la séche-resse de la terre, beaucoup de petits per-dreaux sont morts de soif : les grives ont paru en abondance pendant la vendange : on a vu aussi quelques cailles, mais peu de bécasses.

MALADIES.

Il a régné pendant les mois de Janvier & de Février, des fievres putrides très-dangereuses, & qui sont devenues épidé-miques : elles n'ont cédé qu'aux saignées multipliées, & à l'émétique.

INSECTES.

On n'a vu ni chenilles, ni grillons, ni presque point de hannetons ; peu de can-tharides. Il y a eu une grande quan-tité de mouches-guêpes, beaucoup de teignes dans les bleds ; des rats, des souris ; & en automne des mulots.

FIN.

TABLE DES MATIERES

Du Tome sixieme.

Fin de la Table.

Extrait des Registres de l'Académie Royale des Sciences.

Du 19. Novembre 1760.

MESSIEURS DE JUSSIEU & BRISSON, qui avoient été nommés pour examiner le sixiéme Volume du *Traité de la Culture des Terres* de M. DUHAMEL, en ayant fait leur rapport, l'Académie a jugé cet Ouvrage digne de l'Impression: en foi de quoi j'ai signé le présent Certificat. A Paris le 26 Novembre 1760.

Signé, GRANDJEAN DE FOUCHY, *Secretaire perpétuel de l'Académie Royale des Sciences.*

Le Privilege se trouve à la fin du Tome II. de la Culture des Terres.

www.ingramcontent.com/pod-product-compliance
Lightning Source LLC
LaVergne TN
LVHW010119230826
846091LV00001BA/89

* 9 7 8 2 3 2 9 3 7 8 2 3 7 *